基于 STAMP 的航空安全理论与实践

崔利杰　任　博　王焕彬

丛继平　陈浩然　张贾奎　著

西安电子科技大学出版社

内 容 简 介

无论对于民用航空还是军用航空，安全管理都是当前的重点和难点。本书立足于航空系统的具体特点，基于系统理论和系统控制思维，研究航空系统中的安全控制模型及安全性分析理论和应用方法。书中首先从典型航空事故案例出发，提出针对典型航空器系统的事故分析方法和安全性设计思路；其次，针对有/无人航空器的关键分系统，如机轮刹车系统、空中加油系统，从安全性设计的角度研究安全控制模型的构建、不安全行为的确定和不安全致因因素的识别，进而提出安全性设计与验证的技术方法；最后，从使用维护角度出发，对存在人机交互作用明显的典型安全管理系统开展安全性建模、分析与评估，探索了人机耦合交互条件下安全管理系统安全性分析的相关问题。

本书的实践性较强、适用面较广，可作为高等院校安全工程、航空安全管理等专业本科生和研究生学习相关安全理论知识的教材，也可作为从事航空安全管理等工作的相关工程技术人员的参考资料。

图书在版编目(CIP)数据

基于 STAMP 的航空安全理论与实践/崔利杰等著. —西安：西安电子科技大学出版社，2022.1
ISBN 978 - 7 - 5606 - 6197 - 1

Ⅰ. ①基…　Ⅱ. ①崔…　Ⅲ. ①民用航空—航空安全—安全管理　Ⅳ. ①F560.69

中国版本图书馆 CIP 数据核字(2021)第 187951 号

策划编辑　戚文艳
责任编辑　武翠琴
出版发行　西安电子科技大学出版社(西安市太白南路 2 号)
电　　话　(029)88202421　88201467　　邮　编　710071
网　　址　www.xduph.com　　　　　电子邮箱　xdupfxb001@163.com
经　　销　新华书店
印刷单位　陕西博文印务有限责任公司
版　　次　2022 年 1 月第 1 版　2022 年 1 月第 1 次印刷
开　　本　787 毫米×1092 毫米　1/16　印张 13.5
字　　数　316 千字
印　　数　1～1000 册
定　　价　42.00 元
ISBN 978 - 7 - 5606 - 6197 - 1/F

XDUP 6499001 - 1
＊＊＊如有印装问题可调换＊＊＊

前　　言

安全是航空领域永恒的主题，预防事故、保证安全是航空界始终高度关注并倾注全力研究的课题。航空系统是一个多目标、多层次、多因素相互制约且相互影响的复杂系统，包含着飞行环境、任务特点、装备质量和维护管理机制等不确定性因素。近年来随着无人机系统的引入和发展，航空安全更是存在着空天地密切协同、人机环高度交织、软硬件深度耦合的现象，航空系统的安全性由各种因素及其不确定性相互交织影响所决定。正因如此，适航安全、结构本质安全、安全管理体系等成为各国航空安全领域研究的热点，不断推动着航空安全由事后调查处理向事先预测防范转变，由单一纵向管理向系统综合管理转变，由经验定性决策向科学定量决策转变。

目前航空领域在安全管理方面多数还停留在分段管理、定性描述、主观评估、经验决策的层面，航空安全系统在安全管理方面存在着数据分散性大、质量参差不齐、关键数据缺失等问题，而且目前的航空安全管理缺少充分的理论方法和科学准确的安全性模型，难以有效指导航空装备开展安全性论证、设计、评估和决策，不能有力支撑航空系统安全性提升。具体体现在：一是基于还原论的危险源辨识技术难以适应当前航空系统功能结构的复杂化、耦合化，无法提供完备的危险源识别方法；二是在可靠性理论基础上发展的安全性建模和评估方法无法满足复杂航空系统需要，难以展示各类危险因素在任务执行中的传播途径和演化机理；三是基于概率统计论的不安全事件描述和安全性模型分析方法，不足以准确地开展信息不全时的航空系统安全性评估和验证；四是高度依靠主观经验的决策和对策生成方法，不能有效地指导航空系统的设计使用和事故预防。

2002 年，麻省理工大学 Leveson 教授在系统论、控制论的基础上，提出了一种新型的系统安全分析理论，即基于系统理论的事故模型和过程（System-Theoretic Accident Model and Processes，STAMP）理论。STAMP 理论将安全性看作是一种系统的涌现性，认为安全性受到系统中与各个行为相关的一系列约束的限制，而事故正是由于系统各层次的行为缺乏约束所导致。2013 年，在 STAMP 理论基础上 Leveson 等人又提出了基于系统理论的过程分析（System-Theoretic Process Analysis，STPA）方法，该方法目前已在系统安全分析领域得到了广泛应用。STAMP/STPA 理论和方法将系统视为一个控制结构，在分析系统失效致因的基础上，形成了一种基于系统控制思维的事故致因模型。基于 STAMP 理论的 STPA 安全分析方法假设事故可能由于系统组件的不安全交互引起，能够全面考虑到组件故障、人为差错、组件交互、软件缺陷、设计错误、外部环境等导致系统进入危险状态的致因因素，可以胜任复杂系统的安全性分析工作。

基于此，本书根据航空系统的具体特点，通过典型事故开展基于系统思维的航空系统安全性分析理论及应用研究，建立针对典型航空系统的安全性分析与验证方法；利用系统控制论思想，提出适用于航空系统安全的数学模型并给出分析求解方法；引入不确定理论，探析各类影响因素在军事航空安全中的传播途径和演化机理，进而提出适用于不同航空器、功能系统和管理单位的安全性分析方法，可用于指导航空装备的安全性论证、设计与评估。

本书共分为四部分，各部分主要内容介绍如下。

第一部分(第一章)：介绍本书所用技术方法的理论基础，重点针对基于系统思维的航空安全性建模理论进行阐述。

第二部分(第二章)：针对典型军、民机事故开展了基于系统控制论的安全性分析，以案例分析的形式进一步剖析了不同航空器系统飞行事故的发生过程，构建了安全控制逻辑，提取了不安全行为和致因场景。

第三部分(第三章至第五章)：针对不同航空器的典型功能系统开展了安全性分析验证，从系统层对典型功能系统构建了控制结构，识别了不安全控制行为，开展了致因场景分析，并结合相关验证平台进行了环境搭建和安全性验证。

第四部分(第六章)：针对航空系统使用保障的关键环节，对航空修理厂的安全性和试飞安全进行了建模与分析，开展了相应的安全性分析，提出了试飞安全性指标体系。

本书由崔利杰、任博、王焕彬、丛继平、陈浩然、张贾奎撰写。本书研究虽然是作者思考创新的结果，但如果没有前人大量的研究积淀，也不会有本书的研究理念、研究重点和技术路线的确立，在此谨向所引用书籍和文献的作者致以诚挚的谢意，并向给予过指导的老师及各位同事致以深深的感谢，向参与项目研究和协助出版的靳展、曹志远、张文葵、田宇、张赫、陈思言、李浩民等同志表示感谢。

本书的研究得到国家自然科学基金(71701210、72001213)、陕西省自然科学基金(2019JQ-710)和相关科研项目的资助，对此表示衷心的感谢。

由于作者水平有限，不妥之处在所难免，敬请读者批评指正。

作 者

2021 年 7 月

目 录

第一章

绪　论

本章首先介绍了 STAMP 理论的起源、发展、原理及应用情况，分析了 STAMP 理论的功能控制结构和安全分析的过程模型；其次对基于 STAMP 理论的 STPA 方法进行了详细描述；最后对 STPA 方法的控制回路以及应用 STPA 方法进行风险因素识别的过程进行了详细的分析。本章的目的是对 STAMP 理论和 STPA 方法进行介绍，使读者了解 STAMP 理论的思想，理解使用 STPA 方法进行风险因素分析的过程，为后续章节中相关案例的分析打下基础。

1.1　航空安全概述

航空产业科技含量高、安全风险大，如何防患未然，降低事故率是专家学者们一直研究的重要课题。安全性是航空装备必须具备的一种共有的、固有的特性，也是航空装备必须满足的首要设计与使用要求，更是保障航空装备研制与使用安全的重要保证[1]。当前，航空事故预测、预警及预防的一些研究成果已经初步应用于航空安全管理中，正在发挥着巨大作用。然而，航空系统是一个多目标、多层次、多因素相互制约和相互影响的复杂系统，航空事故的发生是由各种因素相互交织、相互影响所造成的，其中包含飞行环境、任务特点、飞机质量、维护管理机制和人员失误等诸多不确定性因素，并且这些不确定性因素是正常的和不可避免的，这些不确定性对航空安全有很大影响。目前阶段开展的航空安全建模、航空安全风险预测、航空安全预警和事故预防等，都忽略了事故致因因素时间序列相关性对不安全事件的影响，没有考虑致因因素中广泛存在的各种不确定性，更没有开展相关不确定性对航空安全预测、预警输出的影响。

此外，以信息技术和信息集成为主要特征的现代高科技的快速发展，给人们带来自动化、信息化、便捷化的现代实用系统的同时，也使航空装备系统更加复杂，从而给航空装备的安全工作增加了难度。

1.2　STAMP 相关理论简介

传统的安全分析方法基于线性理论，且常常用易于理解的概念进行描述，如瑞士奶酪模型(Reason)[2]和多米诺骨牌模型(Heinrich)[3]。在这些事故链模型中，事故被假设是由一系列直接相关的事件引起的，每一事件都必不可少，并且足以导致下一个事件；事故也往往归因于组件故障、人为差错、软件缺陷、能源问题等。因为组件故障被认为是随机的，所以整个系统的安全性取决于每个组件的可靠性。因此，这类理论认为通过提高系统组件的可靠性以减少事故链失效的发生概率，是提高系统安全性的有效措施。

基于线性因果关系模型的分析技术有很多，目前在航空领域安全性分析过程中仍然被广泛使用[4]，例如故障树分析（Fault Tree Analysis，FTA）、事件树分析（Event Tree Analysis，ETA）、危险和可操作性分析（Hazard and Operability Analysis，HAZOP）以及基于这些技术的概率模型。FTA 和 ETA 在面对逻辑结构简单、层次分明的系统时，能够简洁地表现出组件失效带来的系统危险，但是面对当前愈发复杂的航空系统时往往显得力不从心，这类分析方法常常忽略人为差错、软件缺陷、设计错误等危险源[5-7]。HAZOP 虽然考虑了组件交互关系并可用于复杂系统的安全性分析，但该方法涉及软件层面时往往暴露出不准确、低效率等问题，同时该方法要求研究人员具备相对专业的知识，过程相当复杂且耗费精力[8-9]。另外，基于线性致因理论的安全性分析工具有一个明显的不足，即分析过程中偏向事故责任分配，识别出某一故障模式便停滞，不利于改善整体系统的安全性；同时，该类分析方法也忽略了心理因素、社会因素、工作环境等对人为差错的影响[10]。

为了解决针对复杂系统开展安全性分析的难题，基于系统思维的安全性分析理论逐渐兴起，目前主要有事故信息图（AcciMaps）[11]、基于系统理论的事故模型和过程（System-Theoretic Accident Model and Processes，STAMP）[12]理论和功能性共振事故模型（Functional Resonance Accident Model，FRAM）[13]。基于系统思维的安全性分析理论考虑到了系统的复杂性以及人在系统中的作用，从技术和社会两方面去解释组件和行为事件之间的相互作用，也能够体现系统的"涌现性"。其中，STAMP 理论在学术界影响最为广泛。

STAMP 理论将系统视为多层次结构，较高层级与较低层级存在控制与反馈的交互关系，通过对系统组件行为施加安全约束可以控制系统安全运行。2012 年，Leveson 在 STAMP 模型的基础上提出了基于系统理论的过程分析（System-Theoretic Process Analysis，STPA）方法[14]。STPA 方法认为事故发生是一个控制失效问题，这种方法将传统事故链模型中的故障模式进一步扩展，不仅能够识别由组件故障引起的事故，还涵盖了由于设计原因而引发系统组件之间的不良交互所导致的事故，其中也包含着人为差错、环境因素、社会影响，充分体现了由组件交互引起的复杂系统的涌现特性。STPA 方法针对传统事故致因模型强调单一性因果演变关系的不足之处，丰富了诸如安全约束、人为因素、飞行测试、模拟训练以及多控制器之间的协调关系等风险内容，因此，该方法能够较为全面地针对复杂系统开展安全性分析，已经成功应用于航空航天、交通运输、核设施、军用航空、医疗卫生等多个领域，并取得了较好的工程效果。

1.2.1 STAMP 理论

2002 年，Leveson 在系统论、控制论的基础上，提出了一种新型的系统安全分析模型，即 STAMP 理论模型。该模型从系统论的角度，认为事故是由不确定因素、不安全控制行为、部件之间的不安全交互引起的；从控制论的角度，认为不恰当的控制过程、环境因素、控制行为不满足先决条件或者未知的外部干扰是造成事故的主要原因。STAMP 理论模型将安全性看作是一种系统的涌现性，认为安全性受到系统中与各个行为相关的一系列约束的限制，而事故正是由于系统各层次的行为缺乏约束所导致的[15]。STAMP 理论扩展了事故原因类型，其不再通过事件链的思路进行安全性分析，所以除了传统的基于事件链模型分析出的事故原因类型外，STAMP 理论也能够通过组件之间的非线性、间接和反馈关系来发现其他类型的原因，如组件间的不安全交互、新型人为差错、软件的设计缺陷和需求缺陷等新型致因因素。

STAMP 理论将事故看作控制失效问题，认为在组件行为、组件交互等违反安全约束时就可能导致事故。STAMP 理论模型包含安全约束（Safety Constraint）、功能控制结构（Functional Control Structure）和过程模型（Process Model）三个基本结构。

1. 安全约束

不同于传统事故致因模型，STAMP 理论视约束为最基本的概念而非传统事件，系统进入危险状态正是由于违反了安全约束[12]。在 STAMP 理论中，单个组件行为、组件交互行为在规定的安全约束条件下运作，从而保证系统安全运行。随着软件技术的发展，现代系统愈发复杂，基于安全约束的控制方式是保障系统安全的有效手段。例如，空中加油会合过程中，一个典型的安全约束为"不能违反两机最小垂直高度"，空中交通管制系统和空中防撞系统通过监控两架飞机的飞行高度，确保安全约束得以满足，以保证加、受油机安全会合。

2. 功能控制结构

在系统论中，系统可表示为不同层级的复合结构，较高层级对较低层级施加安全约束，较低层级执行命令并为较高层级提供反馈信息，较高层级根据信息和外部环境调整安全约束，如此反复进行，进而构成系统完整的控制反馈回路。不同层级之间的标准控制关系如图 1.1 所示。各个层级都可能由于缺乏安全约束、沟通不畅、控制程度不足、安全约束未执行等原因发生控制失效问题，导致系统进入危险状态。

图 1.1 不同层级之间的标准控制关系

正是由于 STAMP 理论通过分层结构描述系统的运行过程，因此该理论才能够更为深入地剖析导致事故发生的不安全因素。每个层级都可能发生常见的组件故障、人为失误、设计缺陷，不同层级之间的信息传递反映了组件交互关系；同时，信息传递过程的时效要求也将危险分析扩展到时间滞后问题层面。显然，层次分明的控制反馈结构能更有效地识别系统事故发生机理并提出有针对性的预防措施。功能控制结构要求较高层级根据外部环境和反馈信息及时准确地提出安全约束，较低层级迅速接收并准确执行控制要求，并将执行结果快速反馈到较高层级，这是系统能够安全运行的关键。

3. 过程模型

传统的安全性分析方法主要基于人脑中的理论模型，分析人员的技术水平高低、经验丰富与否对结果具有显著影响。而 STAMP 理论的危险分析是基于过程模型，它既可以是自动控制设备中的控制逻辑，也可以是系统控制人员的心智模型，是一种更为通用的控制模型。

无论哪种控制模型，都必须包含三个层面的信息：① 系统控制规则；② 系统当前状态信息；③ 系统状态转换规则。过程模型作为控制器的重要组成部分，通过反馈信息和系统状态调整控制指令，实现对整个系统的控制。由于错误的或有缺陷的过程模型无法形成良好的控制反馈回路，会引发组件失效、人为差错等故障，导致系统陷入崩溃，因此，过程模型是整个 STAMP 理论的核心[12]。

1.2.2 基于 STAMP 理论的 STPA 方法

基于传统线性理论的安全性分析方法以可靠性理论为基础，主要识别组件失效引发的系统事故。由于复杂系统的涌现性是非线性的，因此传统事故致因模型不适用于复杂系统中的涌现性，其针对涌现性的风险分析非常有限。而基于 STAMP 事故致因模型的 STPA 方法从控制失效的角度出发，自顶向下识别由于设计缺陷、软件缺陷、组件交互、人为因素导致的系统风险，扩展了传统风险致因因素的范畴。

1. 方法简介

STPA 方法的目标是识别能够诱发进入危险状态的控制"失效"问题，生成相关的安全约束，保持风险程度在人们可接受的水平；此外，STPA 方法可以识别违反安全约束的"失效"信息，在系统设计阶段或使用阶段可通过一定的措施来控制、降低和消除风险[14]。STPA 方法通过构建系统的反馈控制结构图，来对系统的安全性进行全面、系统的分析。系统被看作相互关联的一系列组件，通过反馈控制回路保持在一个动态的平衡状态。所以，安全作为系统的涌现特性，当系统及其部件的行为满足适当的约束时，即可保持这一特性。由此，事故可以被描述为带有缺陷过程的结果，这些过程涉及导致违反系统安全约束的人、软件、硬件、环境间的相互作用及导致违反系统安全约束的物理系统组件失效等。图 1.2 为一个包含过程模型的典型的反馈控制结构，图中系统主要包括控制器、执行器、被控对象和传感器四个部分。从图中的控制逻辑可以看出：通过过程模型可以识别被违反的安全约束并确定出为何控制不能有效实施安全约束，确定出导致不安全事件发生的原因以及出现不安全控制的场景，并将其转化为安全约束和设计需求，为设计出更安全的系统提供保证。

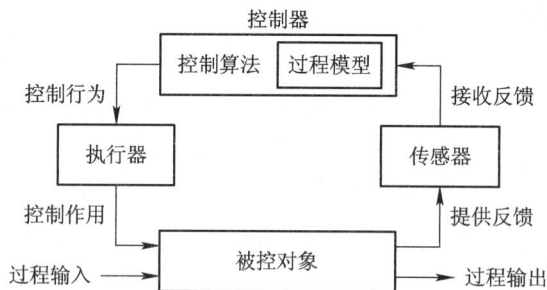

图 1.2　典型的控制回路

2. 应用过程

STPA 方法的核心工作主要有两个，即识别导致危险的不安全控制行为和确定不安全控制行为的致因因素。STPA 方法在进行系统安全性分析的过程中主要包括四个步骤，如图 1.3 所示。图中的前两步是 STPA 方法分析的基础，后两步是其核心工作。其中，不安全控制行为有四类[12]：① 未执行控制行为；② 执行不正确或不安全的控制行为；③ 过早或过晚执行的控制行为或错误的时间进行的控制行为；④ 停止过早或持续太久的控制行为。

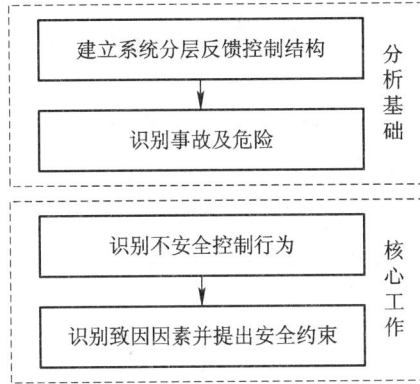

图 1.3　STPA 分析过程

导致不安全控制的控制缺陷主要有三类[14]：① 控制器发出不足或不恰当的控制行为，包括对故障或扰动的物理过程处置不当；② 控制行为的不充分执行；③ 反馈信息的不正确或丢失。

图 1.4 显示了标准控制回路中的典型控制缺陷[16]。图中缺陷可以大致分为控制缺陷①与反馈缺陷②。控制缺陷是指提供或执行不安全控制行为的原因，反馈缺陷是指生成不安全控制行为的原因。

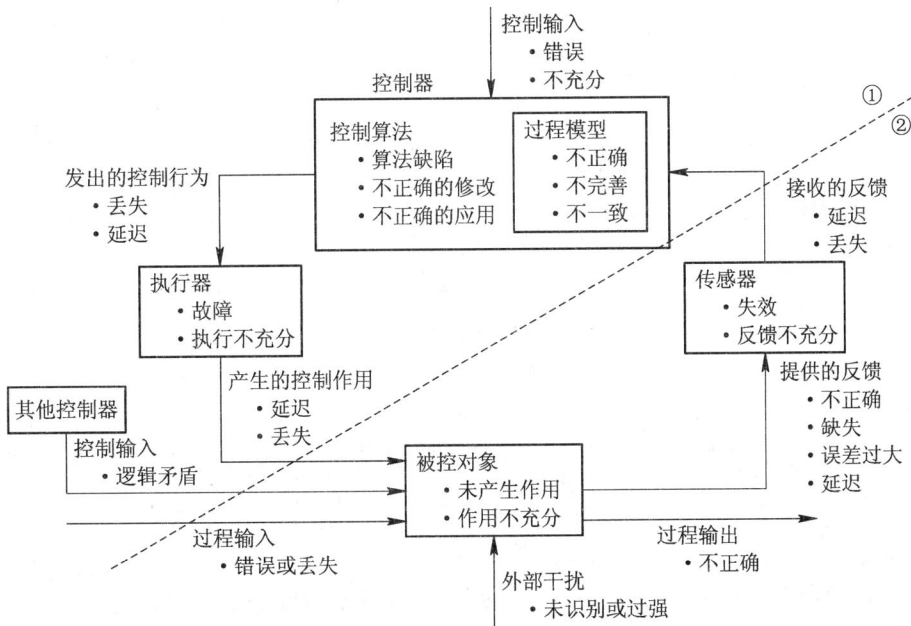

图 1.4　不恰当控制行为的原因

由图 1.4 可知，控制指令的生成、传递、执行、反馈贯穿了控制反馈回路的全过程，所有组件的目的都是为了保证系统能够在安全约束要求范围内高效运行。STPA 方法识别出来的控制缺陷(Control Flaws)是诱发危险的根本原因,根据分析结果有针对性地制订预防策略和改进措施,能够从根本上提升系统的安全水平。

本 章 小 结

本章主要对 STAMP 理论和 STPA 方法进行了分析。STAMP 理论模型将安全性看作是一种系统的涌现特性,认为安全性是系统中各个组件行为相关的一系列安全约束。STPA 方法是基于 STAMP 理论事故致因模型的安全性分析方法。后续各章节中的案例研究和相关安全性分析均以 STAMP 理论模型为理论支撑。

参 考 文 献

[1] 郑友胜,李泰安. 军用飞机飞行安全影响因素研究综述[J]. 教练机,2012(4):53 - 59.

[2] AHMAD M, PONTIGGIA M. Modified swiss cheese model to analyse the accidents[J]. Chemical Engineering Transactions, 2015, 43:1237 - 1242.

[3] JEHRING J. Industrial accident prevention:A scientific approach by H. W. Heinrich[J]. Industrial & Labor Relations Review, 1954, 4(4):609 - 609.

[4] ALTABBAKH H M. Risk analysis:Comparative study of various techniques[D]. USA, Columbia:Missouri University of Science and Technology, 2013.

[5] 卜全民,王涌涛,汪德. 事故树分析法的应用研究[J]. 西南石油大学学报,2007,29(4):141 - 144.

[6] VOLKANOVSKI A, ČEPIN M, MAVKO B. Application of the fault tree analysis for assessment of power system reliability[J]. Reliability Engineering & System Safety, 2009, 94(6):1116 - 1127.

[7] 陈珊琦. 故障树和事件树建模与分析的关键算法研究[D]. 合肥:中国科学技术大学,2016.

[8] GLOSSOP M, LOANNIDES A, GOULD J. Review of hazard identification techniques[M]. Sheffield, UK:Health and Safety Laboratory, 2000.

[9] CRAWLEY F, TYLER B. Hazop:Guide to best practice guidelines to best practice for the process and chemical industries[M]. Netherlands, Amsterdam:Elsevier Inc. 2015.

[10] DIOGO S C, LIGIA M S U, DONIZETI DE A. STPA for continuous controls:A flight testing study of aircraft crosswind takeoffs[J]. Safety Science, 2018, 108(10):129 - 139.

[11] RASMUSSEN J. Risk management in a dynamic society:A modelling problem[J]. Safety Science, 1997, 27(2 - 3):183 - 213.

[12] LEVESON N G. Engineering a safer world:Systems-thinking applied to safety[M]. Cambridge:MIT Press, 2012.

[13] HOLLNAGEL E. FRAM:The functional resonance analysis method:Modeling complex socio-technical systems[M]. USA, Burlington:Ashgate Publishing Limited, 2012.

[14] LEVESON N G. An STPA primer[M]. USA, Cambridge:MIT Press, 2013.

[15] LEVESON N G. System safety engineering:Back to the future[M]. USA, Cambridge:Aeronautics and Astronautics Department, Massachusetts Institute of Technology, 2002.

[16] 刘朝晖,陈智,吴志强,等. STPA 方法在数字化反应堆紧急停堆系统安全性分析中的研究与应用[J]. 核动力工程,2015,36(S2):157 - 161.

第二章

基于 STPA 方法的典型航空事故分析

    STPA 方法是基于 STAMP 事故致因模型的安全性分析方法,该方法从控制失效的角度出发,自顶向下地识别由于设计缺陷、软件缺陷、组件交互、人为因素等原因而导致的系统风险。为了详细说明 STPA 方法的应用过程以及通过 STPA 方法如何得出系统的不安全控制行为和事故致因,本章将结合某航班客舱失压事故、某航班发动机失控事故、某型军机坠机事故以及某军无人机被他国诱捕等四个案例,对 STPA 方法的应用过程进行详细分析。

2.1   民航航班客舱失压事故分析

2.1.1   事故简述

    1990 年的一天,某民航航班由 A 机场飞往 B 机场。在飞行大约 13 分钟后,飞机驾驶舱的一部分挡风玻璃脱落,巨大的压力差导致机长大部分身体被吸出机外,一名空乘人员拼命地抱住已失去知觉、被严重冻伤的机长,更糟糕的是,机长面临着极度缺氧的危险。在这种情况下,副机长被迫在另一机场实施紧急迫降。最终,凭借着副机长的努力,飞机成功着陆,未造成人员死亡,包括机长在内的所有机组人员都从伤病中恢复过来,机长更是在事故发生后的短短几个月就重返工作岗位。

2.1.2   基于 STPA 方法的安全性分析

1. 构建 STAMP 分层控制结构

    所有高空飞行都在机舱加压的环境下进行,以确保机组人员和乘客有足够的可呼吸的氧气。如果机舱内的增压系统发生故障,无论是由于增压系统本身的故障,还是由于飞机内部的结构故障(例如窗户的丢失),飞机都将面临减压情况。减压的速度受到许多因素的影响,包括受压空间与外部环境之间的压差,以及对增压系统或飞机结构的破坏程度等。虽然快速减压是一种严重且可能危及生命的危险,但一般不会立即对乘客和机组人员造成致命伤害。如果发生快速减压,那么飞机必须迅速而安全地下降到大约 10 000 英尺①的高度,以确保机上所有人有充足的氧气进行呼吸。当飞机出现紧急减压时,如果机组最初决

---

① 1 英尺=0.3048 米。

定的目的地无法到达，那么机组人员就必须寻找一个合适的地点来迫降。

在快速减压过程中，飞机驾驶舱可能会出现混乱程度很高的情况，经常充满蒸汽、噪音和碎屑等。机组人员在应对快速减压场景时，其操作技能的正确与否往往意味着一个飞行事件和一个飞行事故之间的区别，严重操作差错甚至会导致飞机的损坏进而威胁机组人员的生命。同时，为了支持机组人员处理这一罕见但危险的事件，并突出已确定的相互作用可能导致不安全行为的潜在领域，需建立由许多机构组成的控制结构，如图 2.1 所示。

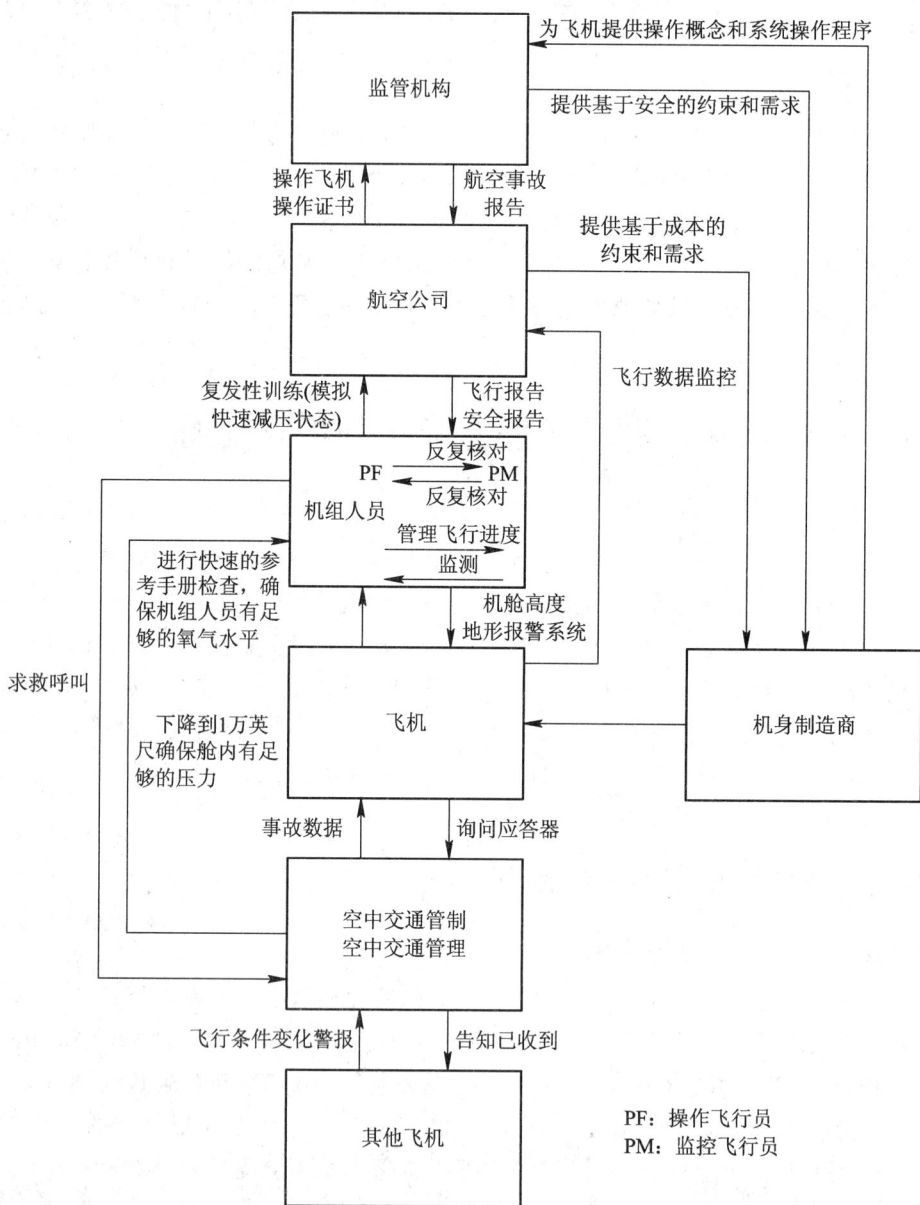

图 2.1　某航班事故分层安全控制结构

在该案例研究中，确定了 7 个主要利益相关者：监管机构、航空公司、机组人员、飞机、空中交通管制/空中交通管理、其他飞机和机身制造商。这些个体通过控制操作链接，如图 2.1 中标记的箭头所示。操作分为持续型和间歇型，例如在事件发生后执行的操作中，机舱高度地形报警系统在飞机和机组人员之间不断反馈运行，属于持续型操作；而航空公司和监管机构之间的航空事故报告在事件发生后间歇性地出现，属于间歇型操作。

2. 识别危险

在 STAMP 分析中，危险被定义为一个系统状态或一系列条件，在特定的最不利环境条件下，危险会导致事故或损失。根据 STAMP 框架，危险是可以控制的，但也可能导致潜在的事故。在本案例中，潜在事故定义为机组人员对飞机快速减压事件的反应。

1）识别系统级危险

在进行基于 STAMP 的致因分析时，首先要确定该研究涉及的具体系统，然后通过相应的分析判断来识别系统中存在的主要危险，这些危险造成的后果包括人员受伤或者死亡、设备结构受损、环境受到污染等。

该航班事故涉及的系统主要为客机实体系统和乘员安全系统。由于这两个系统由不同且独立的管理者控制，因此可将它们看作两个相互影响但独立的系统。客机实体系统由欧洲航空安全局控制飞机证书颁发以及审定过程；乘员安全系统由航空公司负责乘员（指乘客和机组人员）的人身安全。客机实体系统和乘员安全系统组合起来造成的事故（或者说损失事件）可以定义为飞机受损导致的快速减压事件使乘客死亡或受到伤害。

客机实体系统的危险包括飞机结构受到冲击及损坏、飞机仪器仪表失效、飞机失去操控能力、飞机闯入其他飞机飞行路径、飞机未能下降到 10 000 英尺（一个安全的高度，大气中有足够的氧气维持生命）等。乘员安全系统的危险包括将乘客长时间暴露于失压条件下、供氧装置异常、机组人员未能确保得到足够的氧气供应等。

2）确定系统级安全约束

辨识系统和其结构的危险后，下一步的主要目标是详细说明防止危险发生所必需的系统级安全需求和设计约束（即安全约束）。该事故的安全约束包括客机实体系统的安全约束和乘员安全系统的安全约束。

客机实体系统的安全约束如下：

（1）飞机挡风玻璃的结构强度达到要求。

（2）如果发生不可避免的快速减压的情况，需保证飞行员氧气供应设备正常。

（3）飞行员能够操纵飞机下降到安全高度，减少减压事件带来的影响。

乘员安全系统的安全约束如下：

（1）不能让乘员长时间暴露于失压条件下。

（2）一旦发生快速减压事件，必须采取措施以快速恢复到正常压力条件。

（3）必须采取可用的、有效的措施，保证飞行员能够在减压事件中正常操作。

对以上系统实施安全约束，是为了避免系统进入危险状态而需采取的限制措施，如果约束能被有效执行，那么将不会引起事故的发生。

3）实施安全约束的安全控制结构

下面主要对已构建的分层安全控制结构中的相关层级进行分析，以了解其安全约束。

（1）监管机构层级。监管机构从最高层开始工作，向航空公司下发 AOC（航空运营证书），允许航空公司进行运营和收费。

安全约束：监管机构严格按照规章制度向具备资质的航空公司颁发 AOC。

（2）航空公司层级。航空公司必须具备足够的资质，包括拥有重要的基础设施、培训制度和人员来支持其运营。反过来，航空公司也有责任为其飞机上的机组人员提供针对紧急情况和非标准情况（如快速减压情况）的模拟器内的经常性培训。另外，在发生航空紧急事件后，航空公司要通过航空事故报告向监管机构反馈信息。

安全约束：航空公司具备足够的资质，拥有科学的管理水平。

（3）飞机层级。飞机应能够向航空公司提供事故后的飞行数据，这些数据可用来判断机组人员的表现，并为制定机组人员的培训计划提供信息。虽然在快速减压事件中的飞机是经过认证的，具有适航性，但这也不能防止系统在飞行过程中发生故障。为了简化分析，可假设在当前的减压场景中飞机的飞行路径不在山区地形上空，因此，近地预警系统（GPWS）不会阻止飞机下降到 10 000 英尺。

安全约束：飞机能够正常进行信息反馈，且保证反馈的信息准确。

（4）机组人员层级。在快速减压的情况下，机组人员有义务完成标准化的 QRH（快速参考手册）程序，包括戴上氧气面罩以及下降到 10 000 英尺（或与周围地形相适应的最低安全高度）。在这种紧急情况下，机组人员也有责任拨打求救电话，及时通知空中交通管制/空中交通管理（ATC/ATM）管制中心由于飞机下降而引起的飞机航线和位置的变化情况。机组人员同样有责任在飞行后向航空公司提供飞行报告和安全报告。同时，对机组人员的分析重点放在飞行员和副驾驶员上（不包括乘务员），所进行的操作由 ATC/ATM 管制中心提供支持。

安全约束：机组人员具备能够应对各种突发情况的能力水平。

（5）空中交通管制/空中交通管理层级。ATC/ATM 管制中心有责任确认机组发出的求救信号，并协助机组成员处理紧急情况。ATC/ATM 管制中心从飞机传感器上接收到有关紧急情况的数据后，可通过对机上应答器的询问来获取飞机的位置数据，以此识别飞机的位置以及飞机的高度和呼号。

安全约束：能够及时对机组人员提供帮助，并引导和指挥其他飞机避让。

（6）机身制造商层级。机身制造商有责任确保飞机能向机组人员提供各种预警系统，以显示飞机运行状态的相关信息，使机组人员能够更好地掌控局势。同时，机身制造商还应向监管机构提供飞机的操作概念和系统操作程序。

安全约束：制造商设计制造的飞机功能完整。

（7）其他飞机层级。其他飞机通过 ATC/ATM 管制中心提供的关于故障飞机的信息，及时了解故障飞机的高度等情况，避免飞机的飞行路径直接进入故障飞机的飞行路径，从而降低与其空中相撞的可能性。

安全约束：能够及时收到 ATC/ATM 管制中心提供的信息，并及时采取正确的应对措施。

3. 识别不安全控制行为

根据图 2.1 中构建的控制结构，依次考虑每个控制行动，可以确定所有层级涉及的不安全控制行为，并将它们作为系统中潜在的故障源。而为了更详细地考虑系统中存在的不安全控制行为,下面以机组人员和飞机之间的交互产生的一个控制回路为示例进行分析。此阶段的分析主要是了解如何以及为什么会发生不安全控制,以便将缓解策略定位于控制循环中的适当点。

机组人员与飞机之间的四项控制行为包括:

(1)确保机舱内有足够的压力。

(2)确保机组人员有充足的氧气。

(3)确保飞机下降至 10 000 英尺。

(4)完成 QRH(快速参考手册)程序。

任何一种控制行为在快速减压过程中出现差错,都可能最终导致缺氧,造成潜在的致命后果。使用这四个控制行为共有可能生成 21 个不安全控制行为,如表 2.1 所示。

表 2.1 机组人员与飞机控制回路的不安全控制行为

控制行为	没有提供所需的控制行动	提供不安全/不正确的控制行动	过早结束	实施过长
确保机舱内有足够的压力	未能保持机舱高度	保持高度/爬升	压力充足前停止供压	充足后停止供压
		选择错误的客舱指南		
确保机组人员有充足的氧气	未能佩戴氧气面罩	忽视压力警告	过早摘下氧气面罩	—
		佩戴氧气面罩过晚		
确保飞机下降至 10 000 英尺	未能下降至 10 000 英尺	下降到错误高度	过早停止下降	下降速度不够快
		下降时机过迟		
完成 QRH(快速参考手册)程序	机组成员未能进行 QRH 检查	遗漏步骤	QRH 检查停止过快	QRH 操作存在长时间延迟
		QRH 遗漏氧气步骤		
		QRH 检查进行太慢		
		QRH 检查按错误顺序执行		

随后将生成的不安全控制行为映射到控制回路中,如图 2.2 所示。

在机组人员—执行器界面,机组人员涉及的不安全控制行为主要是不适当、无效或缺失,并可能会以多种形式发生,如未能保持机舱安全高度、未能将飞机下降至 10 000 英尺或没有佩戴氧气面罩等。在这个控制回路中,还发现了机组人员 10 项不正确的操作,并将其放置在图 2.2 中的"执行器"框中,例如过早地停止下降、以错误的顺序执行 QRH 检查,或者过早地摘下氧气面罩等。图 2.2 的左下角显示了延迟操作,如延迟关闭压力阀、启动下降时机太晚、QRH 检查太慢等。

控制回路的底部主要考虑与被控过程相关的部件故障随时间变化的情况,并且这一分析假设飞机是"适航"的,因为航空公司具备了来自监管机构的 AOC 要求,但这并不排除在飞行过程中出现技术问题或部件故障。对于这个场景,相关的不安全控制行为包括机舱高度(压力)报警系统故障、近地预警系统(GPWS)故障及高度表故障等。

在执行器—飞机界面,不安全控制行为表现为反馈延迟或错误操作。控制回路中的这

・未能保持机舱安全高度(压力)
・未能进行(QRH)检查
・未能将飞机下降至10 000英尺
・没有佩戴氧气面罩

机组人员

错误的飞机
状态模型

・机舱高度(压力)警告过早停止
・近地预警系统启动过晚

执行器
・下降速度太慢
・过早地停止下降
・设置错误的飞机高度
・未能改变高度
・提前关闭压力阀
・过早地摘下氧气面罩
・氧气步骤被QRH遗漏
・下降步骤被QRH遗漏
・以错误的顺序执行QRH检查
・QRH检查过早结束

传感器
・机舱高度(压力)警告显示错误
・近地预警系统显示错误

飞机
・机舱高度(压力)报警系统故障
・近地预警系统故障
・高度表故障

・启动下降时机太晚
・延迟关闭压力阀
・戴氧气面罩太迟
・QRH检查太慢

・机舱高度(压力)警告启动过晚
・机舱高度(压力)警告持续时间过长
・近地预警系统启动时间过长

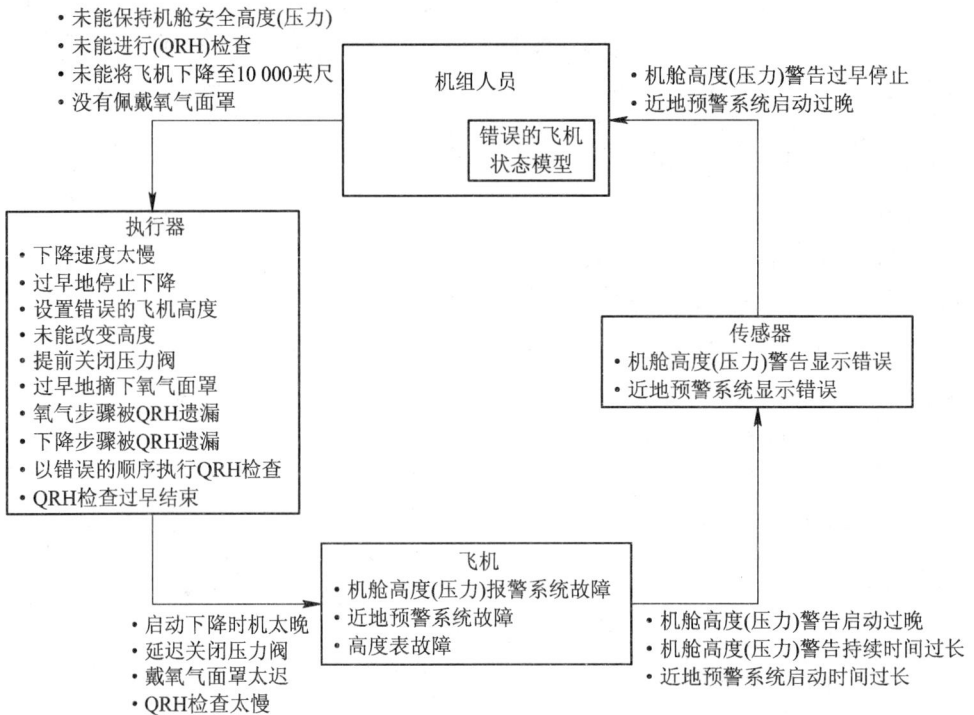

图 2.2　机组人员和飞机之间的控制回路

部分不安全控制行为主要是 GPWS 和机舱高度(压力)报警系统来不及启动,使机组人员不能采取适当的行动;或是系统工作持续时间太长,分散了机组人员的注意力。

在飞机—传感器界面,"传感器"框中的不安全控制行为主要是机舱高度(压力)报警系统和 GPWS 反馈界面存在显示错误。"传感器"通过传感器—机组人员界面向机组人员进行反馈,其反馈行为存在控制不充分、缺失或延迟等问题。与此对应的不安全控制行为包括机舱高度(压力)警告过早停止和 GPWS 启动过晚。

除了上述不安全控制行为,相应的安全约束还应包括提供必要的警告(如确保机组人员可以收到明显的增压警告)。此外,该方法还表明了机组人员需进行必要的培训,以降低紧急情况发生时机组人员采取错误操作的严重程度(例如确保机组人员能够迅速戴上氧气面罩,并及时降落飞机)。

需要强调的是,图 2.1 中所示的分层安全控制结构是基于 STAMP 方法中给出的假设而构建的,不同的假设可能产生不同的控制结构。控制结构中的每一个不安全控制行为都可能造成严重后果,因此应该对每一个潜在的不安全控制行为实施安全约束。这对于由错误的心理模型假设或缺乏明显的紧急警告而导致机组人员不能正确处理故障的事故可能特别有用。

4. 致因因素分析及安全约束生成

通过对与事故有关的不安全控制行为进行识别,再根据相关不安全场景就可以得到事故发生的根本原因。若控制回路中的安全约束未被有效实施,则会发生相对应的不安全控制行为。针对此次事故,继续进行各层次结构的控制回路分析,得到的事故原因主要有以下几个方面：

1）机械原因

该型号飞机的挡风玻璃的设计方式为由内往外装，当固定挡风玻璃的螺栓失效时，玻璃会由于巨大的压力差而脱落。

2）人为因素

（1）错误螺栓的选择和使用。值班经理采用目测的方式寻找螺栓而没有查找零件目录，在更换的 90 个螺栓中有 84 个螺栓的直径比标准的要细，另外 6 个螺栓比标准的短。

（2）使用不合适的安装设备。值班维修人员使用未经过校准的专用扭矩扳手安装错误尺寸规格的螺栓。

（3）维修工作在昏暗条件下进行。值班维修人员在夜间环境更换挡风玻璃，灯光照明差。

（4）机库大门已经关闭，导致工作梯无法放置于机头前方，维修人员只能从侧面进行安装工作，不能发现安装好的螺栓与正常情况的差异。

3）组织管理

（1）未进行工作质量检验。某国航空公司设置的专门岗位或机构未对维修人员所做工作进行质量检查，这也导致维修人员的错误一直未被发现和解决。

（2）航空公司未进行该项工作的反馈。航空公司未使用连续监测系统报告在一些调查中挡风玻璃更换期间出现的问题，维修人员不能将其作为自己的工作标准。

（3）未定期对维修人员进行培训和测试。民航局没有对维修人员进行定期的培训、考核和审查。

5. 总结

通过对某民航航班客舱失压事故进行基于 STAMP 的致因分析，可以发现这种方法对复杂系统的分析结果较传统方法的分析结果更为先进，如在本事故中飞机和机组人员的控制回路中，被控过程即飞机存在高度表、近地预警系统、高度（压力）报警系统这三个系统都会导致潜在故障的特点，其一直对飞机的安全产生重要影响。

此事故的分析主要是将 STAMP 理论用于航空事故致因分析中，其具体流程为首先识别与航空事故相关的系统和危险，再判断与危险相关的系统安全约束和安全需求，然后构建实施安全约束的分层安全控制结构，针对该结构辨别不安全控制行为，最后根据不安全控制行为总结事故原因。这种方法的主要特点是可以全面认清系统中任何对象与相关部件的交互关系，为详细分析模型中层级之间的控制关系提供了便利。

从分析过程可以看出，民机以经济性为目标，安全性设计和管理也主要是考虑到整体效益，通过总结基于 STAMP 的事故致因分析流程，并将其作为对军机事故的致因分析方法，可以指导军机的安全性分析设计。

本例重点分析了使用维修阶段的安全性，对设计制造领域涉及较少。对于军方而言，不仅仅需要关心军机的使用维护阶段，随着新装备的大量研制和列装，更要关注设计制造领域。因此，需在此基础上进一步研究设计制造方法的安全性或者由于制造原因引起的安全事故分析流程。

2.2 民航航班发动机失控事故分析

2.2.1 事故简述

1997 年 8 月 6 日，某民航航班从某国一机场飞往另一国家，机上有乘客 237 人，机组人员 17 人。驾驶飞机的机长是前空军飞行员，有驾驶波音 747 飞机安全飞行 6 年的经验，在事故发生的几个月前，因在飞机发动机失控的情况下安全降落一架 747 飞机而得到了航空公司的表彰。

当地时间凌晨 1 时，该航班进行降落前准备，当时目的地机场正在下雨，空中能见度很差，机长见此情况准备手动降落。

1 时 40 分左右，机组被允许降落 6L 跑道。

1 时 42 分，飞机在降落过程中误判机场位置，机组人员误以为客机已经飞过头还是看不到机场位置，打算拉高重飞，但其实飞机尚差 5 公里才到海拔 78 米高的跑道，故撞上了某山腰处。该航班飞机的机身破裂，从机翼内外泄的航空燃油被引燃，大火持续燃烧了 8 小时。包括机组人员在内的 254 人中有 228 人遇难，大多数遇难乘客死于事故后的大火，只有 23 名乘客和 3 名空乘人员幸存。

由于当天的天气恶劣，发生空难的机场又位于偏远的山区，再加上航空管制人员花了很长时间才发现班机有可能是发生意外才开始通知救援部队，导致营救工作进行得很缓慢。由于事发地点的输油管道在坠机时被撞断并阻挡了道路，因此救援车辆很难进入坠机地点。

2.2.2 基于 STPA 方法的安全性分析

1. 构建 STAMP 分层控制结构

依据航空系统管理机制，建立航空系统的整体控制结构，以便于了解各部门之间的联系。结构图如图 2.3 所示。

2. 识别事故和危险

1）确定系统级危险

在确定系统的安全控制结构后，就可分析系统中存在的潜在控制缺陷，即分析对事故施加的安全约束的缺失有哪些。本事故中表现出的系统灾害是飞机撞上了山腰。在该航班事故中，经事后的调查显示，在事故发生过程中，出现了如下几种情况：

（1）该航班机组人员疲劳驾驶。

（2）机长在事发时，未按照手动降落操作程序执行。

（3）仪表着陆系统故障。

（4）机场最低安全高度警告系统不能准确工作。

（5）该航班机组使用了过期的飞行图，错误估计了安全飞行高度。

（6）机组人员未能依靠测距仪辨别跑道位置。

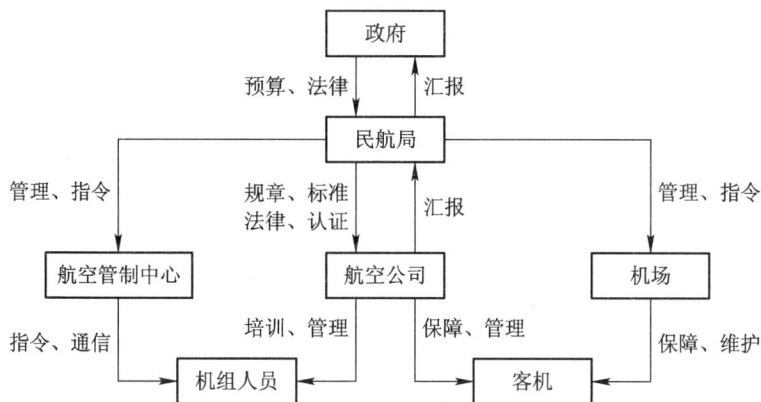

图 2.3 航空系统控制结构

2）确定系统级安全约束

基于 STAMP 模型的安全分析首先应明确分析目标，即该航班事故的发生不是某一单方面因素造成的结果，而是各方面因素共同作用的结果。这些因素中既有机组人员相关飞行经验和处理措施的不足，也有飞机和机场导航预警系统的异常，还有航空公司的监管组织不到位的责任。要预防此次飞行事故需要以下的安全约束：

（1）机组人员在下雨天能见度低的情况下能正确识别跑道位置并采取正确的执行程序以手动降落。

（2）飞机导航装置能准确工作，机场高度预警系统能正常工作。

3）识别不安全控制行为

在约束识别的基础上，下一步是根据事故相关信息，识别每一个控制层级和涉及的参与方在事故中体现的失效行为。根据控制结构图，从上至下，依次分析每个控制层级出现的问题，即分析它们发生了哪些与其安全约束相悖的失效行为。

在此次事故中，某航空公司应该避免机组人员疲劳驾驶，本次航班机长是临时接到的任务通知，在未得到充分休息的情况下驾驶飞机，难以保持精力和集中注意力；调查发现在机长的随身行李中有镇静剂类药物，但遗体解剖证实机长并未服用这些药物，而规章制度规定机组人员不允许携带精神镇静剂类药品，但机长却擅自带上了飞机，这也体现出航空公司对机组人员把控监管不严；机组人员应当接受适时训练和设施更换，因天气条件恶劣，飞机机组人员只能靠测距仪来识别跑道并发生了错误，导致他们过早降低了飞行高度，而且机组使用的是过期的飞行图，图中标示的降落最低安全高度和正确的安全高度不相符，这都显示了航空公司的责任缺失；飞机上的仪表着陆系统中的航道导引仪故障，机场安全高度警告系统不能准确工作，导致机组人员错误判断了飞行高度且未得到正确修正。

3. 致因因素分析及安全约束生成

STAMP 模型从系统控制学角度分析事故，即主要从组织管理、技术方法、参与人员、交互反馈、环境背景等方面入手进行分析。据此，从以上几个方面出发，将 STAMP 模型的分析结论进行分类汇总，如表 2.2 所示。

表 2.2　事故原因分析

参与相关方	组织管理	技术方法	参与人员	交互反馈	环境背景
某航空公司	规章制度落实不完善，训练管理疏忽	—	对机组成员把控不严，使其携带镇静剂	未能将机场情况及时反馈给机组	追求经济效益，超负荷使用机组人员
机组人员	—	未按照正确程序进行降落	机长疲劳驾驶，缺乏相关飞行训练	在错误的飞行图和航道导引仪故障的情况下误判跑道	—
地勤保障	维护保养不到位	飞机仪表着陆系统故障	—	—	—
某机场	未能及时发现事故并组织救援	安全高度警告装置失准	—	未对航班仪表着陆系统作出正确反应	—

2.3　典型军机坠机事故分析

2.3.1　事故简述

2010 年 11 月 17 日晚，某国空军的两架战机组织编队飞行训练，在顺利完成指定科目后开始返航。在当晚 19 时 40 分左右，其中一名飞行员驾驶的某型战机突然失去了联系，从雷达屏幕上消失。伴飞的另一名飞行员在完成了空中加油后，尝试对失踪的某型战机进行搜寻。同时，该国空军及相关部门立即启动应急救援程序，迅速派出救援直升机以及一架运输机对失事区域进行连夜空中搜寻。由于失事范围过于巨大，加之地形复杂和环境条件恶劣，搜寻工作一直未取得进展。直到第二天早晨，救援直升机才发现了失踪的战机的部分残骸，并且初步确定了飞机坠落的地点。随着搜救工作的进一步展开，救援人员发现了越来越多的战机残骸，同时，飞行员的飞行服的残片接连被发现，这一系列的证据表明飞行员已经死亡。

2.3.2　典型军机生命保障系统 STPA 分析

1. 构建 STAMP 分层控制结构

当代先进战机在最初进行设计论证时，对机体中保证飞行员处于正常生理环境的系统或部件尤为重视，飞行员的生命也由其提供支持。一旦飞行员在驾驶战机过程中某一部件发生故障，将会直接影响到最后能否遂行任务，甚至于威胁到飞行员的生命。当飞机的制氧过程中断时，飞行员会直接面临缺氧的风险。而制氧过程受到许多因素的影响，飞机生命保障系统中与制氧有关联的任一环节出现问题，都可能使整个系统瘫痪，导致其无法继续工作。如果发生上述情况，至关重要的是采取必要措施以确保有充足的氧气供飞行员呼吸。若已确定飞机失去了为飞行员继续提供氧气的能力，飞行员不得不面临跳伞的选择。

当飞行员处于缺氧的状态时，导致的直接结果就是飞行员无法采取有效的控制措施对飞机进行持续操控，所以必须有相关的约束对其进行控制以避免飞行员陷入缺氧的境地中。

为了发现此次军机坠毁事故中存在的不安全控制行为并分析事故致因，在当前系统研究中，主要确定了 7 个主要的利益相关者：高空抗荷服、飞行员、引气系统、环控系统、机载制氧系统、备份制氧系统、应急制氧系统。各层级控制关系以及回路如图 2.4 所示。

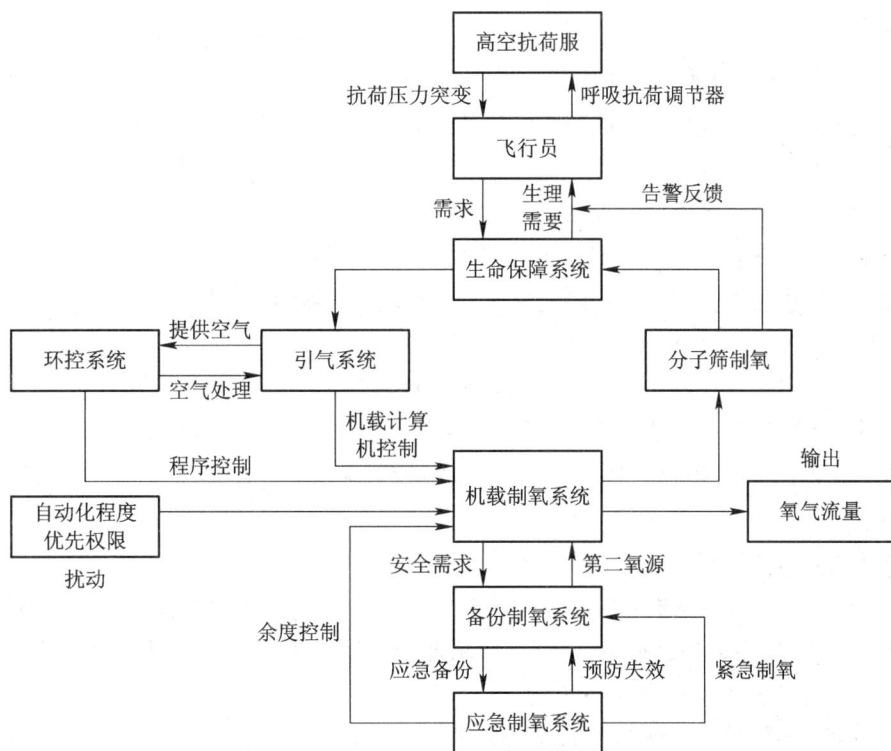

图 2.4　某型军机生命保障系统分层安全控制结构

2. 识别事故和危险

1）识别系统级危险

根据 STAMP 致因分析方法，首先要识别造成此次军机缺氧事故的系统，为此将某型军机的生命保障系统作为研究对象，其组成主要包括高空抗荷服、飞行员、引气系统、环控系统、机载制氧系统、备份制氧系统以及应急制氧系统。生命保障系统的事故可以定义为生命保障系统失效，使飞行员缺氧导致其失去对战机的操控能力，本次事故最终结果表现为机毁人亡。

生命保障系统的危险包括飞行员生理性缺氧、飞机制氧中断、飞机失控而导致坠毁。

2）确定系统级安全约束

某型军机生命保障系统中各个控制层级的参与主体是该系统实施控制行为的个体，因此在识别系统的安全约束时，应该从各控制个体的功能入手，以确定避免出现危险的相关安全约束。

生命保障系统的安全约束包括：

（1）飞机制氧功能始终处于正常水平。

（2）必须有报警或其他措施来提醒以及保护飞行员的生命安全。

（3）不能长时间使飞行员处于缺氧条件。

若满足以上安全约束，飞行员即可正常操控飞机，即生命保障系统在一定程度上可避免出现危险情况。

3）实施安全约束的安全控制结构

（1）高空抗荷服层级。高空抗荷服在机体进行较大过载机动时对飞行员施加对抗压力，阻止血液在正过载作用下向下半身转移，从而保证头部循环血量，增强飞行员的抗过载能力，其主要控制功能由呼吸抗荷调节器完成。

安全约束：为飞行员在恰当时机加压，调整呼吸。

（2）飞行员层级。在氧气中断的情况下，飞机应及时报警，告知飞行员突发情况，飞行员则应采取相应措施以避免出现更紧急的情况。

安全约束：飞行员正确操作，避免误操作导致缺氧。

（3）引气系统层级。通过 F119 发动机的引气系统从压气机放出少量空气，提供给机载制氧系统，从而进行制氧过程。此系统为生命保障系统的第一功能模块，完成初始的空气输入控制。

安全约束：引气过程顺利，完成指定功能。

（4）环控系统层级。飞机环控系统可依据该系统的控制使座舱内得到及时的空气补充，同时给座舱和电子舱提供足够的冷气量，使从发动机压气机引出的高温高压气体得到冷却压缩，从而达到空气调节的要求。

安全约束：使驾驶舱及各电子舱保持通风。

（5）机载制氧系统层级。某型机载制氧系统呈楔形嵌入在飞行员座椅后下方的一处空间内，主要功用是为飞行员供应氧气。在制氧的过程中，机载制氧系统采用分子筛来吸收氮和一些其他气体，将增压空气过滤为纯氧，机载制氧系统的制氧水平需时刻满足飞行员的需要。

安全约束：必须保证分子筛制氧过程正常。

（6）备份制氧系统层级。此系统的主要目的是在机载制氧系统故障失效后，能够完成其对应功能需求，作为制氧过程的第二氧源。但本节研究的该型飞机是某国军机中唯一没有安装备份系统的飞机。

安全约束：在第一氧源失效后，能自动进行补氧。

（7）应急制氧系统层级。飞行员跳伞时使用的应急氧源作为机载制氧系统和备份制氧系统的第三氧源，其应在第一及第二氧源全部失效后，具备可在一段时间内为飞行员供应氧气的基本条件。

安全约束：能保证飞行员正常操作且工作正常以应对突发情况。

3. 识别不安全控制行为

下面根据四种类型的不安全控制行为，对某型军机生命保障系统控制层级中出现的不安全控制行为进行识别。

1）高空抗荷服与飞行员控制回路的不安全控制行为

高空抗荷服与飞行员控制回路的不安全控制行为如表 2.3 所示。

表 2.3 高空抗荷服与飞行员控制回路的不安全控制行为

控制行为	没有提供所需的控制行动	提供不安全/不正确的控制行动	过早结束	实施过长
确保抗荷服压力正常	未在高过载时加压	错误加压或不加压	停止加压过早	加压持续时间太长
确保飞行员所需氧气流量	未提供足够氧气	阀门降低氧气流量	停止输送氧气过早	—
呼吸调节正常	氧气不能通过面罩	调节功能异常	结束调节过早	调节持续时间太长

根据表 2.3 中的三类控制行为，与事故有直接联系的不安全控制行为的表现形式主要是抗荷服在错误时机向飞行员加压，导致飞行员呼吸困难。同时，由于阀门缺陷，会导致氧气流量缓慢增加。异常的加压与流量过高相互结合，加剧了飞行员的缺氧症状。

2）引气系统与环控系统控制回路的不安全控制行为

引气系统与环控系统控制回路的不安全控制行为如表 2.4 所示。

表 2.4 引气系统与环控系统控制回路的不安全控制行为

控制行为	没有提供所需的控制行动	提供不安全/不正确的控制行动	过早结束	实施过长
引入充足的空气	未进行引气	引气量不够	引气过程结束过早	引气持续时间过长
空气通风	空气不流通	流通范围小	停止空气流通过早	—
环控系统为各舱室及设备冷却	未对关键设备冷却	冷却温度不达标	结束冷却过早	—

引气系统主要为整个生命保障系统提供足够的空气，但是在此事故中正是由于引气系统突然出现故障，导致空气中断供应，生命保障系统也随之失去正常工作条件。

3）机载制氧系统与备份制氧系统控制回路的不安全控制行为

机载制氧系统与备份制氧系统控制回路的不安全控制行为如表 2.5 所示。

表 2.5   机载制氧系统与备份制氧系统控制回路的不安全控制行为

控制行为	没有提供所需的控制行动	提供不安全/不正确的控制行动	过早结束	实施过长
制造氧气	制氧未进行	制氧水平低	制氧过程结束过早	—
监控氧气浓度	未进行浓度监测	忽视浓度	监测过早结束	—
自动补氧	未能自动补氧	补氧间隔长	过早停止补氧	—

根据表 2.5 中的三类控制行为，分析得出在引气系统无法正常工作的前提下，计算机关闭了机载制氧系统，继而无法进行制氧，飞行员的氧气输送通道也由之中断；而当停止制氧时，缺乏必要的传感器发出警告以告知飞行员；最后在机载制氧系统失效时，缺乏自动化的备份制氧系统也是某型军机的缺陷（该国军队在事故后为所有某型军机加装了备份制氧系统）。

4）备份制氧系统与应急制氧系统控制回路的不安全控制行为

备份制氧系统与应急制氧系统控制回路的不安全控制行为如表 2.6 所示。

表 2.6   备份制氧系统与应急制氧系统控制回路的不安全控制行为

控制行为	没有提供所需的控制行动	提供不安全/不正确的控制行动	过早结束	实施过长
补充氧气	未持续补氧	补氧不及时	补氧停止过早	—
应急制氧	紧急情况无法供氧	制氧浓度/流量不足	制氧结束过早	—

应急制氧控制行为属于不安全控制行为，主要是飞行员在最初缺氧的阶段中难以触及应急制氧手柄，进而无法启动应急制氧系统。

2.3.3   典型军机研制及组织管理系统 STPA 分析

1. 构建 STAMP 分层控制结构

根据某型军机研制管理机制，某国空军首先提出"先进战术战斗机"（ATF）项目需求，向工业界招标，并发布了研制招标书。招标书中只给出了关键性能参数的范围而并未指定硬性指标，且允许某些参数最终低于或高于给定范围，只要未达标的参数能通过其他性能参数的允许或者是整个系统的效能能够得到增强即可，此项目的研发由防务承包商来完成。

在某型军机开始研制时，或者说 ATF 项目进入到工程与制造研制阶段时，对该项目关注的重点仍然是能否研制出具有预想技术特点的装备，这是某国在冷战时期启动的大型国防装备采办项目的一个共同特点。这一考虑体现在项目管理和实施方面就是优先考虑先进技术的开发应用，且远超成本和其他问题。而为了对 ATF 项目实施集中管理，某国空军成立了项目系统计划办公室，其主要职责包括在方案探索阶段管理合同商的相关活动以及协调并综合 ATF 项目所有其他关键技术的发展等。

某国承包商（即研制单位）在完成了某型军机 ATF 项目后，将定型生产的某型军机交付军方使用，由军方对某型军机的使用进行规划和日常飞行训练管理。为了研究和分析某型军机在研制及组织管理层面上潜在的不安全条件，建立了由某空军装备部门、项目管理办公室、飞机研制单位、飞机设计团队、某型飞机、飞行员、飞行基地、飞行训练管理单位组成的分层安全控制结构，如图 2.5 所示。

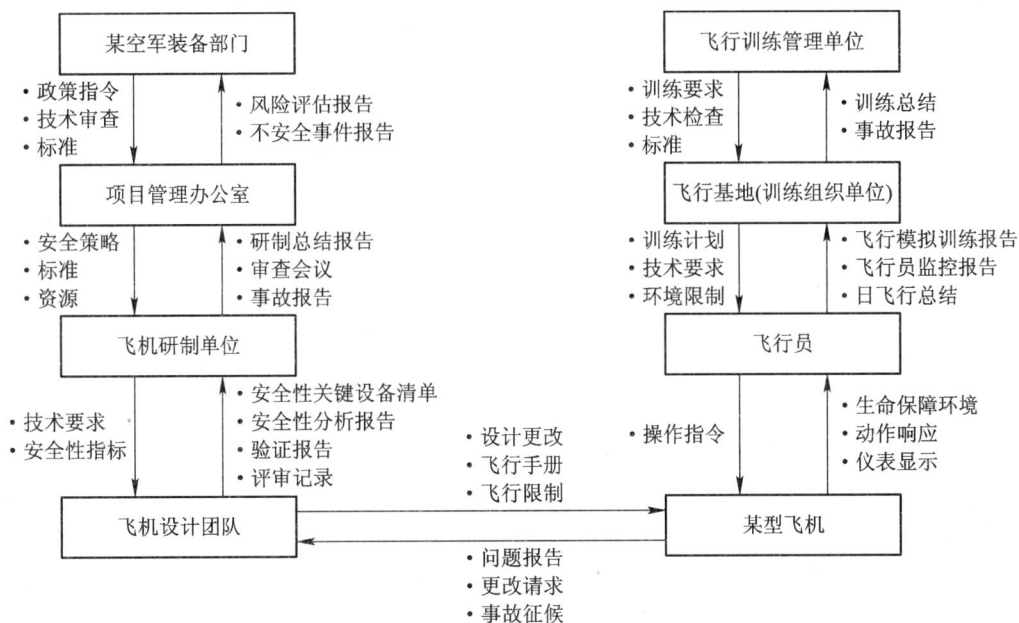

图 2.5　某型军机研制及组织管理系统分层安全控制结构

2. 识别事故和危险

1）识别系统级危险

下面针对某型军机研制及组织管理系统进行 STAMP 分析。其组成主要包括某空军装备部门、项目管理办公室、飞机研制单位、飞机设计团队、某型飞机、飞行基地以及飞行训练管理单位。某型军机的研制过程主要由某空军、飞行员、飞机研制单位（承包商）及其相关部门负责完成，其飞行训练的组织则由某空军相关的训练管理单位负责。某型军机研制及组织管理系统的事故可定义为飞机自身设计缺陷或训练组织不规范导致飞行员驾驶飞机时不能有效地完成规定任务，使飞行员死亡以及飞机受损。

某型军机研制及组织管理系统面临的危险主要包括飞机研制不合理、飞机设计有缺陷以及飞行员能力水平欠缺等。

2）确定系统级安全约束

在识别出系统存在的危险后，通过将系统级安全约束细化并分配给每一个体，来满足某型军机研制及组织管理系统中各控制层级能够顺利完成其控制行为的目的，以达到该系统所必需的功能需求。

某型军机研制及组织管理系统的安全约束如下：

（1）某型军机按计划要求研制，达到其技术标准。

（2）飞机结构及相关系统设计合理。

（3）某型军机能够满足用户（即某空军）的需求。

（4）空军飞行训练组织体系完善。

上述系统的安全约束可为分析破坏安全约束的异常控制行为提供依据，并以此来对系统中存在的问题进行查找。

3）实施安全约束的安全控制结构

（1）某空军装备部门层级。某国空军装备总部（AFMC）是由空军后勤总部和空军系统总部重组后组建的，其主要任务是为某国空军研制、提交和保养优质军用产品，对空军的所有武器系统以及其他军用非武器系统进行研究、开发、试验、采办和交付，并为这些系统提供后勤保障。

安全约束：必须下发相关政策，从而为项目提供支持。

（2）项目管理办公室层级。某军方的项目管理办公室是执行合同中军方职责的主要实体。项目管理办公室围绕项目经理构建，其主要职责包括保证用户得到其所需要的装备、建立采办团队、确定项目进度和成本等。

安全约束：确保项目采办过程正常进行，控制项目完成进度。

（3）飞机研制单位层级。某型军机的研制单位（即承包商）是由洛·马公司为主承包商，负责某型战斗机的全面生产和总装工作，波音公司作为主要的子承包商，负责集成某型战斗机的生命保障系统，霍尼韦尔公司制造机载制氧系统和环控系统，同时，普惠公司制造发动机和相关的引气系统。该项目的研发注重商业运行机制，倡导公开竞争，使得该项目的竞争从设备级扩展到系统级和整机级，从主承包商一级扩展到子承包商一级。承包商的主要职责是了解用户需求、制定技术方案、开展关键技术攻关以及研制真实的武器系统等。

安全约束：了解用户需求，设计的飞机功能完善、安全性高。

（4）飞机设计团队层级。设计团队对飞机整机级结构以及相关系统进行设计，设计的准则是在满足性能指标和用户使用要求的前提条件下，使飞机的设计尽可能合理，将因其结构问题导致的风险概率控制到最低，提升飞机的安全水平，使其发挥的效能最大化。

安全约束：设计合理，确保安全。

（5）某型飞机层级。飞机定型生产交付用户使用后，在使用过程中产生的问题报告可以提供给飞机的设计团队，由该团队进行问题总结分析，为需进行的相关改装工作提供必要信息，同时提出设计更改方案。

安全约束：能够正常飞行，完成规定功能。

（6）飞行员层级。飞行员按照训练计划的要求进行飞行训练，为提升飞行员在紧急情况下正确操控飞机的能力，需保证飞行员接受紧急状况的模拟训练。同时，可根据飞行员驾驶飞机时的反馈信息来评定其表现，为以后的模拟训练计划制定提供信息。

安全约束：飞行员技术水平合格，心理素质好。

（7）飞行基地层级。飞行基地负责实施某型军机的训练计划，将相关训练任务的要求或者限制条件下达给飞行员，并结合各项训练任务特点总结飞行员训练的情况，形成相关报告。

安全约束：组训方式合理。

（8）飞行训练管理单位层级。飞行训练管理单位收集飞行基地产生的训练总结报告和事故报告，掌握飞行训练实施情况，同时应提出训练要求，下发组织训练的标准。

安全约束：训练管理实施科学，及时采取有效措施管控危险训练情况。

3．识别不安全控制行为

1）某空军装备部门与项目管理办公室控制回路的不安全控制行为

某空军装备部门与项目管理办公室控制回路的不安全控制行为如表 2.7 所示。

表 2.7　某空军装备部门与项目管理办公室控制回路的不安全控制行为

控制行为	没有提供所需的控制行动	提供不安全/不正确的控制行动	过早结束	实施过长
某空军装备部门提出技术要求	未提出技术要求	要求/标准制定不合理	提前结束对相关标准的要求	—
某空军装备部门制定项目政策	项目无政策依据	政策方向错误	政策提前失效	—
办公室反馈不安全事件	未反馈不安全事件	反馈的不安全事件不符合实际	反馈过程结束太早	反馈间隔过长
办公室确定项目风险	未进行风险预测分析	风险预测错误	过早停止项目的风险分析	

根据上述四类控制行为，其主要不安全控制行为表现为某空军装备部门未在某型军机研制阶段提出采用备份制氧系统的要求，使飞机氧气系统从三余度降为二余度，并且某空军装备部门拒绝了研制单位提出的改进氧气系统的计划。

2）项目管理办公室与飞机研制单位控制回路的不安全控制行为

项目管理办公室与飞机研制单位控制回路的不安全控制行为如表 2.8 所示。

表 2.8　项目管理办公室与飞机研制单位控制回路的不安全控制行为

控制行为	没有提供所需的控制行动	提供不安全/不正确的控制行动	过早结束	实施过长
承包商制订研制方案	未制订方案	方案不合理	过早停止执行此方案	方案持续时间过长
承包商满足用户所需标准	性能未达到标准	性能标准不够	承包商提前结束相应设计工作	—
办公室确定项目进度	未制订项目进度计划	进度安排不合理	过早结束项目	项目持续时间过长

根据上述三类控制行为，其主要不安全控制行为是承包商研制飞机的生命保障系统存在缺陷，不能满足用户的相关需求。

3）飞机研制单位与飞机设计团队控制回路的不安全控制行为

飞机研制单位与飞机设计团队控制回路的不安全控制行为如表 2.9 所示。

表 2.9　飞机研制单位与飞机设计团队控制回路的不安全控制行为

控制行为	没有提供所需的控制行动	提供不安全/不正确的控制行动	过早结束	实施过长
承包商下达研制计划及要求	未制订技术要求	要求不符合空军装备部门标准	过早停止对设计的相关要求	—
设计团队向承包商反馈设计相关信息	未能反馈	反馈信息错误或不完备	反馈机制停止过早	—

根据上述控制行为，其主要不安全控制行为是飞机设计团队未将备份制氧系统列为关键的安全设备。

4）飞行训练管理单位与飞行基地控制回路的不安全控制行为

飞行训练管理单位与飞行基地控制回路的不安全控制行为如表 2.10 所示。

表 2.10　飞行训练管理单位与飞行基地控制回路的不安全控制行为

控制行为	没有提供所需的控制行动	提供不安全/不正确的控制行动	过早结束	实施过长
飞行训练管理单位下达组训要求	未下达相关要求	训练要求过高或过低	在训练任务结束前停止	相关要求未及时停止更新
飞行基地上报训练总结	未上报总结报告	总结报告不完善	过早停止反馈情况	向管理单位报告时间太长
评估训练风险	未进行风险评估	风险评估错误	任务结束前已停止评估	评估所需时间过长

上述的不安全控制行为中，存在飞行基地未正确评估训练风险的隐患。因单方面怀疑是高空抗荷服的缺陷导致飞行员缺氧，要求飞行员在安全高度不穿抗荷服进行训练，但是依然出现了两起类似缺氧症状。

5）飞行基地与飞行员控制回路的不安全控制行为

飞行基地与飞行员控制回路的不安全控制行为如表 2.11 所示。

表 2.11　飞行基地与飞行员控制回路的不安全控制行为

控制行为	没有提供所需的控制行动	提供不安全/不正确的控制行动	过早结束	实施过长
飞行基地针对飞行员执行任务提出要求	未对飞行员提出任务要求	要求错误或不全	提前结束对飞行员的约束	—
飞行基地制订训练计划	未制订训练订划	训练不合理	计划执行提前终止	制订计划时间过长
飞行员反馈飞行训练情况	未反馈信息	反馈信息不全面	反馈不及时	反馈持续时间过长

飞行员将空中飞行训练时的亲身感受以及对缺氧问题的建议反馈给了上级单位，但反馈的信息存在可靠性不足的问题。例如，缺氧情况是由于抗荷服损坏导致的，但飞行员误判为不是抗荷服导致的缺氧症状，这与事实情况相悖，信息可靠性不足。

6）飞行员与某型飞机控制回路的不安全控制行为

飞行员与某型飞机控制回路的不安全控制行为如表 2.12 所示。

表 2.12　飞行员与某型飞机控制回路的不安全控制行为

控制行为	没有提供所需的控制行动	提供不安全/不正确的控制行动	过早结束	实施过长
确保飞行员所需氧气	未给飞行员输送氧气	氧气浓度不够	过早停止供氧	供氧所需时间过长
氧气告警反馈	未实施告警	告警不及时	恢复正常前已停止告警	持续告警时间过长
向飞行员提供可靠生命保障环境	未提供有效生命保障系统	生命保障系统存在故障隐患	生命保障系统过早停止工作	—

根据上述三类控制行为，可以确定的不安全控制行为包括：某型飞机未给飞行员持续提供氧气，生命保障系统存在隐患，以及未及时给飞行员告警。

7）飞机设计团队与某型飞机控制回路的不安全控制行为

飞机设计团队与某型飞机控制回路的不安全控制行为如表 2.13 所示。

表 2.13　飞机设计团队与某型飞机控制回路的不安全控制行为

控制行为	没有提供所需的控制行动	提供不安全/不正确的控制行动	过早结束	实施过长
设计团队进行设计更改	未进行设计更改	更改不满足功能	过早停止对飞机的设计	更改持续时间过长
向设计团队反馈飞机缺陷/问题	报告飞机存在不足	问题报告不符合实际	更改前已停止反馈	问题报告不及时
下发飞行手册	未下发手册	飞行手册不全面	—	下发手册延迟

事故调查结果发现飞机生命保障系统等相关设备存在设计缺陷，通过信息反馈，设计单位及时对其进行了设计更改。

2.3.4　事故致因因素分析

通过分析某型军机的生命保障系统和研制及组织管理系统的内部控制关系，对两个系统模型中各层次的控制回路存在的不安全控制行为进行了详细梳理，发现了与事故有直接联系的不安全控制行为。针对这些不安全控制行为，总结出事故原因如下：

1. 机械原因

（1）发动机引气系统故障。发动机引气系统故障直接导致环境控制系统停止向机载制氧系统提供压力，导致机载制氧系统失效，输送至飞行员氧气面罩的气体压力减小，导致飞行员呼吸困难。

（2）缺少备用氧源。根源为设计团队未将备份制氧系统列为影响飞行安全的关键设备，其次是军方未采纳承包商提出的加装备份制氧系统的方案。现代军机以机载制氧系统输出的富氧气体作为飞行员呼吸用的主要氧源。为提高系统可靠性，预防机载制氧系统失效导致无氧可用的情况发生，通常以高压氧瓶储氧作为第二氧源，为主氧备份。某军标 MIL-D-85520《机载制氧系统设计安装通用标准》中规定：应为机载制氧系统设置备用氧源，以在机载制氧系统故障时为乘员供氧，且该氧源应与飞行员跳伞时使用的氧源独立；该备份氧源应可以手动触发。某型军机是某国军机中唯一未设置自动备用氧装置的战机，使得用氧风险提高。

（3）应急供氧系统圆环所处位置不方便。应急供氧系统圆环位于座椅下部靠后的位置，当出现紧急情况要拉动时，非常不利于飞行员提拉操作。

（4）飞行员所穿抗荷背心存在阀门设计缺陷。抗荷背心在高速飞行时对飞行员加压，防止上身血液流向下身并积聚，导致飞行员脑部缺氧。在调查中发现该背心的一个阀门存在设计缺陷，会在不该加压时向飞行员增加压力，导致飞行员呼吸困难，出现缺氧情况。

（5）未采取有效手段（如安装传感器等）对制氧过程中的实时氧气浓度进行监控。事故证明当机载制氧系统失效时，飞行员应在第一时间得到警告，掌握故障情况。

2. 人为原因

人为原因主要是针对飞行员的注意力局限。所谓注意力局限，就是说飞行员在紧急状况下不能将注意力分配到所有的事物上。飞行员在机载制氧系统失效时会激活应急供氧系统，呼吸困难也会促使飞行员开启应急供氧系统，但事后的调查发现应急供氧系统并未被开启，这可能是飞行员在呼吸困难时注意力受限，将注意力放在了恢复氧气面罩氧气的恢复供应上。其次，在飞行员经历了可辨别的每秒 45 度的机动后，由于注意力局限导致其并未发现这一飞行状态，从而导致其视野丧失，延迟了将飞机调整至正常飞行姿态的时机。另外，部分某型飞机飞行员在反馈缺氧事件时，信息不够准确，靠主观直觉进行判断。

3. 技术层面和组织管理方面的原因

在这起事故中，设计层为了节约项目经费，对飞机的安全性设计不够重视，对装备的使用环境研究不足，未按照适航要求进行设计。管理层方面存在对飞行员驾驶某型飞机高空飞行缺氧情况分析以及模拟训练不足等问题，同时还有对某型飞机飞行员的生理情况监控不及时，未充分分析引气系统故障影响，未将备用氧源列为关键设备，抗荷背心设计缺陷监管不足等方面的问题。另外，飞行基地在飞行员执行任务前未正确地评估训练风险，及时发现存在的问题。

4. 总结

通过对某型军机坠机事故构建 STAMP 模型进行致因分析，得出的事故致因与某军事故调查结论相比较为接近，说明基于 STAMP 的致因分析在军机层面上同样有效，可以作为一种分析军用飞机航空事故原因的有效手段和方法。需要注意的是，相对于民机来讲，军机的主要目的是遂行作战任务，具有特定的结构设计、生产研制流程以及组织管理体系，在构建系统模型时必须要将其考虑在内。

在设计制造领域，应该关注军机的全系统、全过程、全寿命的各个阶段，从最初军机的设计和制造到接下来军机的使用和管理，需要对其进行全方位的分析，尤其是要注意各环节、系统、因素之间的交联关系，控制过程稍有差错，便易导致事故。

随着军用航空装备复杂程度的增加和信息化水平的提升，新型军用飞机在作战效能提高的同时，并未带来安全性的提升。因此，需要发展新的理论方法（如军机适航理论）来预防和缓解军机事故的发生。

2.4　某无人机被诱捕案例致因分析

2.4.1　事件简介

2011 年 12 月 4 日，某国宣布其防空部队在与他国交界的东部边境地区成功捕获了一架入侵的隐身无人侦察机，同时表示该机只是轻微受损，该架无人机被俘获时正承担着某国中央情报局（CIA）的侦察任务。12 月 9 日，该国展示了被捕获的无人机，展示中的机体相当完整，几乎没有损毁。

这次事件中的无人机是某军目前最尖端的高空隐身无人侦察机，主要用于对特定目标进行侦查和监视。它配备有高度先进的侦察、数据搜集、电子通信和雷达系统，与其他无人机的最大区别是高度智能化，目前还不具备装载武器的能力；它的气动设计采用无尾飞翼布局，这种气动布局是无人作战飞机（UCAV）总体设计方案的最佳选择；它搭载着一台涡扇发动机作为动力，据估计其翼展在 20 米左右。

据某国官方表示，某国曾多次捕获该军无人机，这些先进技术的泄露促进了某国无人机研制水平的提升。

为更好地描述此事件，接下来对事故进行 STEP 分析[1]。

STEP 模型是一种详细描述事故过程的模型，它将多个时间和事件对应起来，便于人们清晰明了地了解事故的发生过程。STEP 模型与传统的、经典的顺序模型不同，它可以将复杂系统内部的各个子系统的具体情况以及各个组成部件之间的交互关系描述清楚。STEP 模型基于系统思维将事件有效组织成为一个综合的、多线性的事故过程描述。

接下来按照 STEP 模型的分析流程，对此次无人机事故案例进行 STEP 图形描述，因其详细的事故过程并未公布，对具体时间没有掌握，而且具体时间对分析影响不大，故对事故过程进行假定，假定的事故过程如下：

2011 年 12 月 4 日早上 7 时 23 分，某军地面站无人机飞行员操纵无人机在 20 号跑道上起飞。起飞后，无人机按规划好的飞行路线实施飞行，大约半个小时后，当无人机飞抵指定空域，达到规定飞行高度后，飞行员通过 GPS 卫星不断传输控制指令使无人机监视、侦察指定地域并传回相关的视频等数据信息。早上 8 时 21 分，某国防空部队发现在其雷达探测区内有飞行器，此时该国立即利用 GPS 干扰器将假的导航信息发送给识别到的无人机，无人机按照虚假的导航信息进行飞行，某军地面站无人机飞行员失去了对无人机的控制权。早上 9 时 11 分左右，无人机在某国与其邻国交界的东部边境地区某机场内安全着陆。

通过以上对此次无人机事故的简要描述，采用 STEP 模型，将此次事故进行图形描述，具体情况如图 2.6 所示。

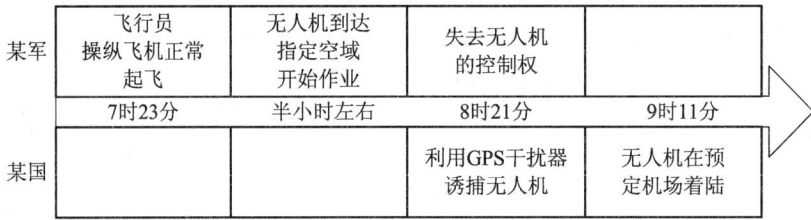

图 2.6　某军无人机被他国诱捕事故过程简述图

2.4.2　无人机系统控制结构分析

前面介绍了 STAMP 理论的基本内涵和思想，下面在分析时将严格按照 STAMP 分析流程展开。在前文基本了解事故发生过程，并采用 STEP 模型对事故进行 STEP 图形描述的基础上，首先构建某军无人机的系统控制结构，之后从 STEP 模型所描述的处于非正常工作状态的事件中识别系统危险，再根据系统危险进行系统安全约束和安全性需求的识别，构建出实施安全约束的安全控制结构，最后按照 STAMP 模型中的四类不安全控制行为找出此次典型事故中的不安全控制行为，得出不安全致因场景(因素)，阐明事故原因。

根据某军无人机的管理机制，构建出的无人机系统控制结构图如图 2.7 所示。

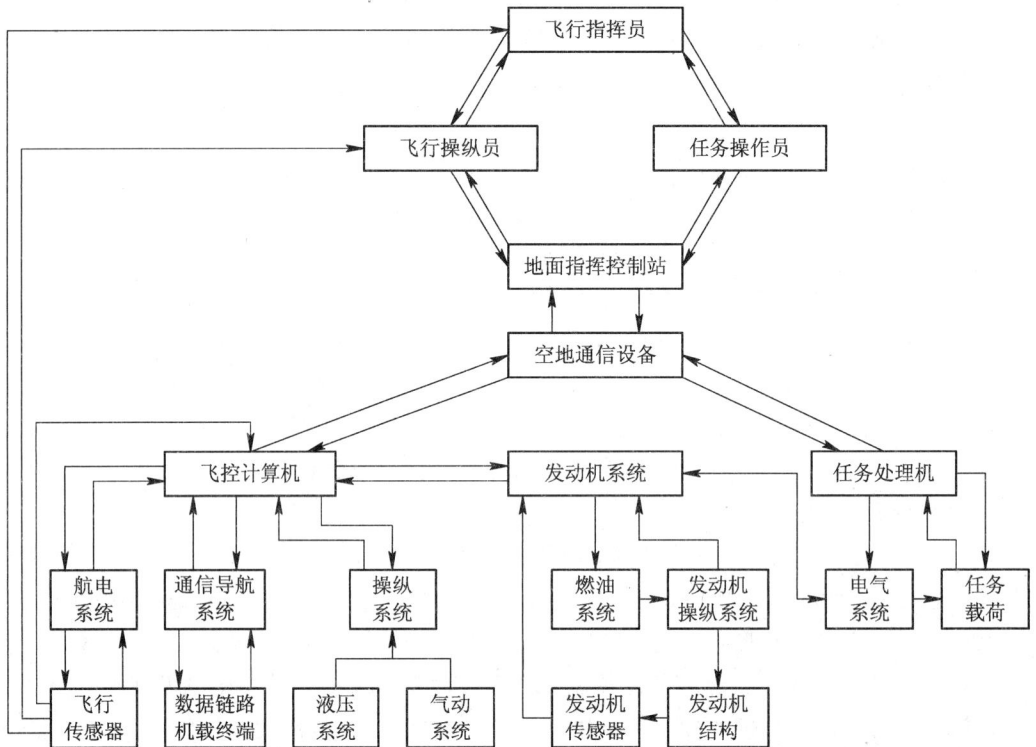

图 2.7　无人机系统控制结构图

2.4.3 系统危险识别

系统级事故是相对的，把每一个高层的系统与低层的系统进行对比，就可以把相对高层的系统当作是系统，低层的当作是子系统。系统级事故就是指发生在系统层面上的事故，往往会很明显地暴露出来，它常常是由它的子系统的事故引起的。危险也可以照此定义。危险（Hazard）是指某事物存在遭受损失、伤害、不利或毁灭的可能状态。系统级危险是指系统存在遭受损失、伤害、不利或毁灭的可能状态。可见，危险强调的是发生这种不利情况的概率高低。在 STAMP 分析中，危险被定义为一个系统状态或一系列条件，在特定的最不利环境条件下，会导致事故或损失，根据 STAMP 框架，安全问题被看成是一个控制问题，但控制不好也有可能导致潜在的事故。

对于无人机组成的系统来说，它的最高级系统——无人机系统（UAS）就包括了无人飞行器（UAV）、指挥和控制数据链、通信系统、UAV 控制站（UCS）及其他用于起飞和降落的辅助部件。因此，系统级事故不再仅仅表现为无人飞行器的坠毁、碰撞等，还有其他部件或者系统的事故。通过分析得出无人机系统主要存在五类危险，如表 2.14 所示。

表 2.14 无人机系统五类危险

危险类别	危险源示例
第一类危险	无人机空中相撞
第二类危险	无人机失控、失联而导致的诱捕、俘获等事件
第三类危险	可控条件下，无人机坠毁
第四类危险	无人机飞行时发生事故或不安全事件所造成的环境污染、任务终止等
第五类危险	造成无人机系统地面机组或空管人员工作负担加重等

在此典型事故案例中，系统危险就是上述无人机系统五类危险中的第二类危险。在一定程度上，还造成了第五类危险。将 STEP 分析结果和危险识别标准结合起来，可以看出有几个不正常的事件（即危险）：

（1）某国对无人机的通信进行干扰，给无人机提供了虚假信息。

（2）飞机操纵员失去了无人机的控制权。

（3）无人机控制系统软件被某国下达指令，按照虚假信息指令飞抵指定机场。

2.4.4 系统安全性需求和安全约束识别

基于 STAMP 模型的系统安全性需求和安全约束识别首先应明确分析对象，在无人机事故中，需要分析的对象有三类：① 人，主要指飞行指挥员、飞行操纵员和地面保障人员等；② 无人机，主要包括子系统的硬件和软件；③ 飞行环境。根据以上分析对象以及对无人机事故的了解掌握，可以得出分析对象的安全性需求和安全约束如图 2.8 所示。

将某军无人机被他国诱捕案例与无人机系统的安全性需求和安全约束对照，可以看到此次无人机事故发生不只是单单局限于飞行员的操纵失误，从事件整体角度来看，更多的是无人机飞行保障人员等方面的原因。要预防此次飞行事故需要以下的安全约束：

（1）飞行操纵员实时注意无人机的通信链路系统是否断开。

人(飞行指挥员、飞行操纵员和地面保障人员等)

安全性需求
- 下达、接收飞行任务指令
- 监控飞行过程
- 下达应急处置命令并实施飞行器控制
- 维修无人机,保证无人机的安全工作状态

安全性场景
- 飞行员或无人机出现紧急情况

不当约束
- 实施不当控制行为

不当控制行为
- 操作失误

反馈不足或处理不当
- 操纵员对指令未反馈
- 对无人机的状态掌握不全面

心智模型缺陷
- 指挥员违规指挥,飞行员技术研究不深,制订、执行计划不严肃
- 训练组织管理随意,监控不严格

无人机(包括子系统的硬件和软件)

安全性需求
- 硬件和软件执行地面控制站的操纵指令

安全性场景
- 无人机子系统出现状态异常或异常情况

不当约束
- 飞行员操纵指令错误

不当控制行为
- 无人机执行错误的指令

反馈不足或处理不当
- 不能及时通过数据链路系统进行反馈

飞行环境

安全性需求
- 飞行环境应适宜无人机飞行

安全性场景
- 无人机在非隔离区域内飞行

不当约束
- 没有掌握其他飞机的位置信息

不当控制行为
- 在非隔离区域内任意飞行

反馈不足或处理不当
- 不及时飞离非隔离区域

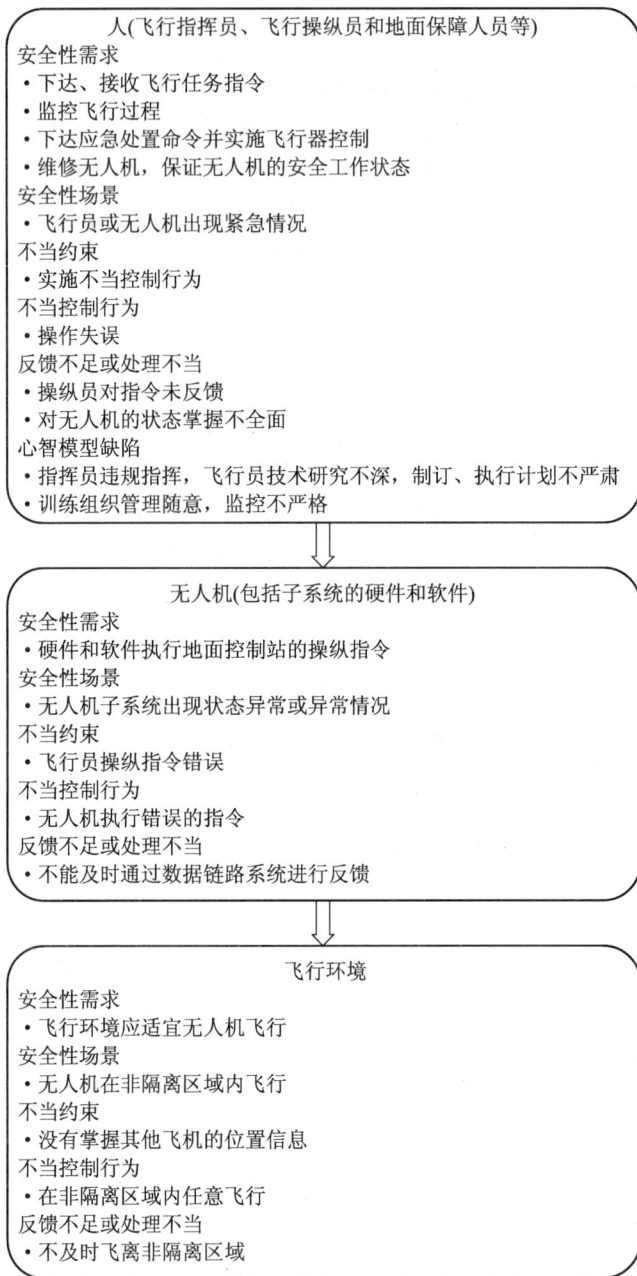

图 2.8 无人机系统的安全性需求和安全约束

(2)无人机控制系统在与自身系统断开后,自动开启自毁系统。

2.4.5 实施安全约束的安全控制结构分析

根据 STAMP 理论,需要建立无人机的控制结构图。控制结构图一个最大的优点是能够很清晰明了地描述系统,很容易看出因为哪个部件约束失效而导致了意外的发生。某军对无人机的控制结构图如图 2.9 所示。

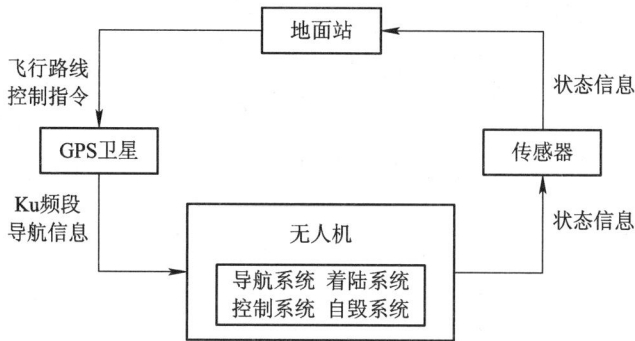

图 2.9 某军对无人机的控制结构图

从图 2.9 可以看出,安全约束即为保证某军对无人机的控制回路形成闭环,其中的每一个环节都要得以实施。

2.4.6 导致危险的不安全控制行为分析

下面采用从大到小、从粗到细的分析方法,主要思路为先分析无人机系统的五大类危险中的不安全控制行为,之后从一般诱捕事件会出现的所有不安全控制行为中挑选出本次事故所具有的不安全控制行为。

在运用 STAMP 分析方法时,非常重要的一步是评估在系统设计时采取的控制行为,以确定可能会导致危险的不安全控制行为,在实际过程中识别系统中存在的不安全控制行为时,通常有四种形式:

(1) 发出不正确或对安全有影响的控制命令。

(2) 不能实施所需要的安全控制行动。

(3) 控制命令发出的时机不恰当。

(4) 控制过程停止(结束)得太早或实施时间太长。

以上四种形式,目的是引出系统中所有可能的不安全控制行为,以便创建完整的故障分类,最终找到全面的故障。需要注意的是,并不是所有的形式都适用于所有的情况,同样,每个行为形式可能会产生不止一个不安全控制行为。

通过前文分析发现无人机系统主要存在五类危险,接下来就每一类危险源来分析其不安全控制行为。

1. 无人机空中相撞

无人机空中相撞的不安全控制行为如表 2.15 所示。

为避免无人机空中相撞,应采取的控制行动有:

(1) 确保无人机不偏离预定的飞行航线或飞行高度。

(2) 确保飞行前的航路规划没有问题、无人机具有较强的自主决策能力。

(3) 确保无人机上安装的传感器没有故障或者失效。

表 2.15 中列举了空中相撞的不安全控制行为,接下来将其应用于控制回路,如图 2.10 所示。

表 2.15　无人机空中相撞的不安全控制行为

控制行为	没有提供所需的控制行动	提供不安全/不正确的控制行动	过早结束	实施过长
确保无人机不偏离预定的飞行航线或飞行高度	在飞行出现较大偏差时，未能够及时纠偏	导航精度、飞行控制精度不够高	执行指令过早结束	飞行速度有所变化，执行时间过长
确保无人机飞行前的航路规划没有问题	飞行指挥员未核对其飞行计划	飞行指挥员计划不充分	—	—
确保无人机上安装的传感器能正常工作	未进行在特殊环境下的传感器性能测试	无人机长时间在恶劣天气中飞行	—	—

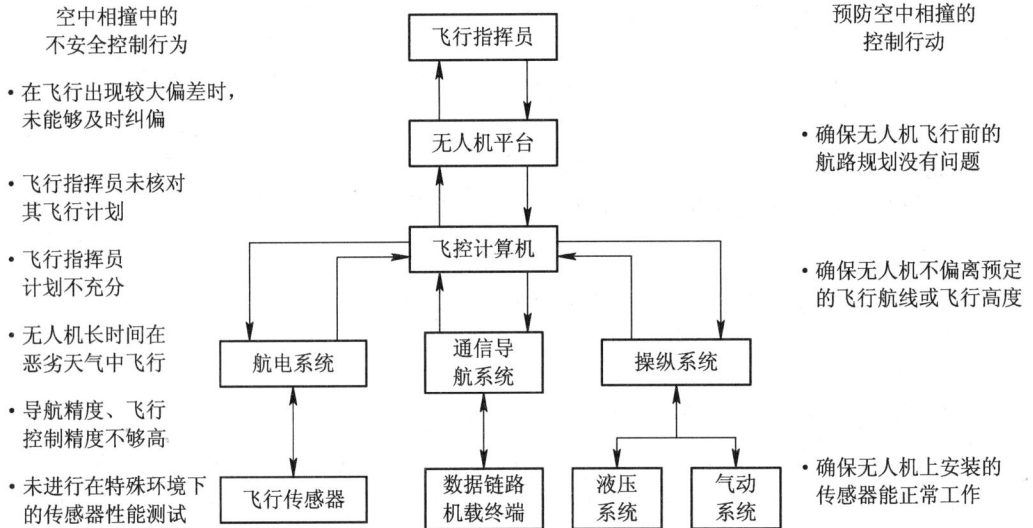

图 2.10　空中相撞不安全控制行为图

从图 2.10 可以看出预防空中相撞的控制行动主要有三个，其中最重要的控制行动是确保无人机不偏离预定的飞行航线或飞行高度，如果这个控制行动能够很好地被执行，则可大大减少无人机与邻机相互碰撞的风险[2]。在现代战争中，为适应作战要求，无人机经常编队飞行，因此防相撞系统设计就显得尤其重要。

2. 无人机被诱捕事件

将图 2.7 与无人机被诱捕事件对照，可以把某军的无人机系统控制结构图进行简化，如图 2.11 所示。

根据图 2.11 构建的控制结构，依次考虑典型事故案例中必须实施的所有控制行动，从而确定涉及的所有不安全控制行为，并将它们作为系统中潜在的故障源。

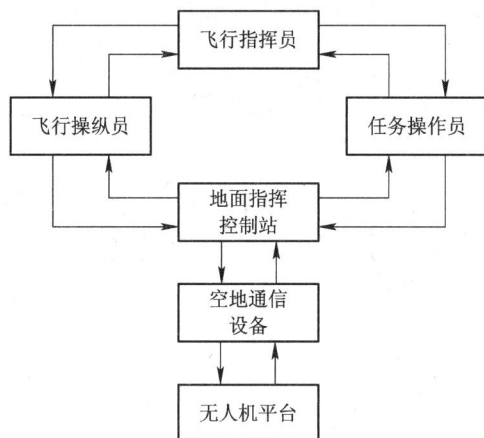

图 2.11 简化的无人机系统控制结构图

根据诱捕事件的简要过程，将控制行动主要分为以下三大类：

（1）发现：确保无人机不被敌方雷达发现。

（2）干扰：确保无人机和 GPS 卫星连接正常，地面指挥控制站能收到无人机的相关状态信息，确保地面指挥控制站能及时向无人机输送控制指令。

（3）接管：确保飞行指挥员对无人机的控制权，确保无人机严格按照控制指令进行飞行。

诱捕事件中具体的不安全控制行为如表 2.16 所示。

表 2.16 诱捕事件的不安全控制行为

控制行为	没有提供所需的控制行动	提供不安全/不正确的控制行动	过早结束	实施过长
确保无人机不被敌方雷达发现	无人机未采用隐身设计	工作人员泄露了无人机的行动轨迹；敌方雷达探测范围使无人机丧失隐身能力	—	—
确保无人机和 GPS 卫星连接正常	频段未进行加密处理	信号被敌方干扰	—	—
确保地面指挥控制站能收到无人机的相关状态信息	传感器不能正常工作	传感器在传输过程中丢失部分重要数据	地面站人员未能将数据接收全	—
确保地面指挥控制站能及时向无人机输送控制指令	GPS 卫星未接收到地面站发出的控制指令	给无人机输送错误的控制指令	信息未接收完毕就中断	数据输送速度过慢，时间过长
确保飞行指挥员对无人机的控制权	飞行指挥员没有接收到无人机的状态信息	对无人机的控制信息有误	无人机执行指令过早结束	无人机执行指令过长
确保无人机严格按照控制指令进行飞行	无人机已经处于失去控制的条件下	子系统故障，将控制指令错误实施	各个子系统实施指令结束过早	—

将上述的不安全控制行为应用于简化后的无人机控制图，如图 2.12 所示。

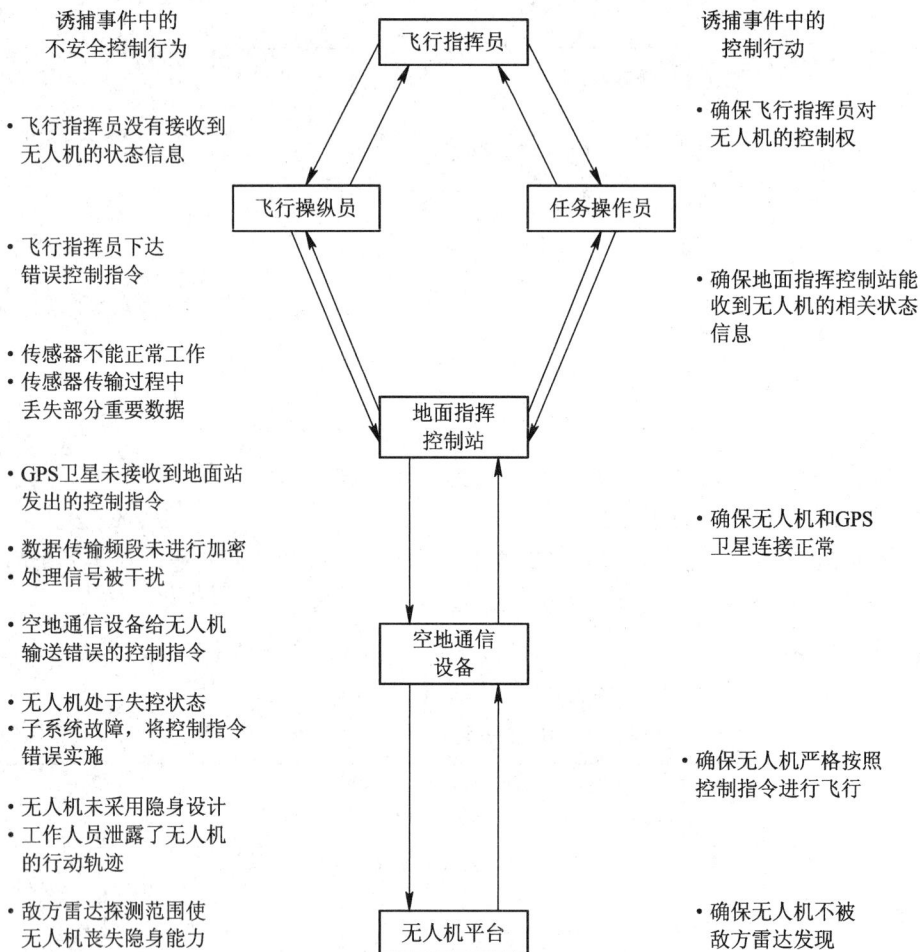

诱捕事件中的
不安全控制行为

诱捕事件中的
控制行动

飞行指挥员

飞行操纵员　　任务操作员

地面指挥
控制站

空地通信
设备

无人机平台

- 飞行指挥员没有接收到
无人机的状态信息

- 飞行指挥员下达
错误控制指令

- 传感器不能正常工作
- 传感器传输过程中
丢失部分重要数据

- GPS卫星未接收到地面站
发出的控制指令

- 数据传输频段未进行加密
- 处理信号被干扰

- 空地通信设备给无人机
输送错误的控制指令

- 无人机处于失控状态
- 子系统故障，将控制指令
错误实施

- 无人机未采用隐身设计
- 工作人员泄露了无人机
的行动轨迹

- 敌方雷达探测范围使
无人机丧失隐身能力

- 确保飞行指挥员对
无人机的控制权

- 确保地面指挥控制站能
收到无人机的相关状态
信息

- 确保无人机和GPS
卫星连接正常

- 确保无人机严格按照
控制指令进行飞行

- 确保无人机不被
敌方雷达发现

图 2.12　诱捕事件中的不安全控制行为图

将前文分析的诱捕事件中的不安全控制行为与此次某军无人机被他国诱捕事故过程对应起来，将不安全控制行为应用于某军对无人机的控制图，得出如图 2.13 的结果。

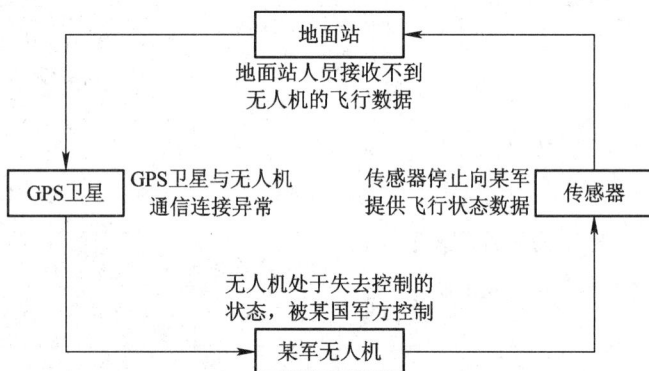

地面站

地面站人员接收不到
无人机的飞行数据

GPS卫星　GPS卫星与无人机
通信连接异常

传感器停止向某军
提供飞行状态数据　传感器

无人机处于失去控制的
状态，被某国军方控制

某军无人机

图 2.13　某军对无人机的不安全控制行为图

　　某军地面站无人机飞行员在操纵遂行任务时，通过GPS卫星给无人机发布一系列指令来对其进行控制，指令包括飞行路线、飞行高度、飞行速度等。之后，无人机就根据传达的指令来通过自身的导航系统、着陆系统、控制系统等来实施飞行。而此时机身上安装的传感器会自动将无人机的状态信息进行采集，之后将采集到的状态信息反馈给无人机飞行员，便于飞行员更好地了解无人机的飞行状态，为下一指令的传达奠定基础。此时某国通过GPS干扰器为无人机提供虚假的导航信息，无人机则根据虚假的信息进行飞行，从而在某国预定的机场进行了降落。

　　在此次事件中，发生的不安全控制行为主要是：

　　(1) 某军地面站无法获得无人机的状态信息，从而失去了对无人机的控制权。

　　(2) 空地通信设备阻断了无人机和地面指挥站之间的通信。

　　(3) 无人机处于失控状态。

3. 无人机可控条件下的坠毁事件

　　防坠毁事件中主要的控制行动有：

　　(1) 在无人机上安装防坠毁装置[3]，并确保其在关键时刻能正常工作。

　　(2) 确保传感器能及时、准确地发现数据(姿态信息)的大幅度变化。

　　(3) 确保无人机具有自动避障功能。

　　(4) 确保执行机构不发生异常情况[4]。

　　坠毁事件中的不安全控制行为如图2.14所示，主要有：

　　(1) 无人机上未加装防坠毁装置。

　　(2) 无人机操纵人员注意力不集中。

　　(3) 设计时考虑防坠毁因素少。

　　(4) 传感器故障，对数据变化不敏感。

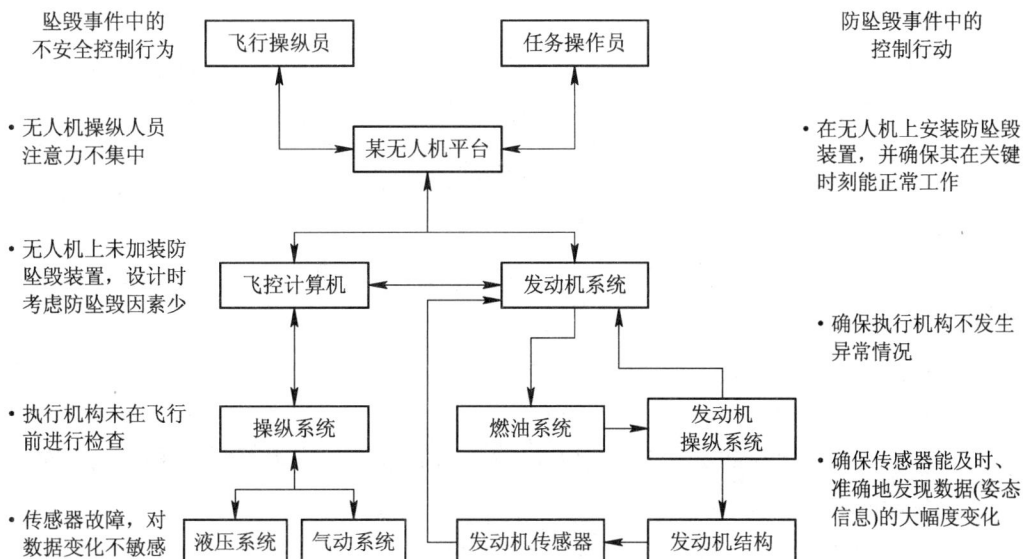

图 2.14　坠毁事件中的不安全控制行为

（5）执行机构未在无人机飞行前进行检查。

4. 无人机事故所造成的任务终止、环境污染等

对于此类事件，一般都不会产生很大的危险，只会导致一些活动的结束。对于此类事件，我们需要做的就是尽量避免前三类事件的发生。

5. 无人机造成地面操作和空管人员负担加重等[5]

近年来，无人机干扰民航飞机飞行的情况时有发生，导致空管人员不得不改变民航原来计划好的飞行路线，此时无疑增加了空管人员的工作内容，加重了工作负担。对于此类危险类型，采取的控制行动仅为限制无人机的活动空域，避免其与其他飞机的空间接触。该类事件的不安全控制行为有：无人机失控；无人机的频段与民航飞机的频段临近，导致出现两者相互干扰的事件发生；未设置禁飞区。

最后的两类危险一般都作为附带危险出现，所以它的不安全行为基本上就为前三类危险的部分组合。

2.4.7 不安全致因场景分析

前文分析出了三个控制回路的不安全控制行为，接下来对本次事故中出现的不安全控制行为分析致因场景。分析不安全致因场景就是对不安全控制行为的发生场景进行分析，目的是深入分析每一个不安全控制行为发生背后的原因。具体如图 2.15 所示。

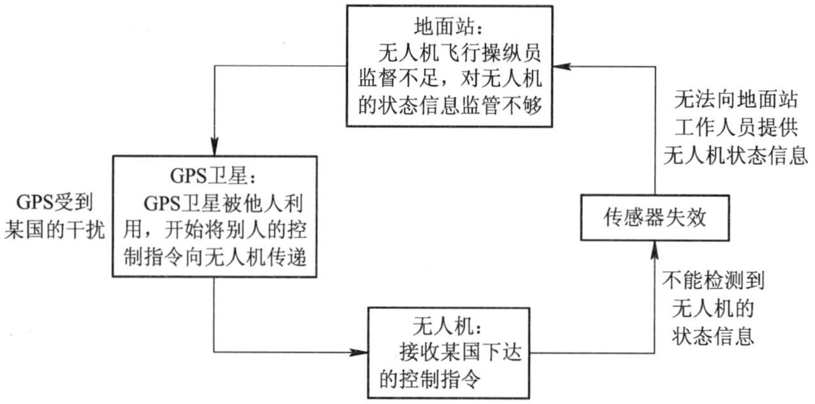

图 2.15　不安全致因因素图

（1）某军无法获得无人机的状态信息，从而失去对无人机的控制权。此次不安全控制行为属于人为失误中的监督不足，某军飞行操纵员应时刻注意对无人机进行控制。

（2）空地通信设备阻断了和地面指挥站之间的通信。通信设备（GPS 卫星）受到某国信号干扰，从而阻断了信息传递。

（3）无人机处于失控状态。在飞行前设置好自动返航程序，使无人机即使处于失控状态，也能按照既定程序返航。

在此次事件中，可以看出，人的不安全行为主要是飞行员不能收到无人机的状态信息，失去了对无人机的控制权。物的不安全状态是指 GPS 的工作状态不稳定，在某国使用干扰器进行 GPS 干扰的时候，某军就失去了 GPS 的使用权，立即就变成某国所有。从上述对不安全致因场景的分析中不难发现，此次事件是由许多小的事件很巧合地加在一起，从而导致了这次诱捕事件的发生。在所有的这些致因因素中，最顶层、最重要的是无人机被某国控制，低一层的是无人机的控制信号被干扰，如果某军的 GPS 拥有较好的抗干扰性，则在这一层面上就会阻止诱捕事件的发生。

2.4.8　事故致因因素分析

根据上述无人机被诱捕典型事故的分析和对无人机事故的统计分析，无人机事故的致因因素主要是人为因素、子系统机械故障、数据链路通信中断和人机交互问题这四个方面的原因，下面就这四个方面的原因进行具体阐述。

1. 人为因素

无人机事故中的人为因素如图 2.16 所示，人为原因在事故中占据着重要地位，我们将人为原因分为在实施层面上的人的不安全行为和在管理层面上的不安全监督，并就具体事项进行说明。

图 2.16　无人机事故中的人为因素

不安全行为的具体事项如图 2.17 所示。

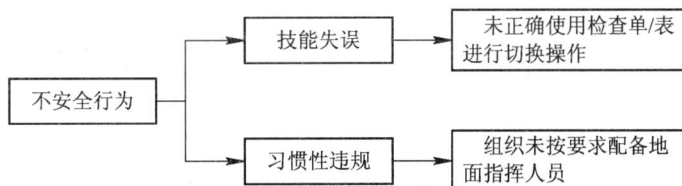

图 2.17　不安全行为的具体事项

不安全行为的前提的具体事项如图 2.18 所示。

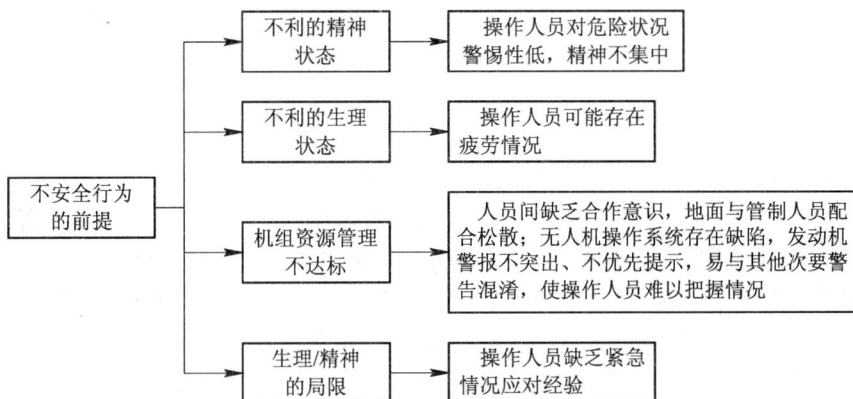

图 2.18　不安全行为的前提的具体事项

不安全监督的具体事项如图 2.19 所示。

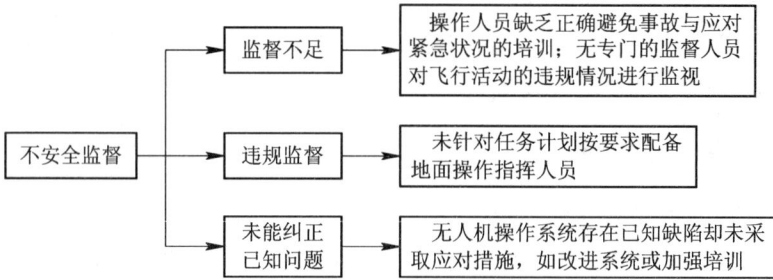

图 2.19　不安全监督的具体事项

组织影响的具体事项如图 2.20 所示。

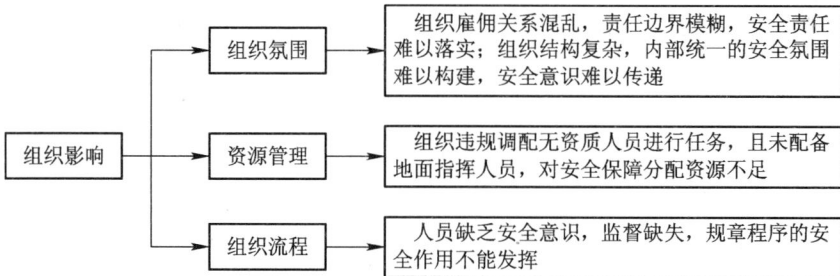

图 2.20　组织影响的具体事项

2. 子系统机械故障

无人机系统中包含的子系统较多,有些子系统的故障属于飞行时不可避免的,有些可以避免,但因为无人化的特点加大了在飞行过程中排除机械故障的难度,相比于有人机来说,无人机机械故障的次数会更高一点。

机械故障对应着我们的日常维护,无论是外场简单维护还是定检大修,都需要尽可能把无人机的状态保持在很好的状态,提高战备出勤率。机械故障中包含的具体故障很多,但对无人机影响最大的是其最核心的子系统,即飞控系统,它直接影响着飞行安全。

机械故障时,多余度设计就是最后的生命线,若有些关键子系统上的冗余设计不够,就会直接导致危险发生。比如导航冗余,特别是遇到电磁辐射时 GPS 失效,有没有备份的导航可以使用就直接决定了无人机是生存还是死亡。

3. 数据链路通信中断

数据链路通信中断是无人机操作中极易出现的故障,但有些性能突出的无人机因为具有高度自动化的特点加之飞行前已经将线路规划得毫无问题,因此,也能够自主完成任务并安全返航。对数据链路通信中断进行深层次的分析,可以看出直接造成数据链路系统通信中断的原因有数据链路系统故障、无线电电磁干扰(EMI)和信号强度弱。数据链路系统故障包括网络故障、电源故障、终端故障、接触不良和其他原因。在上述的故障方式中,网络故障所占的比例最大,造成它的原因又有丢包率高、线路故障、通道故障和误码率高等。发生无线电电磁干扰的原因是其他电子设备的非正常相应(相互适应),或者自然环境中的一些自然现象产生的电子扰动。无人机的无线电电磁干扰可以分为航空源干扰和非航空源干扰,非航空源干扰的类型相对较多,其中,调频广播干扰是最为普遍和严重的干扰类型,这是因为其使用的频段与无人机使用的频段相近,导致对无人机通信产生干扰。信号强度是受源距、接收线圈距等因素影响的。

4. 人机交互问题

地面站的指挥人员是通过人机交互界面来判断无人机状态的,但存在着许多人机交互的问题。比如死神无人机,其操作步骤比较复杂,易造成误操作。同时,和有人机自动飞行时一样,都必须考虑一个问题:机器在重要时刻到底是听人指挥还是按照自己设定好的程序进行操作。人最大的特点是可以灵活处理问题,只要培训到位、危险能规避,那么就可以消除风险。而现如今的机器虽然具有很强的学习能力,但需要处于某种特定的状态才可以自动开启程序,且需要机器对状态判断准确,若误判,则会发生同样的危险。比如埃航和狮航 737MAX 飞机,在不到半年的时间内发生了两起事故,导致了全世界停飞该机型。在这两起事件中,就是因为设计时将飞机发动机前置,为了保持飞机飞行稳定,添加了自动增稳系统。导致事故的原因是飞机俯仰迎角(AOA 迎角)传感器数据错误导致自动驾驶断开后,飞行员在手动飞行情况下,为了防止飞机失速,自动触发了飞机水平尾翼配平子程序。

结合本次典型事故案例,经过我们上述的研究分析之后,知道了发生此次某军无人机被他国诱捕事故的原因是某国综合利用了网络黑客攻击和电子战手段。

本 章 小 结

本章以几起典型航空事故为例,介绍了 STPA 方法的具体应用情况。在案例分析过程中,分别对四个案例的事故经过进行了简要叙述,基于 STPA 方法,建立了事故安全性分析的分层控制结构,识别了事故、危险和不安全控制行为,最后得到了事故的致因因素。

参 考 文 献

[1] 陈正水,邓益民. 基于 UG 的 STEP 运动仿真函数对运动时间的控制分析[J]. 宁波大学学报(理工版),2012,25(4):103-106.

[2] RABBATH C A, LECHEVIN N. 协同无人机系统安全性与可靠性[M]. 北京:国防工业出版社,2015.

[3] 郑一东,汪志超,陈淦通,等. 无人机坠毁保护装置设计[J]. 中国科技信息,2020(10):79-80.

[4] 薛艳峰. 某型无人机飞行安全控制系统研究与实现[D]. 南京:南京航空航天大学,2013.

[5] 廖兴和,孟祥劲,赵伟东. 抗击军用无人机问题研究[J]. 现代防御技术,2001,29(4):12-16.

第三章

航空器机轮刹车系统安全性分析与验证

飞机机轮刹车系统出现故障很可能导致严重事故的发生。通过对往年空军发生的事故案例或事故征候进行分析研究，可以发现刹车系统是一个极其容易发生故障的部位，同时一旦刹车系统出现故障，很可能导致飞机失去控制，甚至是机毁人亡。本章以航空器机轮刹车系统为例，首先分析相关事故案例；其次，对机轮刹车系统进行安全性分析，构建基于STAMP/STPA 的反馈控制结构，建立系统数学模型，从系统的角度对安全性影响因素进行分析，得到导致系统事故发生的致因因素，验证 STAMP/STPA 方法的可行性和准确性；再次，通过对航空器机轮刹车系统构建 Bow-tie 模型，进行重要度分析，完善基于STAMP/STPA 的安全性分析，结合 STAMP/STPA 定性分析提出预防对策和控制措施；最后，利用 GESTE 平台对分析得出的与飞行员操作相关的预防对策和控制措施进行模型化验证，实现基于 STPA 和 Bow-tie 模型相结合的安全性分析与验证。STPA 方法在机轮刹车系统中的应用可为复杂航空产品乃至军机的系统级安全性设计提供符合现代飞机高技术特性的、值得借鉴的理论方法和流程指南。

3.1　机轮刹车系统简介

3.1.1　机轮刹车系统事故案例概述

以下事故是从空军历年来所发生的事故案例中挑选出来的，通过对这些事故进行分析，可以得到刹车系统的一般出障模式以及引起刹车系统故障的原因。

事故一：某型飞机在当日第四个起落着陆滑行过程中，右轮爆破，导致飞机失控冲出跑道，险些造成一等飞行事故。事故的原因是右轮刹车主体静片第二片金属陶瓷层掉块卡住动片，造成右轮拖胎爆破。该飞机刹车主体动、静片在装机后，共使用 22 个起落。有关工厂赴部队检查后认为：导致事故发生的原因是飞机在着陆滑行过程中速度大、刹车过猛，导致轮胎瞬间受力过大，进而爆破。

事故二：某型飞机在当日第三架次起飞滑跑瞬间，左轮冒烟，飞机右偏，飞行员蹬舵修正方向，收油门关车，飞机向前滑行约 20 米停住，两个左轮胎爆破。事故的原因是飞机在装配过程中，一铝片和胶条带入导管内部，使用过程中进入刹车阀内部，飞机起飞前进行正常刹车并松刹车时，外来物引发阀芯和阀套卡滞，导致右刹车压力释放不及时，造成轮胎拖死，最终导致刹爆轮胎。

事故三：某型飞机在着陆滑跑过程中两主轮轮胎爆破，发生一起飞行事故征候。左轮轮胎爆破的原因是：飞机在着陆滑跑过程中，左轮惯性传感器因内部硬质颗粒物卡滞而造成工作异常，放气活门无法正常放气，导致左轮轮胎拖胎爆破。右轮轮胎爆破的原因是：在飞机滑跑后段，飞行员为保持滑跑方向，蹬右舵刹车，由于小速度时惯性传感器不工作，导致右轮轮胎拖胎爆破。

3.1.2　机轮刹车系统事故案例分析

上述案例只是从大量事故案例中挑选出来的一些典型案例，对这些事故案例进行分析，可以很明显地看出，飞机在降落时每个环节都必须保证精准、正确才能使飞机安全降落，稍有不慎就会发生危险。飞行员操控不当、刹车片反应延迟甚至不反应等，这些都是飞机降落中发生事故的主要原因。因此，要保证飞机刹车的安全进行，就必须保证每个环节都能安全、精准地完成。这就对整个刹车系统提出了很高的要求。

3.1.3　机轮刹车系统工作过程

飞机机轮刹车系统是重要的机载设备，它是飞机上一个具有相对独立功能的子系统，是现代飞机的一个重要组成部分。刹车系统的主要作用是承受飞机的静态重量、动态冲击载荷以及吸收飞机着陆时的动能，从而实现对飞机起飞、转弯、滑行、着陆的综合控制[1]。刹车系统的运行状态直接关系到飞机的平稳起飞、安全着陆。为了充分利用地面提供给机轮的摩擦阻力，快速、安全地吸收飞机在降落过程中由飞机动能产生的巨大能量，刹车系统综合应用了液（气）压传动技术、电子技术、自动控制技术和材料科学技术，以确保各项功能的正常运行。对现在军用飞机而言，其安全往往受到各种因素的制约，这也对刹车系统提出了非常苛刻的要求。例如，要求刹车系统要保证飞机在全天候情况下降落过程的安全、平稳、可靠，而且要求着陆时间短、对跑道的适应性强[2]。总之，刹车系统是保证飞机安全运行的重要系统，其工作性能的好坏直接危及飞行安全，因此对刹车系统的要求就是：系统安全、高效工作。

在 20 世纪 20 年代左右，飞机就已经开始采用机轮刹车的技术。最早是鼓式刹车，其刹车原理是在刹车装置内放置摩擦块、制动鼓和气压胶囊，通过向气压胶囊充气，使气压胶囊膨胀并对摩擦块加力，摩擦块与制动鼓相挤压形成很大的摩擦力。之后，盘式刹车出现了，刹车装置包括液压系统、盘式刹车装置和高压轮胎，液压机械式防滑刹车系统的刹车片比较多，因而形成的相对摩擦力比较大，这就使飞机起降的效率较之前有了大幅提高。后来，出现了电子模拟式防滑刹车系统，其原理是用电气系统代替液压系统，这样就大大减小了刹车系统的体积，刹车系统也进入了电动阶段，现在最先进的是数字式防滑刹车系统。刹车系统的发展历程也体现了飞机发展中各个阶段的状态，对飞机的发展与革新有着举足轻重的意义[1, 3]。

1. 工作原理

目前刹车系统的工作原理大致可分为以下四种类型：

（1）相对滑动量控制。相对滑动量指的是飞机前进方向的滑行速度和机轮线速度之间的差值与线速度的比值。飞机刹车时，速度传感器向刹车控制系统提供飞机前轮和主轮的速度。经过比较分析，当相对滑动量超过标准值的时候，刹车控制系统减小刹车力度，反之则加大刹车力度。通过不断修正刹车力度的大小，达到平稳、安全刹车的目的[4]。

（2）开关式刹车控制。开关式刹车控制系统出现得比较早，其原理也比较简单。在飞机刹车减速的过程中，飞机的减速率会增大到一定值，此时系统对刹车进行控制，打开其回油路释放压力，刹车片不作用，机轮减小速率转动；之后机轮上的惯性传感器断开微动电门，使电磁活门关闭，又使其回油路关闭，刹车压力增大。通过这一系列操作可以使飞机在循环的过程中不断减速，最后成功刹车[4]。

（3）参考速率-速度差控制。参考速率-速度差控制是现代飞机中广泛采用的一种控制方式，工作原理也不复杂。事先在刹车控制模块里设置参考速率，将其与实时的机轮转速进行比较，同时使其按相关规律减小。当两者的速度差超出之前的设定值时，刹车控制系统对回油路进行泄压，以此防止机轮在刹车过程中出现打滑现象，以保证飞机刹车的安全[4]。

（4）滑移率控制。滑移率指的是轮胎直行时刹车（或加速时轮胎的胎印和路面之间）所产生的滑移。通过滑移率进行控制主要指的是将滑移率一直保持在一个比较稳定的范围内，通过反复调整来提高刹车的工作效率。滑移率控制方式有望使刹车效率达到最高[5]。

下面选用滑移率控制式刹车系统进行研究。飞机机轮刹车系统的工作原理如图 3.1 所示。

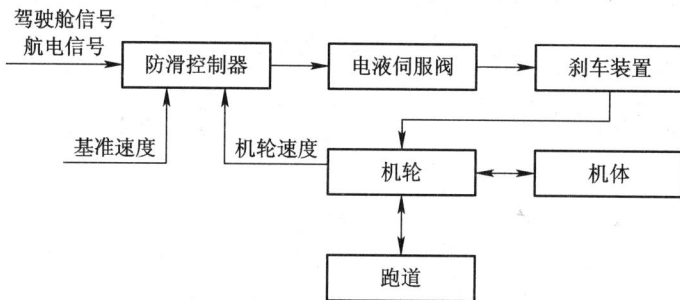

图 3.1　飞机机轮刹车系统的基本结构

刹车动作实现的原理如下：飞机着陆后，轮载开关闭合，轮载信号保持 1.5 s 后刹车信号有效，防滑控制器根据轮速传感器、驾驶舱和飞控系统的输入信号，接通刹车系统的液能源并产生控制电信号。刹车控制阀根据防滑控制器输入的防滑控制电流大小，生成一定的刹车压力施加到主刹车轮的刹车装置上；主刹车轮的刹车装置根据刹车控制阀输入的刹车压力的大小，生成一定的刹车力矩作用在主刹车轮上阻止机轮的转动，进而使得主刹车轮的轮胎与跑道之间出现一定程度的相对滑动，最终产生阻碍飞机运动的摩擦力。

3.2　机轮刹车系统安全性分析

3.2.1　确定系统级危险

在系统理论中，系统被视为分层结构，控制过程在层级间进行，高层约束会影响下一层的活动，在研究不同的危险时，只有总体结构中的相应子系统需要考虑细节，其他可视为子系统的输入或环境。首先必须要确定系统级危险，然后才能自上而下地分析控制结构的安全约束。

飞机着陆阶段机轮刹车系统存在的系统级事故主要包括人员受伤或死亡、飞机受损、地面设施受损[7]等,这些事故主要分为两大类:

(1) A1:对人员(包括飞行员和地面工作人员)造成生命损失或者重伤。

(2) A2:对飞机或飞机系统以外的物体造成损害。

与这些损失有关的危险包括四大类:

(1) H1:推力不足以维持飞机受控飞行。

(2) H2:机身完整性丧失。

(3) H3:可控飞行撞地。

(4) H4:地面上的飞机离危险物体太近,或飞机离开跑道。

本书中主要关注系统危险 H4。与 H4 有关的具体事故发生在飞机处于地面或近地时,可能涉及飞机离开跑道或在跑道上(或附近)撞击物体。此类事故包括撞到障碍物、其他飞机或其他跑道上(或跑道外)的物体,造成设备损失或人员伤亡。

H4 可以细化为与刹车减速相关的以下危险:

(1) H4-1:飞机降落、起飞或滑行时减速不足。

(2) H4-2:起飞时速度超过 V1(决断速度)后减速。

(3) H4-3:飞机静止状态时刹车失效。

(4) H4-4:飞机方向控制能力失效。

(5) H4-5:飞机处于安全区域(滑行道、跑道等)外。

(6) H4-6:起飞后机轮未锁定。

与这些危险相关的高层系统安全约束是根据需求或设计上的约束对危险进行的简单重述,相应的安全约束如下:

(1) SC1:在降落、起飞中止或滑行时,刹车指令发出后,前向运动必须在规定时间内减速。

(2) SC2:飞机在 V1 后不能减速。

(3) SC3:飞机停放时不得随意移动。

(4) SC4:差动制动不能导致飞机航向控制能力失效。

(5) SC5:飞机不能处于安全区域(滑行道、跑道等)外。

3.2.2　构建分层控制结构

在识别出事故、系统安全隐患、系统级安全约束(要求)后,STPA 方法的下一步是建立飞机功能控制结构模型,运用系统的功能控制结构进行分析。

根据典型飞机机轮刹车控制系统组成原理,可以简化出如图 3.2 所示的整机级控制结构模型。在该模型中只有三个不同层级的组件:飞行员、AACU 和飞机物理系统。对于复杂的飞机系统,抽象级别可以用来放大当前正在考虑的控制结构的各个部分。这种自顶向下的改进也有助于理解飞机的整体操作和识别组件之间的交互。

飞行员的作用是,根据飞机的设计,直接或间接地控制飞机的起飞、飞行、着陆和地面操纵。飞行员向自动化系统提供飞行指令,并接收关于自动化系统和飞机状态的反馈。在一些设计中,飞行员可以直接控制飞机硬件(不通过自动化系统)并接收直接反馈。

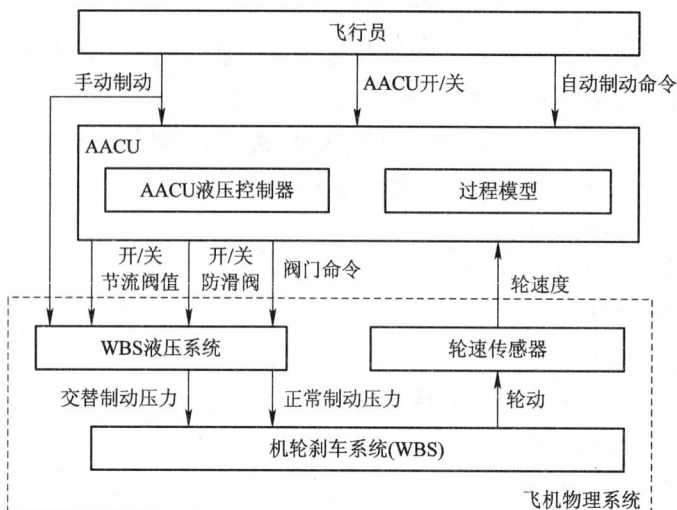

图 3.2　整机级控制结构

AACU 通过飞行员事先下达的自动制动指令,根据机轮刹车系统反馈回的机轮速度等信息,判断执行制动的相关指令,从而使飞机物理系统执行刹车操作。

飞机物理系统主要执行飞行员或 AACU 下达的动作指令。

图 3.3 给出了 WBS 功能控制结构,可以看出,为了更加全面地指定系统功能,从而更详细地分析危险场景,图 3.3 中的功能结构模型不同于前文中的 WBS 物理结构模型,其主要目的是显示"功能性"结构,而不需要对实现形式进行任何假设。相较于图 3.2,图 3.3 中

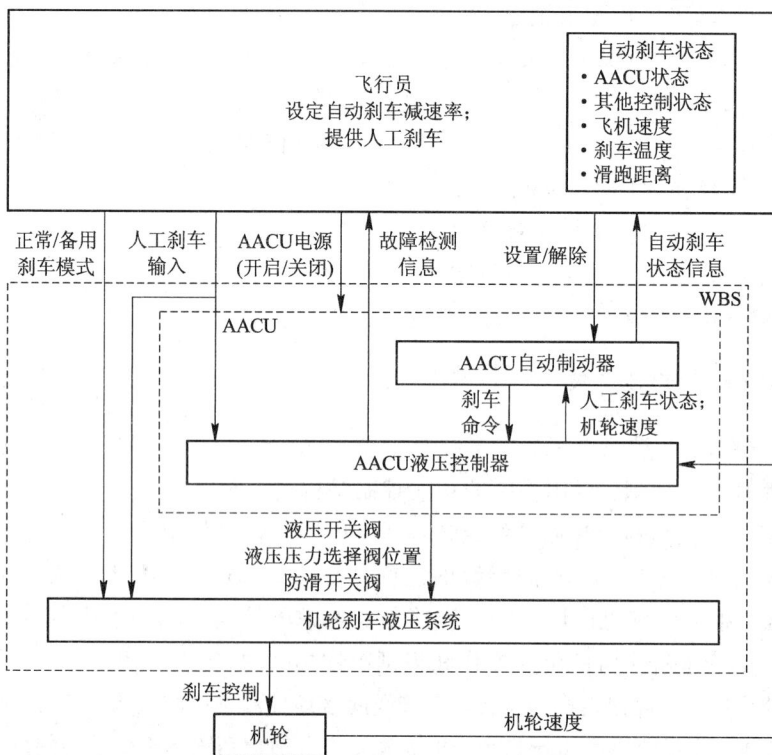

图 3.3　WBS 功能控制结构

的功能控制结构添加了图 3.2 中缺失的功能细节（例如自动刹车命令和状态）并省略了图 3.2 中添加的物理细节和功能实现细节。

3.2.3　识别不安全控制行为

STPA 方法的第三步是识别潜在的危险控制行动，这一步骤主要是基于对过程模型的分析，具体过程模型可以采用关键信息来描述。在此阶段，控制动作是手动提供还是自动提供是无关紧要的。当控制器的过程模型错误时，就会产生危险，错误的情况就是不安全控制行为的四种分类：

（1）没有提供控制行为；

（2）提供了产生危险的控制行为；

（3）提供安全控制行为的时机过早或过晚；

（4）提供的控制行为作用时间过短或过长。

功能控制结构中的每一个功能组件都需要有相应的过程模型，可以用表格的形式来表现过程模型，具体如表 3.1 所示。

表 3.1　过程模型的表现形式

控制器	控制对象	控制模型		
		控制关系	当前状态	状态改变方法
飞行员	自动制动	根据飞机重量、跑道状况等确定自动制动状态	飞机速度、跑道剩余长度等	按下按钮，自动制动系统待命；等待自动刹车时机
	手动刹车	机轮触地后，根据机轮速度确定手动刹车状态	制动模式、自动制动力等	打开/关闭手动制动；手动制动挡位调节
	AACU	根据 WBS 状态确定 AACU 开关	AC、HC 状态	按下按钮，AACU 开启或关闭
自动制动控制器	提供制动命令	提供的制动命令状态影响刹车结果	飞机着陆或中止起飞状态	刹车指令时机，作用时长
液压控制器	开启液压截止阀	根据故障状态	截止阀关闭	开启开关时机和作用时长
	开启液压阀和防滑阀	根据机轮是否打滑	防滑阀关闭	开启时机，开关频率
	液压限量阀位置指令	根据 HC 接收的刹车指令和提供的位置指令	制动状态	阀门开关，作用时长

注：表中的 AC 表示自动制动控制器，HC 表示液压控制器。

接下来通过控制模型，对每个组件的过程模型单独进行分析，就可以得出其在不同控制动作下的四类不安全控制行为。这个过程的结果可以用于在系统设计和实现时创建需求和安全约束，以及用于指导致因场景的生成。

1. 飞行员的不安全控制行为分析

飞行员的不安全控制行为如表 3.2 所示。

表 3.2　飞行员的不安全控制行为

飞行员的不安全控制行为 P	P.1：手动刹车	P.2：自动刹车解锁	P.3：关闭 AACU	P.4：开启 AACU
a：没有提供控制行为	P.1a1：飞行员在着陆、RTO（中断起飞）滑行过程中，未自动刹车（或刹车不足），不提供手动刹车，飞机滑出跑道 [H4-1，H4-5]	P.2a1：着陆前未解锁自动刹车，在扰流板展开时，可能会导致自动刹车操作失灵；飞行员的反应时间可能会导致滑出跑道 [H4-1，H4-5]	P.3a1：在 WBS 行为异常的情况下，飞行员不关闭 AACU 以启用备用制动模式 [H4-1，H4-2，H4-5]	P.4a1：在正常模式下，AACU 未开启时使用自动刹车或防滑刹车 [H4-1，H4-4]
		P.2a2：起飞前未解锁自动刹车，导致起飞紧急制动时制动不足 [H4-2]		
b：提供了产生危险的控制行为	P.1b1：手动制动，踏板压力不足，着陆时减速不足 [H4-1，H4-5]	P.2b1：起飞时自动刹车未达到的制动最高水平；中止起飞时制动力不足 [H4-2]	P.3b1：飞行员在进行自动制动时不小心切断 AACU 电源 [H4-1，H4-5]	无关
	P.1b2：手动刹车踏板压力过大，导致失控，如飞行员受伤、刹车过热、刹车失灵或着陆时轮胎爆裂 [H4-1，H4-5]	P.2b2：在跑道条件下减速速度过高，导致失控和飞行员受伤 [H4-1，H4-5]	P.3b2：当需要和即将使用自动刹车时，飞行员关闭 AACU 电源 [H4-1，H4-5]	
	P.1b3：正常飞行时手动制动 [H4-2，H4-5]	P.2b3：起飞时自动制动 [H4-1]	P.3b3：当需要防滑功能且 WBS 正常运行时，飞行员关闭 AACU 电源 [H4-1，H4-5]	

续表

飞行员的不安全控制行为 P	P.1: 手动刹车	P.2: 自动刹车解锁	P.3: 关闭 AACU	P.4: 开启 AACU
c: 提供控制行为的时机过早或过晚	P.1c1: 着陆前手动制动导致机轮锁定，失去控制、爆胎 [H4-1, H4-5] P.1c2: 在给定飞机重量、速度、与目标的距离（冲突）和停机坪条件下，为避免与另一物体碰撞或冲突而人工制动太晚，并使制动能力过载 [H4-1, H4-5]	P.2c1: 解锁命令太晚，导致 AACU 刹车时间不足 [H4-1, H4-5]	P.3c1: 在 WBS 行为异常的情况下，飞行员关闭 AACU 太晚，无法启动制动备用制动模式 [H4-1, H4-5] P.3c2: 在需要自动刹车或防滑行为完成之前，飞行员过早关闭 AACU 电源 [H4-1, H4-5]	P.4c1: 飞行员在正常制动模式下需要 AACU 启动自动刹车或防滑时 AACU 启动太晚 [H4-1, H4-4]
d: 提供的控制行为作用时间过短或过长	P.1d1: 手动制动指令在达到安全滑行速度前停止，导致超速或导致滑出跑道 [H4-1, H4-5] P.1d2: 手动刹车时间过长，导致飞机在跑道或主动滑行道上停止 [H4-1]	无关	无关	无关

通过危险识别，可分析得出单个功能结构组件（针对飞行员）的安全性需求，例如：

（1）PC‐R1：飞行员在着陆前不得手动刹车[P.1c1]。原因：可能导致机轮抱死、失去控制或轮胎爆裂。

（2）PC‐R2：在安全滑行速度达到规定值之前，飞行员须持续手动制动[P.1d1]。原因：可能导致飞机超速或滑出跑道。

（3）PC‐R3：飞行员在自动制动过程中不得关闭 AACU 电源[P.4b1]。原因：自动刹车将被锁定。

（4）PC‐R4：飞行员在进行手动刹车操作时，不能用力过大或者用力过小[P.1b1][P.1b2]。原因：会导致机轮温度升高过快、轮胎爆破或者机轮减速不充分，使飞机冲出跑道。

2. 自动制动控制器的不安全控制行为分析

自动制动控制器的不安全控制行为如表 3.3 所示。

表 3.3　自动制动控制器的不安全控制行为

自动制动控制器的不安全控制行为 AC	AC.1：制动命令			
a：没有提供控制行为	AC.1a1：在着陆或中止起飞过程中，自动刹车已解锁但不提供制动命令，导致无法及时刹车 [H4‐1，H4‐5]	AC.1a2：在着陆过程中没有提供刹车指令，导致减速不足和滑出跑道 [H4‐1，H4‐5]	AC.1a3：滑行过程中没有刹车指令，导致速度过快、无法停车或无法控制速度 [H4‐1，H4‐5]	AC.1a4：起飞后未发出制动指令锁定机轮，导致起落架收放或飞行中机轮旋转时设备损坏的可能 [H4‐6]
b：提供了产生危险的控制行为	AC.1b1：着陆过程中刹车控制过度，导致减速过快、失控、人员受伤 [H4‐1，H4‐5]	AC.1b2：起飞时刹车指令错误，导致加速度不足 [H4‐1，H4‐2，H4‐5]	—	—
c：提供安全控制行为的时机过早或过晚	AC.1c1：着陆前刹车，导致轮胎爆裂、飞机失去控制或受到损伤 [H4‐1，H4‐5]	AC.1c2：着陆后刹车指令延迟，导致减速不足，或导致失控和滑出跑道 [H4‐1，H4‐5]	AC.1c3：正常起飞时，在机轮离开地面之前使用制动命令 [H4‐1，H4‐2，H4‐5]	AC.1c4：中止起飞时飞机速度已大于 V1 [H4‐2]
d：提供的控制行为作用时间过短或过长	AC.1d1：到达安全滑行速度之前，刹车指令停止，导致减速不足 [H4‐1，H4‐5]	AC.1d2：在着陆过程中刹车指令执行过长，导致飞机在跑道上或主动滑行道上停止 [H4‐1]	—	—

通过危险识别，可分析得出单个功能结构组件（针对自动制动控制器）的安全性需求，例如：

（1）AC-R1：在 RTO 期间，必须始终提供制动命令［AC.1a1］。原因：可能导致不能在可用的跑道长度内及时刹车。

（2）AC-R2：着陆前绝对不能发出刹车命令［AC.1c1］。原因：可能导致轮胎爆裂、失控、受伤或其他损坏。

（3）AC-R3：起飞后和起落架收起前必须锁紧机轮［AC.1a4］。原因：由于机轮在飞行中旋转，可能会减少起落架寿命。

3. 液压控制器的不安全控制行为分析

液压控制器的不安全控制行为如表 3.4 所示。

表 3.4 液压控制器的不安全控制行为

液压控制器的不安全控制行为 HC	HC.1：开启液压截止阀（即允许正常制动模式）	HC.2：开启液压阀和防滑阀	HC.3：液压限量阀位置指令
a：没有提供控制行为	HC.1a1：当未出现需要交替制动的故障，采用自动制动时，HC 不打开阀门［H4-1，H4-5］	HC.2a1：HC 在打滑时不开启两种阀门［H4-1，H4-5］	HC.3a1：HC 在接收到制动命令时不向阀门提供位置命令［H4-1，H4-2，H4-5］
b：提供了产生危险的控制行为	HC.1b1：当出现需要交替制动的故障时，打开阀门，备用制动模式失效［H4-1，H4-2，H4-5］	HC.2b1：当机轮不打滑时，HC 间断开关阀门［H4-1，H4-2，H4-5］ HC.2b2：HC 错误地开关阀频率过高或过低［H4-1，H4-5］ HC.2b3：HC 在机轮不打滑时以任何方式驱动防滑阀［H4-1，H4-5］	HC.3b1：HC 提供了位置命令，当没有收到刹车命令时打开阀门［H4-1，H4-2，H4-5］ HC.3b2：HC 提供了位置命令，当收到制动指令时，关闭阀门［H4-1，H4-5］
	HC.1b2：当飞行员关闭 AACU 时，打开阀门，备用制动模式失效［H4-1，H4-2，H4-5］		
c：提供安全控制行为的时机过早或过晚	HC.1c1：在需要正常制动时，开启阀门太晚［H4-1，H4-2，H4-5］ HC.1c2：HC 开启阀门太晚后，飞行员已启用 AACU［H4-1，H4-2，H4-5］	HC.2c1：HC 在刹车启动后对阀门开关过迟［H4-1，H4-5］	HC.3c1：在自动或手动刹车完成后，HC 提供位置命令［H4-1，H4-2，H4-5］

d：提供的控制行为作用时间过短或过长	HC.1d1：HC 保持阀门开启时间过长，当正常制动故障时，无法交替制动 [H4-1，H4-2，H4-5]	HC.2d1：HC 在机轮恢复牵引力前，停止间断开关阀门，导致失控 [H4-1，H4-5]	HC.3d1：HC 过早地停止提供位置命令（保持阀门开启），同时仍然在制动 [H4-1，H4-5]
	HC.1d2：HC 开启阀门时间过短，在需要的情况下无法正常制动 [H4-1，H4-2，H4-5]	HC.2d2：HC 在机轮停止打滑后，继续对阀门进行间断开关，导致制动力损失 [H4-1，H4-2，H4-5]	HC.3d2：HC 在发出制动命令后，提供位置命令（保持阀门开启）时间过长 [H4-1，H4-2，H4-5]

通过危险识别，可分析得出单个功能结构组件针对液压控制器的安全性需求，例如：

（1）HC-R1：当出现需要交替制动的故障时，HC 不能关闭液压阀门[HC.1b1]。原因：正常刹车和备用刹车都无法使用。

（2）HC-R2：HC 在发生打滑时必须打开防滑阀[HC.2a1]。原因：需要防滑能力以避免打滑。

（3）HC-R3：当没有收到制动指令时，HC 不能提供打开阀门的命令[HC.3b1]。原因：飞行员可能错误判断刹车状态。

3.2.4 致因因素分析

STPA 方法的第四步是分析不安全控制行为的致因，确定系统潜在的安全性需求。在不安全控制行为导致的危险确定之后，根据 STPA 分析方法的控制反馈模型，可总结出刹车动作产生危险的两方面原因：① 因采取错误控制措施导致的危险；② 采取了安全措施但未能执行（因错误反馈信息）导致的危险。根据以上提到的产生危险的两方面致因，可将刹车系统控制反馈环节分成两个部分，即在分析不安全控制行为的原因时，根据以上两方面将控制系统拆分开来，分为"分析不安全控制行为产生的原因"和"分析错误反馈"来进行分析，得出新的安全性需求。

STPA 中的致因因素分析过程与传统的致因分析有较大区别。与失效模式和影响分析（Failure Mode and Effects Analysis，FMEA）相比，它不考虑所有的故障，而只考虑导致前述步骤分析出的不安全控制动作的致因；与故障树分析相比，它类似于故障树分析中对导致危险场景的识别，但识别的不仅仅是组件故障，还考虑间接关系。

接下来将应用 STPA 进行致因场景分析。这些场景可能涉及跨多个控制器的不安全控制操作和流程模型缺陷，一个控制器的 UCA 可能会间接导致另一个控制器的 UCA，不一定局限于任何单个控制器。由于篇幅的原因，下面仅对涉及飞行员、自动制动控制器和液压控制器的一种不安全控制行为进行致因场景分析，总结致因因素，并得出安全性需求和约束，这些安全性需求和约束与前文由确定不安全控制行为得出的需求相比层次更深，且考虑了功能结构系统间的交互性。

1. 飞行员的分析

下面考虑不安全控制行为 P.1a1，即飞行员在未自动刹车(或刹车不足)时，不进行手动刹车(需要制动以避免 H4-1 和 H4-5 行为)。该过程控制结构如图 3.4 所示。

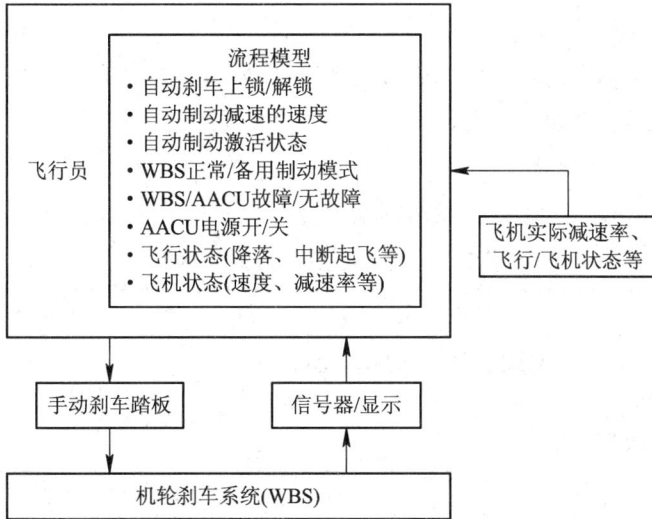

图 3.4　控制结构(飞行员)

1) 错误控制 P.1a1 的原因分析

从不安全控制行为开始，向后追溯，可以通过对每个因果关系依次进行解释来识别场景，如表 3.5 所示。

表 3.5　致因情景(过程模型缺陷)

控制缺陷	因果场景 S	生成需求 SN
过程模型缺陷	S1：飞行员误认为自动刹车已解锁，并开始工作	SN1：AC(Aircraft)液压控制器在出现故障时必须反馈给自动刹车，必须锁定自动刹车状态(并反馈给飞行员)
	S2：机组在着陆时未提供手动刹车，因为每个飞行员都认为另一个飞行员在提供手动刹车指令	SN2：(1) 必须向飞行员反馈手动制动的状态以及是否有飞行员提供手动制动；(2) 降落时必须向飞行员反馈，是否需要手动制动

场景 1　飞行员误认为自动刹车已解锁，并开始工作(过程模型缺陷)。

过程模型有缺陷的原因可能包括：

(1) 飞行员先前已配备自动刹车，但不知道后来已无法使用。

(2) 如果 AC 液压控制器检测到故障，则接收到的反馈可能不足。飞行员将发现一般的 AC 故障，但自动刹车仍然显示有效(即使自动刹车已经失效)。

(3) 当 AC 液压控制器检测到故障时，飞行员发现自动制动控制器仍处于准备状态，这是因为自动制动控制器没有设计自检功能。当 AC 液压控制器检测到故障时，它会关闭绿色关闭阀（使自动刹车指令失效），但自动刹车系统本身不会告知飞行员。

（4）由于信息多、信息冲突、报警疲劳等原因，导致飞行员无法处理反馈。

场景 2 飞行员（双人）在着陆时未手动刹车，因为每个飞行员都认为另一人在提供手动刹车指令（流程模型不正确）。

流程模型不正确的原因：飞行员从其他系统（扰流器、逆推力等）感受到初始减速，可能对目前由谁负责刹车有错误认知。

2）安全措施无效的分析

飞行员在需要时提供了手动刹车但刹车无效，反馈失效原因如表 3.6 所示。

表 3.6 致因情景（反馈失效）

控制缺陷	因果场景 S	生成需求 SN
反馈失效	S1：由于 WBS 处于备用制动模式，防滑阀关闭，因此飞行员的手动刹车指令无效	SN1：AC 故障保护机制不能取决于故障组件的自禁用
	S2：由于 WBS 处于备用制动模式，防滑阀负载过大，飞行员的手动刹车指令可能无效	SN2：(1) AACU 必须配备其他检测机轮打滑的方法，而不仅仅依靠机轮速度反馈； (2) AACU 须向飞行员提供额外的反馈，以检测到过度的防滑负载并使其失效（如关闭 AACU）

场景 3 由于 WBS 处于备用制动模式，防滑阀关闭，因此飞行员的手动刹车指令无效。

这种安全措施无效的原因包括：

（1）WBS 处于备用制动模式，可能是因为 AACU 在两个通道中都检测到了内部故障，并关闭了液压阀。

（2）防滑阀关闭可能是由于 AC 内部故障导致输出错误命令，使所有阀门关闭。

场景 4 由于 WBS 处于备用制动模式，防滑阀负载过大，因此飞行员的手动刹车指令可能无效。

这种安全措施无效的原因包括：

（1）WBS 处于备用制动模式，飞行员关闭了液压系统。

（2）由于 AACU 误测到机轮在持续打滑（错误的过程模型，AC 分析更详细地处理了这种情况），因而使防滑阀负载过大。

（3）AC 误测到机轮在持续打滑，机轮速度反馈部分指示突然减速，可能由于机轮速度传感器故障。

2. 自动制动控制器的分析

下面考虑不安全控制行为 AC.1a1，即在着陆或中止起飞过程中，自动刹车已解锁但不提供制动命令。该过程控制结构如图 3.5 所示。

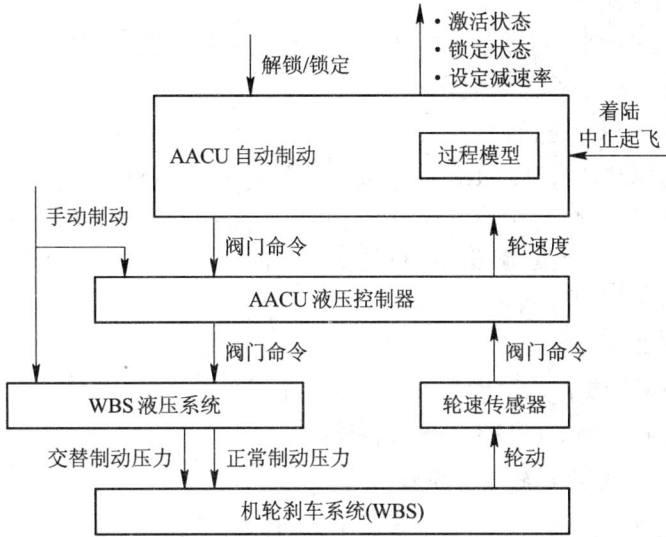

图 3.5　控制结构(自动制动控制器)

1) 错误控制(AC.1a1)的原因分析

从不安全的控制行为开始,向后追溯,可以通过对每个因果关系依次进行解释来确定场景。致因情景如表 3.7 所示。

表 3.7　致因情景(过程模型缺陷)

控制缺陷	因果场景 S	生成需求 SN
过程模型缺陷	S1:自动控制器误测已达预定减速率	SN1:为自动刹车提供额外的反馈,以便在机轮打滑时检测飞机减速率(例如惯性传感器)
	S2:在自动刹车已使飞机停止时, (1)自动刹车检测到飞机停止便停止刹车并锁定(设计缺陷); (2)当飞机受到其他力作用时,可能会移动	SN2:(1)自动刹车必须保持飞机停止,直到飞行员主动停止自动刹车; (2)当使用自动刹车时,若其他系统提供推力,须提醒飞行员
	S3:自动制动未判定着陆或中止起飞状态	SN3:(1)为自动制动提供另一种方法来检测在非正常条件下的着陆或被中止起飞; (2)为飞行员提供一种手动触发自动刹车方式,以防检测不到着陆或中止起飞的情况

场景 1　自动控制器误测已达预定减速率。

自动制动存在这种过程模型缺陷的原因包括:

(1)机轮速度反馈波动太快(反馈不足),这可能会使实际的飞机速度难以检测,从而得到了不正确的飞机速度。

（2）反馈失去准确性，可能是因为跑道是湿的，防滑功能影响机轮刹车。

场景 2 自动刹车已经使飞机停止。

造成这种情况的原因包括：

（1）自动刹车检测到飞机停止便停止刹车并锁定（设计缺陷）。

（2）当飞机受到外力、推力或其他力的作用时，飞机可能会移动。

场景 3 自动制动未判定着陆或中止起飞状态。

造成这种情况的原因包括：

（1）用于探测着陆的方法不适用于跑道或着陆条件。

（2）中止起飞时未探测到可能触发的刹车条件。

（3）用于检测着陆或中止起飞的传感器故障。

2）正确措施但未能执行的原因分析

着陆或起飞紧急制动时，自动刹车提供了正确的制动命令，但飞机没有实现必要的减速。致因情景如表 3.8 所示。

表 3.8 致因情景（反馈失效）

控制缺陷	因果场景 S	生成需求 SN
反馈失效	S1：将制动系统切换为交替制动模式，然而提供自动制动命令时不能执行	SN1：额外反馈（例如液压系统）必须提供给自动制动控制器，以检测系统何时处于交替制动模式，并允许自动制动向飞行员提供关于自动制动可用性的正确反馈
	S2：液压系统发生故障或飞行员手动禁用液压系统，然而提供自动制动命令时不能执行	SN2：（1）额外反馈（例如液压系统）必须提供给自动制动控制器，以检测液压系统提供的压力能否实现有效的自动制动；（2）虽然飞行员可能会得知液压系统的问题，但自动制动不能向飞行员提供相互矛盾的反馈

场景 4 造成这种情况的原因包括：将制动系统切换为交替制动模式，然而提供自动制动命令时不能执行。

（1）自动制动控制器继续向飞行员反馈自动制动已启动（正在制动）。

（2）如果 AC 液压控制器的两个通道都有瞬时故障，则系统切换到交替制动模式，故障被锁定到下一个工作循环。

场景 5 液压系统发生故障或飞行员手动禁用液压系统，然而提供自动制动命令时不能执行。

造成这种情况的原因包括：

（1）自动制动控制器无法获取指令，从而无法持续提供制动命令。

（2）自动刹车控制器向飞行员反馈自动刹车已启动。

3. 液压控制器的分析

下面考虑不安全控制行为 HC.3a1，即 HC 在收到制动命令时，不向阀门提供位置命令。该过程控制结构如图 3.6 所示。

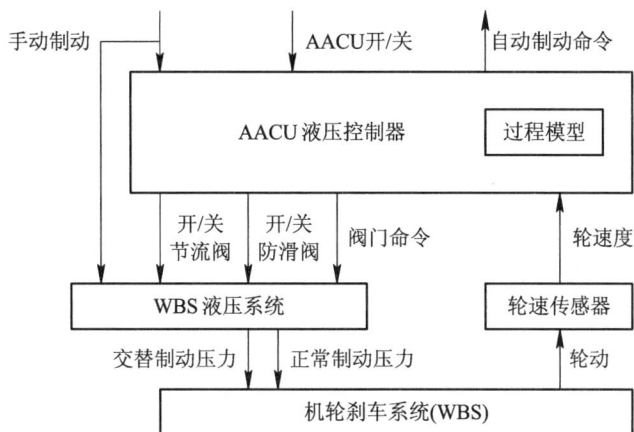

图 3.6　控制结构(液压控制器)

下面对错误控制(HC.1a1)的因果场景进行分析。

场景　HC 在接收制动命令时没有提供位置命令,这可能是因为制动命令是由自动制动控制器发送的,而手动制动命令是在自动制动命令之前或期间接收的。

造成这种情况的原因包括:

(1) 收到飞行员提供的手动制动指令。

(2) 驾驶员无意中发出了手动制动指令(如着陆或颠簸时脚踩在踏板上)。

(3) 其他干扰,如硬着陆或传感器故障,会使手动制动指令失效。

3.3　机轮刹车系统危险事件定量分析

3.3.1　刹车失效 Bow-tie 模型的构建

在刹车系统中,人们最不希望看到的就是刹车失效的发生,即飞机失去了制动的能力。因此本节选取刹车失效为关键事件(即顶事件),并根据引发刹车失效的原因及刹车失效可能导致的后果构建 Bow-tie 模型。

1. 刹车失效危险源分析

刹车系统由正常刹车系统和应急刹车系统两部分组成。正常刹车系统主要由制动操作装置、传感器、刹车控制组件(BCU)、液压油路、刹车装置和各类控制阀门等组成。应急刹车系统主要由制动操作装置、刹车装置、液压油路、转换活门、应急刹车活门等组成。以上任何部件发生故障都可能导致正常刹车系统或者应急刹车系统失效,而当正常刹车系统和应急刹车系统同时失效时会导致刹车失效的发生。

根据刹车原理,正常刹车失效和应急刹车失效的故障树分别如图 3.7 和图 3.8 所示。分析大量航空事故数据可以发现,直接造成正常刹车系统失效的原因有 BCU 及其组件故障、机轮磨损、软件指令故障、脚蹬故障、液压油路故障以及各个控制阀门的故障等。在这几个因素中，脚蹬故障可能是由于脚蹬处留有异物而发生卡滞，机轮问题则是制造厂商的质量问题，这些都是人为原因引发的机械故障；软件指令故障可能是由于软件自身可靠性不高所导致的；BCU 及其组件故障主要是由内部控制单元中电子元件使用到寿或异常短路所致；液压油路故障可能是由密封圈老化、液压油泄漏或是液压控制单元中的电子元件失效等所导致的；各个阀门故障可能是由阀门电传线路故障或者阀门过负荷使用而导致的。而直接导致应急刹车系统失效的原因有操作手柄及附件的故障、传导钢索断裂、液压控制

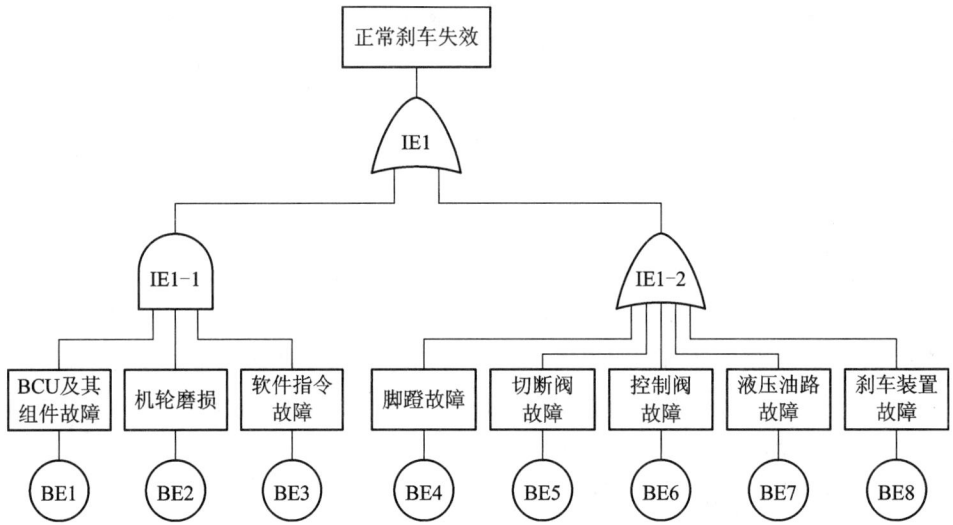

图 3.7　正常刹车失效故障树

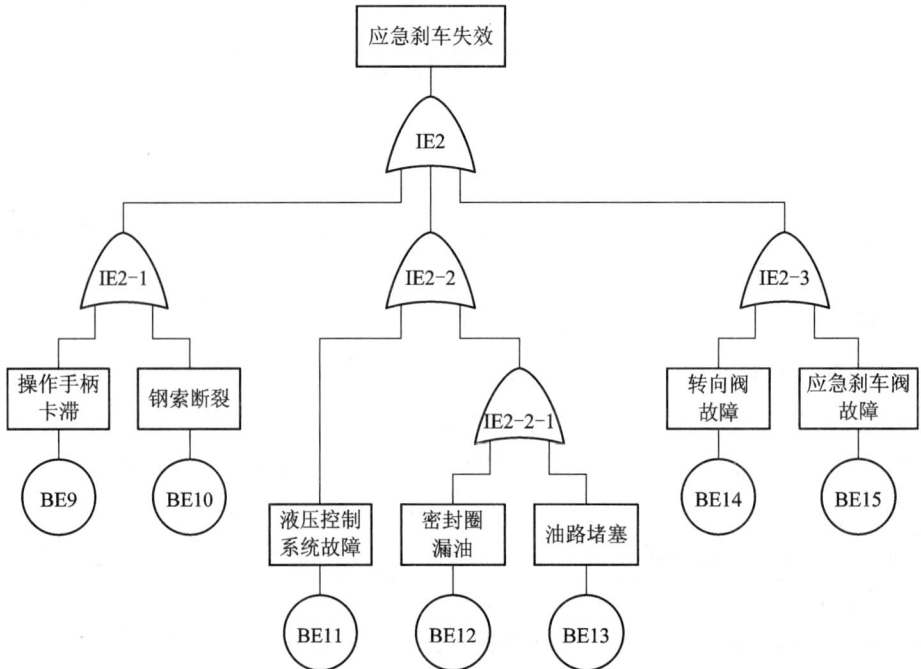

图 3.8　应急刹车失效故障树

系统故障、油路堵塞以及各个控制阀门的问题等。在造成应急刹车系统失效的因素中，传导钢索断裂可能是由钢索自身质量问题或者机务人员检查疏忽未及时更换而导致的，油路堵塞可能是由油品质量或机务人员检查时疏忽所导致的，同样是人为因素引发的机械故障。

在表 3.9 中列出了刹车失效故障树的基本事件及其发生概率值。

表 3.9　刹车失效故障树的基本事件及其发生概率

编号	基本事件名称	发生概率	编号	基本事件名称	发生概率
BE1	BCU 及其组件故障	0.000000317	BE9	操作手柄卡滞	0.000001200
BE2	机轮磨损	0.000000537	BE10	钢索断裂	0.000002400
BE3	软件指令故障	0.000002680	BE11	液压控制系统故障	0.000003600
BE4	脚蹬故障	0.000030400	BE12	密封圈漏油	0.000002800
BE5	切断阀故障	0.000001200	BE13	油路堵塞	0.000013000
BE6	控制阀故障	0.000035000	BE14	转向阀故障	0.000032000
BE7	液压油路故障	0.000006700	BE15	应急刹车阀故障	0.000028000
BE8	刹车装置故障	0.000000370			

2. 刹车失效事故后果分析

当刹车失效发生后，飞机由于无法减速制动，会出现飞机冲出跑道、撞击地面建筑、滑出跑道导致飞机侧翻以及飞行员在慌乱状态下的二次误操作造成机毁人亡等情况[8]。针对以往对飞机刹车失效后果的统计，将刹车失效导致的不安全后果分为以下四类：

（1）飞机停留在跑道上，无人员和机体损伤。

（2）飞机机体轻度损伤，无人员伤亡。

（3）飞机机体严重损伤，无人员伤亡。

（4）飞机发生起火并且导致人员伤亡。

通过对事故后果严重程度的分析，对于刹车失效，不安全后果的发生可以认为是下列控制措施的采用失效，即抛放减速伞、增设隔离网、滑向草坪、启用应急消防这四项措施[9-11]。

3. 刹车失效 Bow-tie 模型的构建与后果分析

Bow-tie 模型的顶事件是刹车失效。通过演绎推理可得出导致刹车失效的原因，通过归纳推理可得出刹车失效的结果。机轮刹车失效的 Bow-tie 模型构建如图 3.9 所示，Bow-tie 模型比较清晰地呈现了引发刹车失效的危险源以及不同后果。

从 Bow-tie 模型图可以看出导致刹车失效发生的基本事件共有 15 个，这 15 个基本事件在不同的逻辑关系下形成了 5 个中间事件。当关键事件发生后，根据采取的控制事件作用与否，刹车失效可能引发四类不同严重程度的后果，经过分析，可能引发这四类后果的控制事件为：SE1——抛放减速伞；SE2——增设隔离网；SE3——飞机滑向草坪；SE4——启用应急消防[9]。

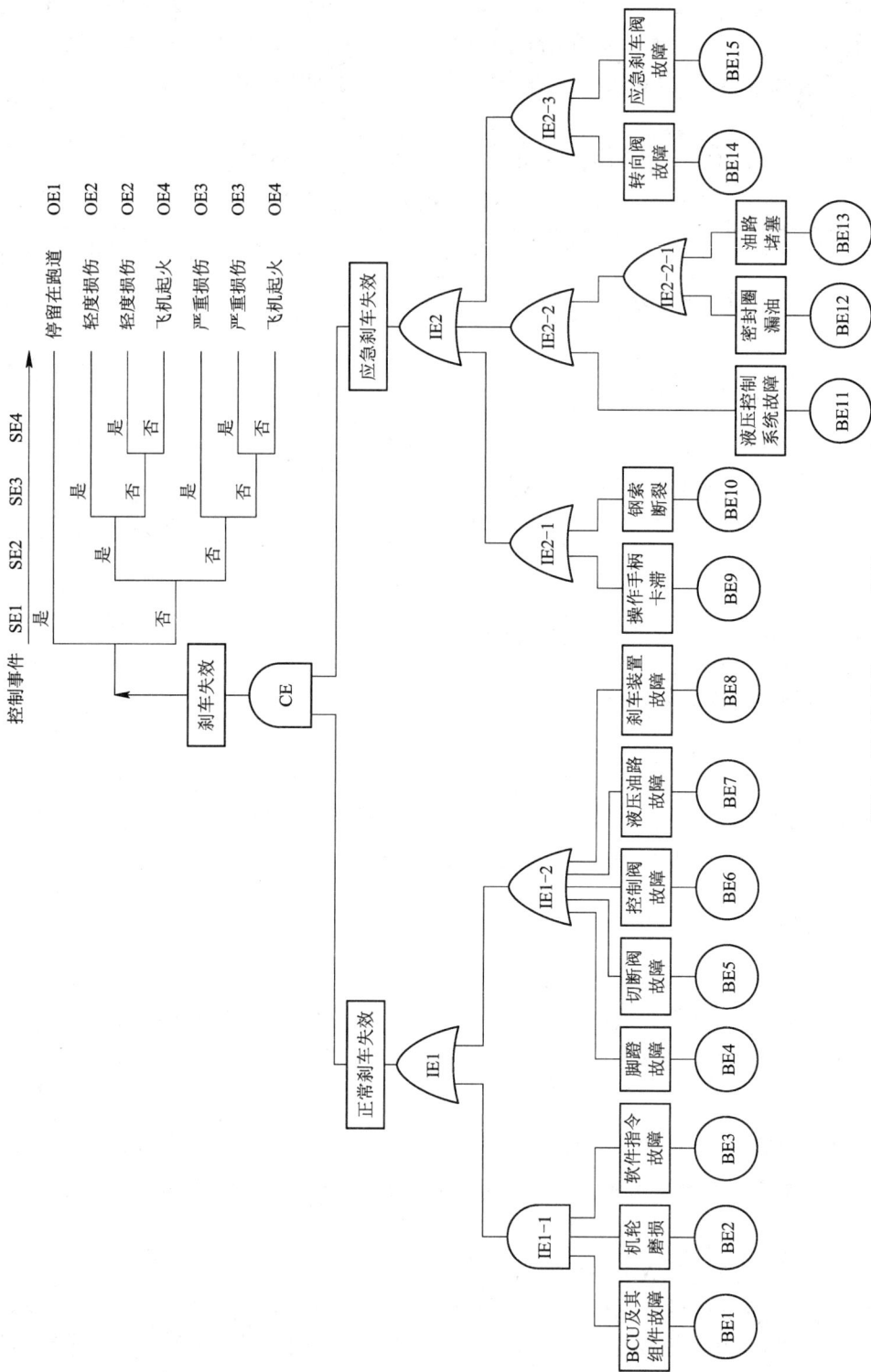

图3.9 刹车失效的Bow-tie模型

3.3.2 刹车失效 Bow-tie 模型的量化求解

求解各个阶段事件发生的概率是 Bow-tie 模型量化分析的关键,其中就包括了基本事件和控制事件概率的求解。然而,在系统的量化分析中通常包含大量的参数,这些参数可能是确定的,也可能是不确定的。传统的方法是视所有事件的概率均服从于固定的概率模型,但在实际工程中,由于实验条件的限制或者人为主观因素的影响,人们往往无法得到精确的概率值。例如,考虑控制事件发生的概率,当判断某一环节是否有效时,往往掺杂着人为的主观判断,因此在这种情况下可以将控制事件发生的概率按照模糊变量进行处理。本节根据发生概率的特点将量化求解过程考虑为随机性和模糊不确定性两种情况,即全概率下的量化分析和混合变量下的量化分析。

1. 全概率求解

在对 Bow-tie 模型开展量化分析时,首先要将所研究的模型的各个事件的逻辑关系表示出来,再调用该模型进行抽样计算。图 3.10 描述了建立刹车失效 Bow-tie 模型的过程。

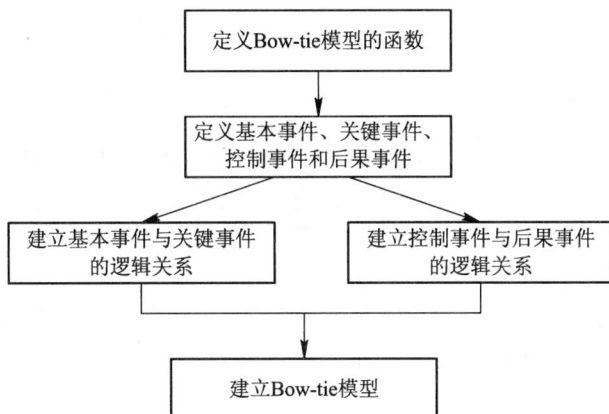

图 3.10 刹车失效 Bow-tie 模型构建流程

全概率求解就是将整个 Bow-tie 模型中所有事件的发生概率视为随机变量,即按精确值对待,并且这些概率值都服从于某个概率模型[12]。在多数情况下,我们能够直接搜集的并不是基本事件故障发生的概率,而是基本事件的平均故障间隔时间(MTBF),即 MTBF 的统计值,再根据该部件的工作时间和失效率分布情况等条件计算其故障率[13]。一般地,假定发生基本事件的部件的 MTBF 服从正态分布,即 $\mathrm{MTBF}_i \sim N(\mu_{\mathrm{MTBF}_i}, \sigma_{\mathrm{MTBF}_i}^2)$。

用 MATLAB 对 Bow-tie 模型求解时,要对基本事件和控制事件发生的概率进行抽样。在抽取出足够多的样本数量后,把抽取出的样本概率在程序中循环运算,可得到关键事件(顶事件)和后果事件发生的概率及其方差。

在对基本事件抽样的过程中,假定基本事件发生故障的概率分布服从正态分布,即 $p_{\mathrm{BE}i(i=1,2,\cdots,n)} \sim N(\mu, \sigma^2)$。根据发生故障的各部件的组成元件的特性不同,不同部件的失效时间 T 也服从不同类型的分布。

若该部件失效时间 T 服从参数为 λ 的指数分布,记 $T \sim \exp(\lambda)$,则可靠度函数为

$$R(t) = P_r(T > t) = \int_t^\infty f(u)\mathrm{d}u = \mathrm{e}^{-\lambda t}, \quad t > 0 \tag{3.1}$$

此时，λ 与 MTBF 的关系为

$$\mathrm{MTBF} = \int_0^\infty R(t)\mathrm{d}t = \int_0^\infty \mathrm{e}^{-\lambda t}\mathrm{d}t = \frac{1}{\lambda} \tag{3.2}$$

若该部件失效时间 T 服从参数为 υ 和 τ^2 的对数正态分布，记 $T \sim \mathrm{lognormal}(\upsilon, \tau^2)$，则可靠度函数为

$$R(t) = P_r(T > t) = P_r(\ln T > \ln t) = \phi\left(\frac{\upsilon - \ln t}{\tau}\right), \quad t > 0 \tag{3.3}$$

式中，$\phi(\cdot)$ 为标准正态分布。此时，υ 和 τ^2 与 MTBF 的关系为

$$\mathrm{MTBF} = \int_0^\infty R(t)\mathrm{d}t = \int_0^\infty \phi\left(\frac{\upsilon - \ln t}{\tau}\right)\mathrm{d}t = \mathrm{e}^{\upsilon + \frac{\tau^2}{2}} \tag{3.4}$$

通过计算可得到 υ 和 τ：

$$\upsilon = \log\left(\frac{\mathrm{MTBF}^2}{\sqrt{\mathrm{Var} + \mathrm{MTBF}^2}}\right) \tag{3.5}$$

$$\tau = \sqrt{\log\left(\frac{\mathrm{Var}}{\mathrm{MTBF}^2}\right) + 1} \tag{3.6}$$

式中，Var 表示样本方差。

在表 3.10 中列出了刹车失效故障树的基本事件的故障时间及参数分布情况。

表 3.10　刹车失效故障树的基本事件的故障时间及参数分布情况

编号	基本事件	故障时间		统计量		
		分布类型	分布参数	MTBF（单位为飞行小时数）	分类类型	变异系数
BE1	BCU 及其组件故障	指数分布	λ	2750	正态分布	0.05
BE2	机轮磨损	对数正态分布	υ, τ	3000	正态分布	0.05
BE3	软件指令故障	指数分布	λ	3050	正态分布	0.05
BE4	脚蹬故障	对数正态分布	υ, τ	2125	正态分布	0.05
BE5	切断阀故障	对数正态分布	υ, τ	3350	正态分布	0.05
BE6	控制阀故障	对数正态分布	υ, τ	2085	正态分布	0.05
BE7	液压油路故障	指数分布	λ	2680	正态分布	0.05
BE8	刹车装置故障	对数正态分布	υ, τ	4050	正态分布	0.05
BE9	操作手柄卡滞	对数正态分布	υ, τ	5505	正态分布	0.05
BE10	钢索断裂	对数正态分布	υ, τ	3800	正态分布	0.05
BE11	液压控制系统故障	指数分布	λ	3200	正态分布	0.05
BE12	密封圈漏油	对数正态分布	υ, τ	3600	正态分布	0.05
BE13	油路堵塞	对数正态分布	υ, τ	2480	正态分布	0.05
BE14	转向阀故障	对数正态分布	υ, τ	2110	正态分布	0.05
BE15	应急刹车阀故障	对数正态分布	υ, τ	2250	正态分布	0.05

在控制事件抽样的过程中，假定控制事件概率的分布情况服从均匀分布，即 $p_{SEj} \sim B(a,b)$，因此对控制事件的概率 p_{SE1}，p_{SE2}，$\cdots$，p_{SEm} 进行均匀分布抽样。在表 3.11 中列出了刹车失效控制事件的发生概率及抽样取值区间。

表 3.11 刹车失效控制事件的发生概率及抽样取值区间

编号	控制事件	取值区间	抽样分布	参数设置
SE1	抛放减速伞	0.88	均匀分布	[0.792, 0.968]
SE2	增设隔离网	0.80	均匀分布	[0.720, 0.880]
SE3	滑向草坪	0.76	均匀分布	[0.684, 0.836]
SE4	启用应急消防	0.89	均匀分布	[0.831, 0.979]

通过程序计算，假定程序抽样次数为 $N=2000$ 次，分别求得每次抽样计算得到的关键事件发生概率 $p_{\text{f-top}j}$ 和后果事件发生概率 p_{OEij}，其中 i 为 Bow-tie 模型中事件树部分可能导致的后果事件序数，j 为某次抽样。

如图 3.11 所示，该图为调用刹车失效 Bow-tie 模型并且抽样的过程。

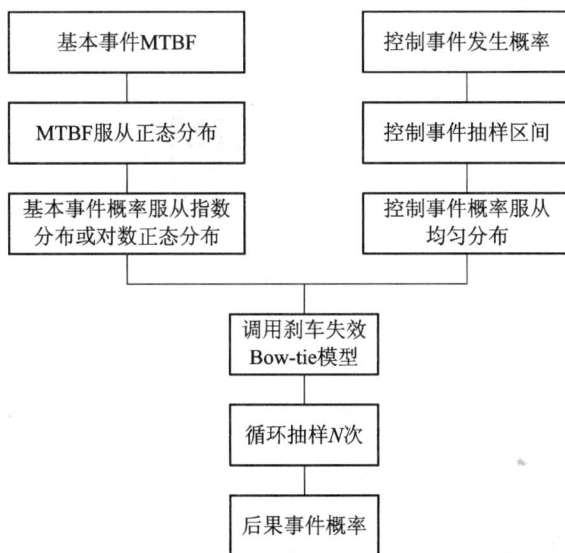

图 3.11 全概率下刹车失效 Bow-tie 模型的抽样过程

在抽样计算结束后，可以得到 N 次抽样后关键事件（即顶事件）和后果事件的发生概率，并用条形图表示它们的概率值分布情况，分别如图 3.12 和 3.13 所示。

从图 3.12 和图 3.13 中可以看出，关键事件和后果事件的发生概率的分布情况总体呈现正态分布的趋势。在图 3.13 中，由于在刹车失效发生后采取了有效的控制行动，因此严重后果事件发生的可能性要低于轻度后果事件发生的可能性。

同样，还可进一步得到它们的平均值和方差，即

$$\bar{p}_{\text{f-top}} = \text{mean}(p_{\text{f-top}j}) = \frac{1}{N}\sum_{j=1}^{N} p_{\text{f-top}j} \tag{3.7}$$

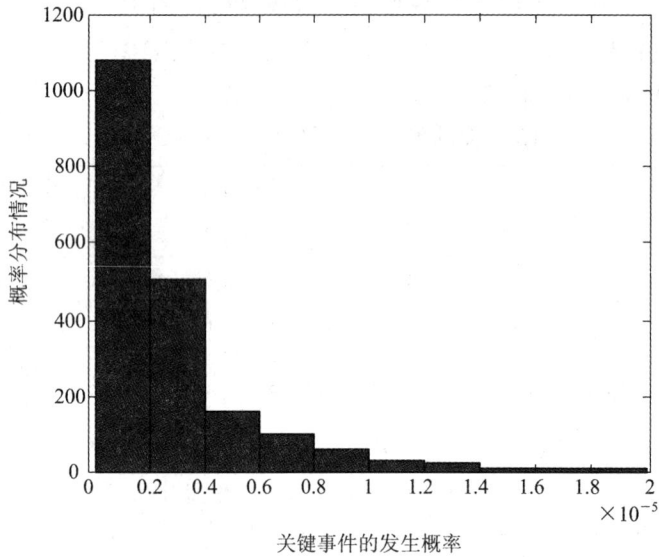

图 3.12 全概率抽样下关键事件的发生概率情况统计图

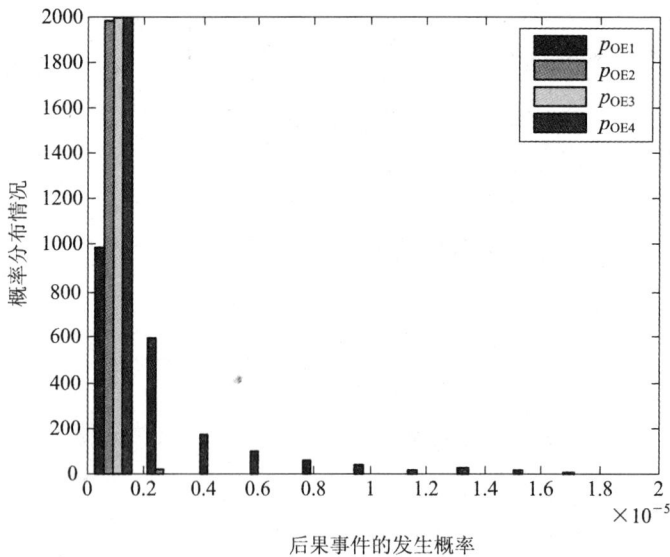

图 3.13 全概率抽样下后果事件的发生概率情况统计图

$$\overline{p}_{\mathrm{OE}i} = \mathrm{mean}(p_{\mathrm{OE}ij}) = \frac{1}{N}\sum_{j=1}^{N} p_{\mathrm{OE}ij} \qquad (3.8)$$

$$\mathrm{Var}_{p_{\text{f-top}}} = \left[\frac{1}{N-1}\sum_{j=1}^{N}(p_{\text{f-top}j} - \overline{p}_{\text{f-top}})^2\right]^{\frac{1}{2}} \qquad (3.9)$$

$$\mathrm{Var}_{p_{\mathrm{OE}i}} = \left[\frac{1}{N-1}\sum_{j=1}^{N}(p_{\mathrm{OE}ij} - \overline{p}_{\mathrm{OE}i})^2\right]^{\frac{1}{2}} \qquad (3.10)$$

对上述抽样得到的关键事件和后果事件的概率值计算均值，可以得到由于刹车失效导致的关键事件和后果事件发生概率的均值，如图 3.14 所示。

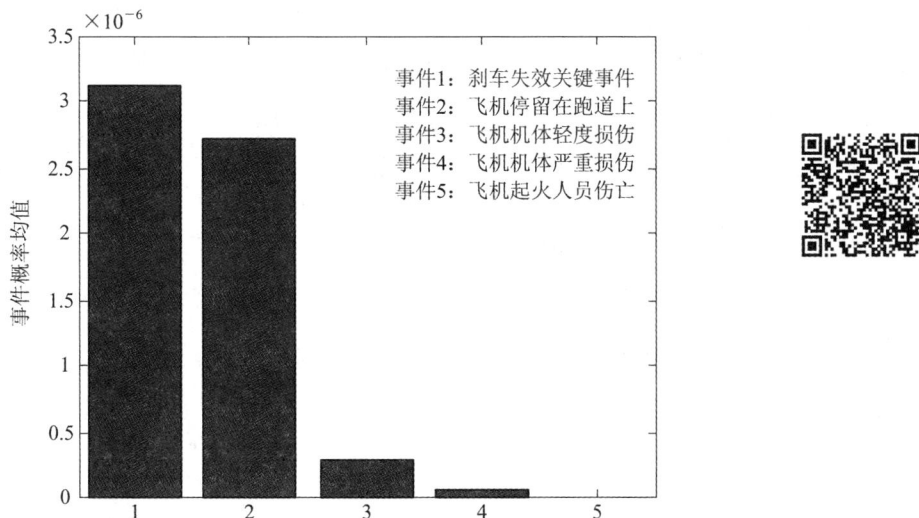

图 3.14　全概率抽样下刹车失效的关键事件和后果事件发生概率的均值

从图 3.14 中可以发现，后果事件的发生概率与引发它们的损失成反比，这一点与实际情况相符。

2. 混合变量求解

在实际 Bow-tie 模型的量化求解中，如果把每一个控制措施生效或者失效的概率看作精确值，这显然是不符合实际的，因为在工程实践中只有很少的资料能够作为参考，而这时往往也只能通过专家的经验用模糊的语言来对概率进行描述，如"左右""良好""大约"等[13]。混合变量求解是把 Bow-tie 模型全概率量化分析过程中的一部分随机变量考虑为模糊变量，这样做就解决了事件概率不够精确或者事件概率伴有人为主观性因素影响的问题。

模糊集概念的提出解决了不确定环境下的问题。模糊集 $\widetilde{A}$ 是指对任何 $x \in \widetilde{A}$，都有一个数 $\mu_{\widetilde{A}}(x) \in [0,1]$ 与之对应。其中，$\mu_{\widetilde{A}}(x)$ 称为 x 对 $\widetilde{A}$ 的隶属度，$\mu_{\widetilde{A}}(\cdot)$ 称为 $\widetilde{A}$ 的隶属函数[14]。模糊变量有很多种形式，本书采用三角模糊数[15]，它表示为 $\widetilde{A}=(a,b,c)$，其隶属函数表示为

$$\mu_{\widetilde{A}}(x) = \begin{cases} 0, & x \leqslant a \\ \dfrac{x-a}{b-a}, & a < x \leqslant b \\ \dfrac{c-x}{c-b}, & b < x \leqslant c \\ 0, & x > c \end{cases} \tag{3.11}$$

根据式(3.11)可知，当 $x=b$ 时，对应了模糊数的最大可能值，即 $\mu_{\widetilde{A}}(b)=1$；当 $x=a$ 或 $x=c$ 时，对应了模糊数的最小可能值，即 $\mu_{\widetilde{A}}(a)=0$，$\mu_{\widetilde{A}}(c)=0$。当论域中的元素 x 对于 $\widetilde{A}$ 的隶属度达到或者超过 λ 时，x 一定属于 $\widetilde{A}$，这样的模糊集记为 A_{λ}，并称 A_{λ} 为 $\widetilde{A}$ 的 λ 截集。

鉴于控制事件的主观性，可将控制事件按模糊变量处理，即 p_{SEi} 为按一定隶属度 $\mu(\lambda)$ 定

义的模糊变量。假设其隶属函数为 $\mu_{p_{SEi}}(p_{SEi})$，则在一定隶属度 λ 下的截集为 $\underline{p}_{SEi}(\lambda)$ 和 $\overline{p}_{SEi}(\lambda)$。

在图 3.12 所示的抽样中加入有关三角隶属函数的模糊变量，将四个控制事件按照不同隶属度下的概率区间进行抽样，可实现模糊控制事件下的抽样。

通过编程，可以得到四种后果事件发生概率 $p_{OEi|\mu_{p_{SEi}}(p_{SEi})=\lambda}$ 的分布情况与隶属度的关系。同样，可以得到后果事件发生概率 $p_{OEi|\lambda=\hat{\lambda}}$ 的上限值和下限值，即

$$\overline{p}_{OEi} = \max(p_{OE_i|\lambda=\hat{\lambda}}) \tag{3.12}$$

$$\underline{p}_{OEi} = \min(p_{OE_i|\lambda=\hat{\lambda}}) \tag{3.13}$$

四种后果事件发生概率的上、下限值的分布情况与隶属度的关系如图 3.15～图 3.18 所示。

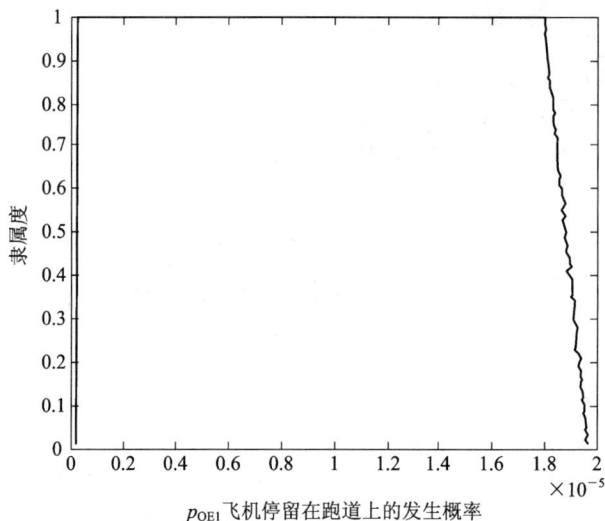

图 3.15　后果事件 OE1 的发生概率与隶属度的关系

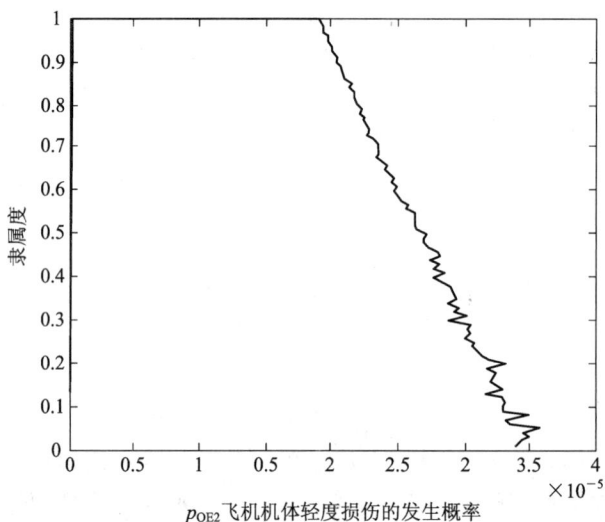

图 3.16　后果事件 OE2 的发生概率与隶属度的关系

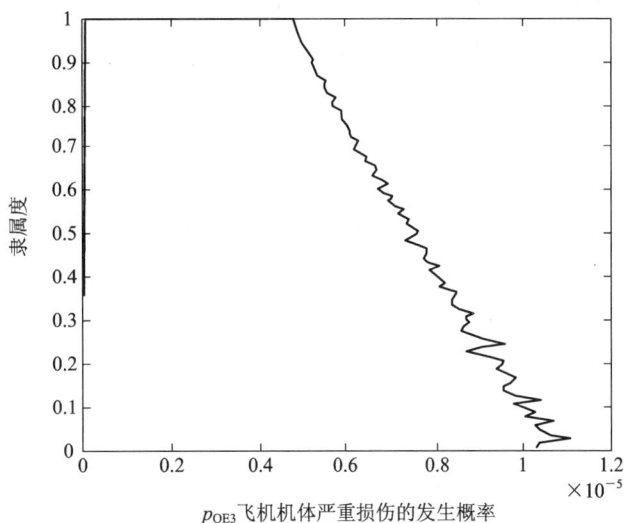

图 3.17　后果事件 OE3 的发生概率与隶属度的关系

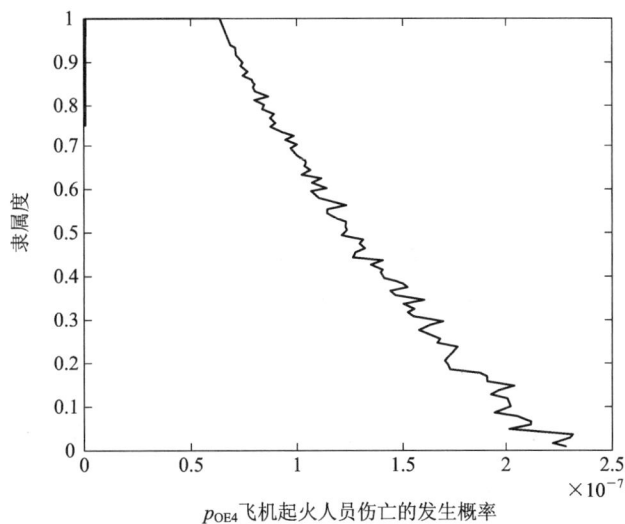

图 3.18　后果事件 OE4 的发生概率与隶属度的关系

由此得到了在混合不确定条件下，不同隶属度描述下的控制事件对后果事件发生概率的影响情况，以及不同隶属度对应后果事件可能发生的概率最值的变化趋势。可以发现，后果事件可能发生的最小概率随着隶属度的增大而增大，可能发生的最大概率随着隶属度的增大而降低，图像总体呈现梯形。原因是当隶属度越接近 1 时，模糊抽样的概率区间越精确，因此计算得到的结果范围也越精确；相反，当隶属度越接近 0 时，模糊抽样的概率区间越模糊，因此计算得到的结果范围也就越模糊。并且经分析可知，隶属度越小，隶属度下对应的模糊抽样的概率区间越大，这也是图像波动越明显的原因。

3.3.3　刹车失效重要度分析

在航空系统的设计阶段，重要度分析可以用来识别薄弱点，用来提高整个系统的可靠性[16]。在航空事故分析阶段，重要度分析可以用来准确识别或者预测高风险点，为装备的维护提供侧重依据。本节介绍两种重要度衡定方法：概率重要度和关键重要度，并依据这两种重要度理论展开基于 Bow-tie 模型的刹车失效重要度分析。

1. 概率重要度

概率重要度又称 Birnbaum 重要度，是 Birnbaum 于 19 世纪 60 年代首次提出的关联系统部件的重要概念。它的物理意义是表示在其他底事件状态不发生变化的情况下，第 i 个底事件概率发生变化引起顶事件概率发生变化的程度。Birnbaum 重要度由系统可靠度 $h(t)$ 对单元可靠度 $p_i(t)$ 的偏导数来获得[17]，因此，在时刻 t 第 i 个单元的 Birnbaum 重要度定义为

$$I^B(i \mid t) = \frac{\partial h(t)}{\partial p_i(t)}, \quad i = 1, 2, \cdots, n \tag{3.14}$$

结合故障树分析方法描述 Birnbaum 重要度，有

$$q_i(t) = 1 - p_i(t), \quad i = 1, 2, \cdots, n \tag{3.15}$$

$$Q_0(t) = 1 - h[p(t)] \tag{3.16}$$

式中：$p_i(t)$ 为第 i 个系统在 t 时刻处于正常工作的概率，$q_i(t)$ 为第 i 个系统在 t 时刻的不可靠度，$Q_0(t)$ 表示同一时刻系统的不可靠度。

因此，式(3.14)可写为

$$I^B(i \mid t) = \frac{\partial Q_0(t)}{\partial q_i(t)}, \quad i = 1, 2, \cdots, n \tag{3.17}$$

2. 关键重要度

关键重要度是基于 Birnbaum 衡定方法提出的，也叫相对概率重要度。由于在概率重要度中考虑的是底事件的发生概率变化一个单位时顶事件发生概率的变化程度，可见它并没有考虑到不同底事件发生概率变化的难易程度[16]。例如，在一种可靠度较高的部件上，失效概率基本上是确定的，而对于一种新研发的部件，其失效概率可能随着技术的改进有很大变化。在这种情况下，将关键重要度定义为底事件 i 失效概率的变化率与它引起的顶事件失效概率的变化率之比，即

$$I^{IP}(i \mid t) = \frac{\frac{\partial h(t)}{h(t)}}{\frac{\partial p_i(t)}{p_i(t)}} \tag{3.18}$$

进一步可以得到：

$$I^{IP}(i \mid t) = \frac{p_i(t)}{h(t)} \frac{\partial h(t)}{\partial p_i(t)} = \frac{p_i(t)}{h(t)} \cdot I^B(i \mid t) \tag{3.19}$$

关键重要度不但能够反映底事件的变化对顶事件的改变，而且还能够反映底事件改变的难易程度。因此，关键重要度的计算更有助于寻找系统中的薄弱环节。

3.3.4 刹车失效重要度计算

实际中，飞机停留在跑道上、飞机机体轻度损伤、飞机机体严重损伤、飞机起火人员伤亡这四类严重后果是需要在飞行过程中重点预防的。这四类后果中哪一个会发生取决于刹

车失效发生后所采取的控制措施是否失效。因此，需要对 Bow-tie 模型中引发四类后果的各基本事件和控制事件进行重要度计算。

以往的重要度计算只是计算了故障树部分，即基本事件对于关键事件的重要度。但在 Bow-tie 模型中，由于直接打通了基本事件到后果事件，因此，可以提出一种新的计算模式思路，即计算基本事件和控制事件对后果事件的重要度，这样得到的重要度就能够直接表示基本事件和控制事件发生故障时对各类后果事件的影响程度。

1. 刹车失效概率重要度计算

根据概率重要度的定义，在 MATLAB 中可计算 15 个基本事件和 4 个控制事件发生概率对后果事件发生概率的重要程度。

图 3.19 表示了每一个基本事件和控制事件对四类后果事件的概率重要度。

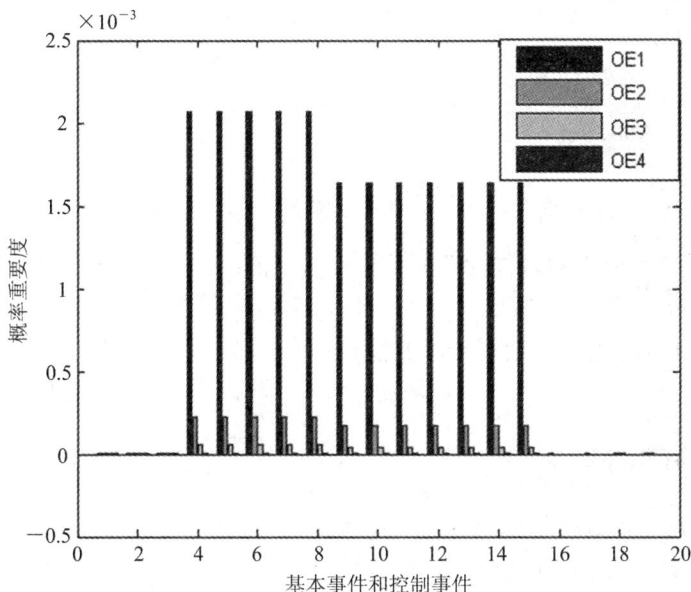

图 3.19　各个基本事件和控制事件对四类后果事件的概率重要度

从图 3.19 中可以发现，对于刹车失效导致的严重后果事件，重要程度较高的基本事件主要是 BE4～BE8，即脚蹬故障、切断阀故障、控制阀故障、液压油路故障和刹车装置故障。这 5 个基本事件的概率重要度均为最大，且数值相同，而后续的基本事件的重要度相对较低；在 4 个控制事件中 SE3 的概率重要度较高，说明如飞行员未能将飞机滑向草坪，将极大增加飞机起火以及人员伤亡这一严重后果发生的概率。

2. 刹车失效关键重要度计算

根据关键重要度的定义，在 MATLAB 中可计算 15 个基本事件和 4 个控制事件概率的变化率对后果事件发生概率的影响程度。

图 3.20 所示为各个基本事件和控制事件对四类后果事件的关键重要度。

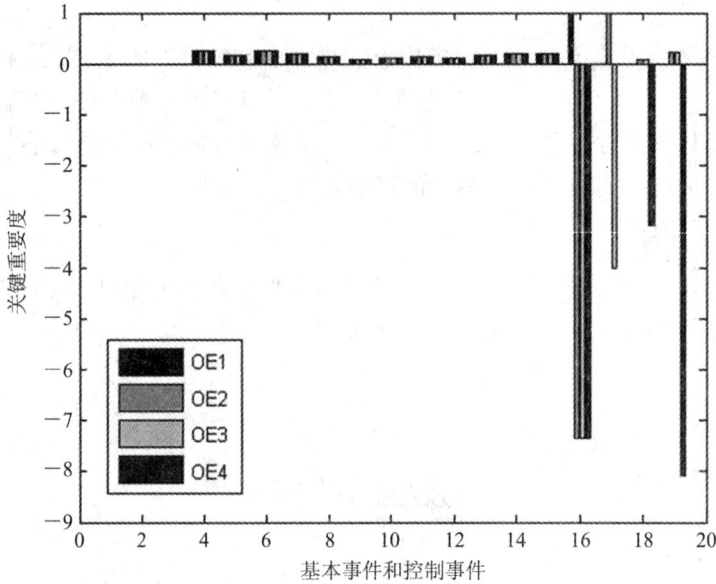

图 3.20　各个基本事件和控制事件对四类后果事件的关键重要度

从图 3.20 中可以发现，有部分控制事件的关键重要度为负值，这是由于该事件发生概率的变化对于后果事件发生概率的增大起到反作用。例如，后果事件 OE2 对控制事件 SE1 的关键重要度为负值，这说明对于避免飞机轻度损伤这种后果，后三个控制措施比 SE1 更重要、更有效。

3.3.5　刹车失效预防对策和控制措施

以刹车失效故障作为关键事件进行故障树分析，可以得到可能导致刹车失效的四个主要原因，并针对这些危险制定相对应的预防措施；对刹车失效故障发生后的事件树进行分析，可得到四种不同程度的后果情况，可针对这四类后果制定对应的控制措施，并力图消除这些可能导致的后果。机轮刹车失效的预防对策和控制措施如图 3.21 所示。

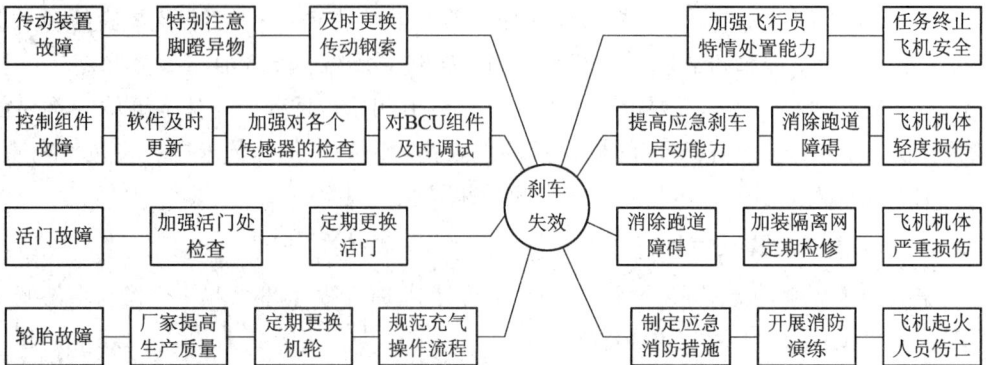

图 3.21　机轮刹车失效的预防对策和控制措施

从图 3.21 中可以看出，基本事件中重要度较大的传动装置故障、控制阀故障等，均从维护和管理上提出了相应的预防措施；而对于重要度相对较低的一些基本事件，则采用普遍有效的一类或者两类预防对策；对于重要度较高的控制事件，则仍需在保障和管理上采取针对性更强的措施。

3.4　机轮刹车系统 GESTE 验证平台

在前文的分析中已知，STPA 方法将飞行员作为系统和分析的组成部分，因此，对人为因素相关需求的验证很有必要，且操作行为容易简化为与飞机运行相关的输入参数、变量值等可量化分析的数据。综合上述两方面的原因，下面选取与飞行员操作相关的不安全控制行为生成的部分安全性需求作为 WBS 的典型需求，利用 GESTE 平台建立飞机刹车模型，比较全面地对刹车系统运行的各种状态进行模拟并测试，从而验证 STPA 方法分析得出的典型安全性需求。

3.4.1　GESTE 平台概述

GESTE 平台依据半实物仿真的原理进行模型的构建，它综合了数学仿真和物理仿真的优点，模型仿真程度较高且相对容易操作。利用 GESTE 平台模拟仿真的方法可以针对 WBS 典型安全性需求进行验证，通过显示飞机着陆滑行过程的参数变化，可以得到不同控制行为下飞机的运行状态，并针对飞机着陆提出相应的安全性要求。依据对模型运行结果的分析，可达到验证的目的。

GESTE 平台由显示器、测试主机、实时处理机和嵌入式设备模拟器组成，如图 3.22 所示。其中，电脑主机为测试主机，在 GESTE 软件中可进行 C 语言源程序的开发，可通过显示界面掌握模型运行情况并收集运行产生的参数。操作时实时处理器依据程序代码运行，其操作系统是 VxWorks 嵌入式实时操作系统，主要功能是对整个测试程序进行实时驱动，分析处理连续工作的模型。

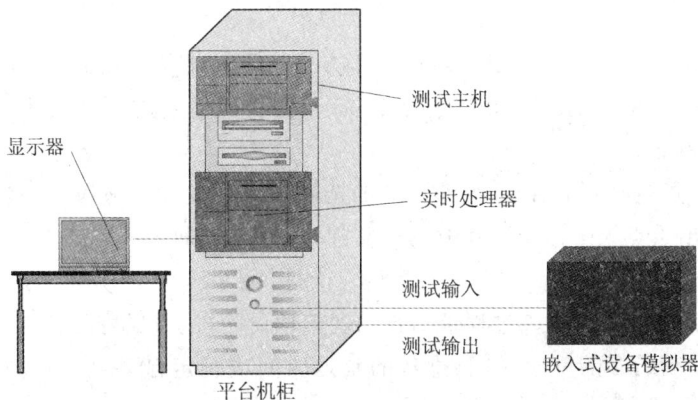

图 3.22　GESTE 平台设备

GESTE 平台的建模方法如图 3.23 所示，其仿真模型的建立主要有构建飞机降落的交联环境模型、建立/操作显示界面、编制源程序、运行模型、收集数据等几个步骤。

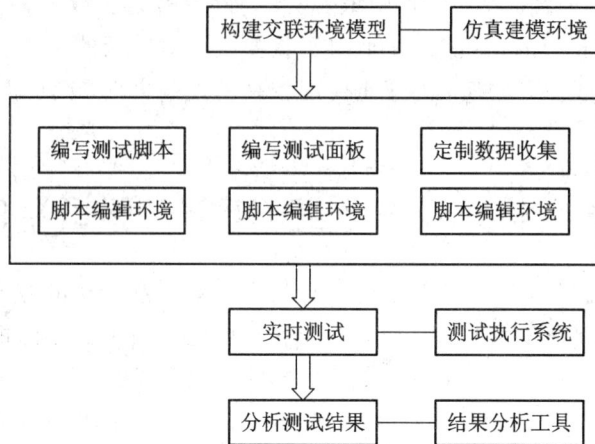

图 3.23　GESTE 平台建模方法

3.4.2　典型安全性需求建模

1. 模型构建

在飞机着陆阶段，与飞行员操作有关的安全性需求如下：

(1) 在安全滑行速度达到规定值之前，飞行员须持续手动制动。

(2) 飞行员在自动制动过程中不得关闭 AACU 电源。

(3) 飞行员在进行手动刹车操作时，不能用力过大或者用力过小。

(4) 液压控制器在出现故障时必须反馈给自动刹车，必须锁定自动刹车状态(并反馈给飞行员)。

(5) 必须向飞行员反馈手动制动的状态以及是否有另一飞行员提供手动制动。

(6) 着陆时必须向飞行员反馈是否需要手动制动。

(7) 为飞行员提供一种手动触发自动刹车的方法，以防 WBS 检测不到着陆或中止起飞等情况。

以上安全性需求是针对飞行员选取的刹车方式、反应时间、开始进行手动刹车的时间、手动刹车的强度、手动刹车的时间进行约束的，下面针对着陆过程中与飞行员操作有关的安全性需求进行验证。

为了使验证过程简洁精要，需要对参数的选取和流程设计在适应模型的基础上进行相应简化，以便突出重点。在着陆过程中飞机有自动、手动两种刹车状态。

简化的飞机着陆滑行过程如下：

(1) 落地自由减速过程。该过程包括自动刹车预设阶段(根据着陆速度计算何时控制制动器)和飞行员手动刹车的反应时间(操作的延迟时间或判定自动刹车失效的时间)。此阶段飞机有较小的减速率。

(2) 手动/自动刹车过程。该过程主要是指制动器作用阶段，这个过程中飞机的减速率较大。类似于自动刹车，手动刹车的强度可简化为五个等级。

(3) 到达安全速度的滑行阶段。为简化模型，下面将着陆要求设定为飞机静止。

着陆过程中的参数及转换方式设定如下：

t：飞行员手动刹车的延时时间；

V：飞机滑行速度，初始值为 80 m/s；

T：机轮温度，初始值为 0℃，换算公式为 $T=\alpha^2 t$；

G：手动刹车强度，共有五挡，即 1～4 挡和 MAX 挡；

α：飞机减速率，自然减速率为 1 m/s，自动刹车系统的减速率为 3.25 m/s；

S：跑道剩余长度，落地起始长度设为 1700 m；

t_s：着陆滑行时间，从飞机落地开始计时；

t_i：刹车开始时间（手动刹车反应时间）；

t_h：刹车持续时间。

模型输入端的参数有刹车方式、手动刹车反应时间 t_i、手动刹车强度 G、刹车持续时间 t_h 等。模型输出端的主要参数有飞机滑行速度 V、机轮温度 T、跑道剩余长度 S 等，这些参数反映不同输入条件下飞机着陆的运行状态。根据模型的运行结果，可判断安全着陆的必要条件，从而达到对上述与飞行员操作相关的安全性需求进行验证的目的。

2. 测试环境

为了更好地对着陆过程中与飞行员操作有关的安全性需求进行验证，需要利用 GESTE 平台建立 WBS 系统的模拟飞行员操作界面和降落过程状态显示界面，如图 3.24 所示。

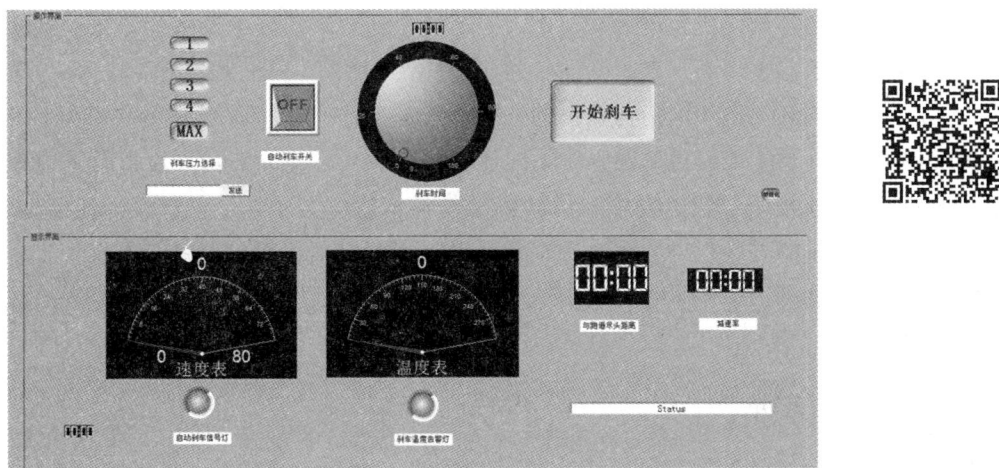

图 3.24　机轮刹车控制显示

在操作界面进行操作时（模拟飞行员提供不同的控制动作），ON/OFF 按钮为控制自动刹车系统的开关，"1""2""3""4""MAX"五个按钮用来模拟飞行员进行手动刹车时刹车强度的大小，旋钮用于对刹车时间进行设置，输入框用于输入刹车开始的时间，开始刹车按钮用于控制飞机的降落过程。

显示界面用于对刹车过程中的飞机参数变化进行实时显示。速度表用于显示飞机瞬时速度的变化，温度表用于显示机轮此刻的温度，此外在界面中还可显示飞机与跑道尽头之间的距离，在信号灯中显示自动刹车状态，同时温度告警灯可对机轮温度的情况进行显示。

通过构建的测试面板，测试人员可以设置参数以得到不同控制行为输入下飞机的运行状态，并且在面板上可实时显示飞机的主要参数，方便测试人员对飞机的整体把控。

在 GESTE 后台，根据飞机降落时机轮刹车的运作方式，我们构建了交联模型，主要参数设置如下：

飞行员环境主要包括飞行员的各种动作指令，并向刹车系统传输控制信息，需设置的主要参数有自动刹车状态、手动刹车强度和持续时间等。

刹车系统环境主要由飞行员动作指令控制，并向飞机环境传输刹车作用指令，用于控制自动刹车工作时飞机预设的减速率、手动刹车工作时刹车踏板的位置，具体参数有自动刹车状态、手动刹车强度、刹车持续时间等。

飞机环境参数是飞机执行刹车指令的结果，是飞机滑行状态、着陆过程的输出。反映刹车状态的参数是跑道剩余长度、飞机滑行速度、机轮温度等。

3. 实时测试

机轮刹车系统运作是根据飞行员下达的控制动作实时传递进行的，编制的模拟运行源程序是周期执行的，每一次运行的响应时间间隔是 1 s。编写程序时可根据飞机着陆的逻辑关系，第一步通过判断开始参数值来选择刹车状态，并开始滑行；第二步通过自动刹车的状态值来判断模型运行的是手动还是自动刹车；第三步是模型的运行过程。自动刹车状态下，自动制动控制器控制飞机预设的减速率，手动刹车状态下则依据设置的输入参数运行模型，主要输入参数有手动刹车延时开始时间、刹车持续时间、刹车强度级别等。依据参数输入的变化，可以得到飞机不同运行状态的着陆滑行结果。

利用 GESTE 平台完成模型的建立、测试环境的设置后，接下来就可以进行仿真模型的运行测试。首先要将编写的源程序加载到模型的运行脚本当中，与交联模型连接输入、输出的参数。在测试的过程当中，平台的显示界面会实时显示运行的状态，在收集方案中会保存输出参数的结果并处理和显示系统的反馈信息。GESTE 平台仿真模型的测试过程如图 3.25 所示。

3.4.3 测试结果分析

模型的实时测试就是对模型输入安全控制行为与不安全控制行为，观察模型的输出，进而作出判断。输入变量有自动刹车状态、手动刹车强度、手动刹车延时开始时间、刹车持续时间等。

1. 自动刹车测试结果分析

在着陆环境正常、自动制动控制器无故障的情况下，飞行员可解锁自动刹车系统，按设定的减速率进行刹车控制。图 3.26 所示为自动刹车的运行结果，可见在自动刹车系统控制下，飞机可以在跑道安全区域停止。

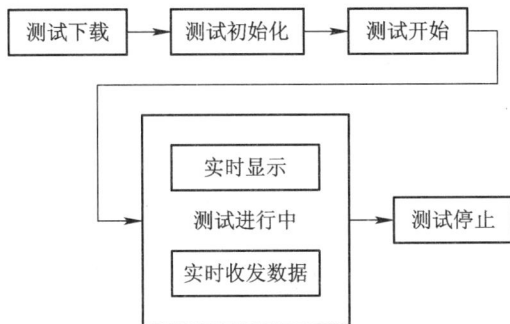

图 3.25　测试过程

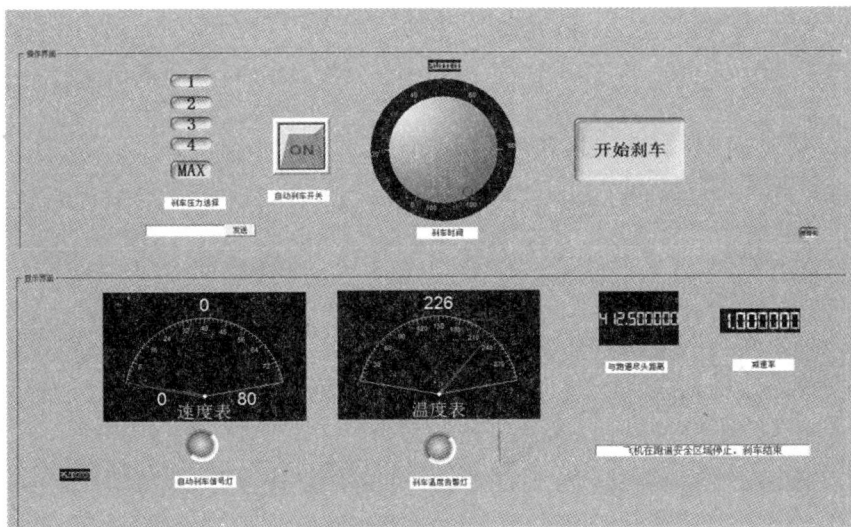

图 3.26　自动刹车运行结果

2. 手动刹车测试结果分析

在着陆环境不允许自动刹车和自动制动控制器故障的情况下，模型输入参数为手动刹车强度以及手动刹车延时开始时间。

（1）当刹车强度为一级时，在延时时间 3 s 内开始刹车，结果显示飞机能够在跑道安全长度内及时刹车，且刹车温度保持在较低水平；当延时时间大于 3 s 时，飞机有冲出跑道的危险。图 3.27 显示了模型运行参数的变化。

（2）当刹车强度为三级时，在延时时间 11 s 秒内开始刹车，飞机能够在跑道安全长度内及时刹车，且刹车温度保持在允许范围内。图 3.28 显示了模型运行参数的变化。

（3）当刹车强度为 MAX 挡时，在延时时间 3 s 内进行刹车会导致机轮温度迅速上升，机轮过热易导致轮胎爆破；在延时时间 3～15 s 内开始刹车，飞机能够在跑道安全长度内及时刹车，且温度变化在允许范围内。图 3.29 是延时时间为 3 s（临界时间）时，机轮温度变化超过限制时的界面显示，图 3.30 显示了模型运行参数的变化。

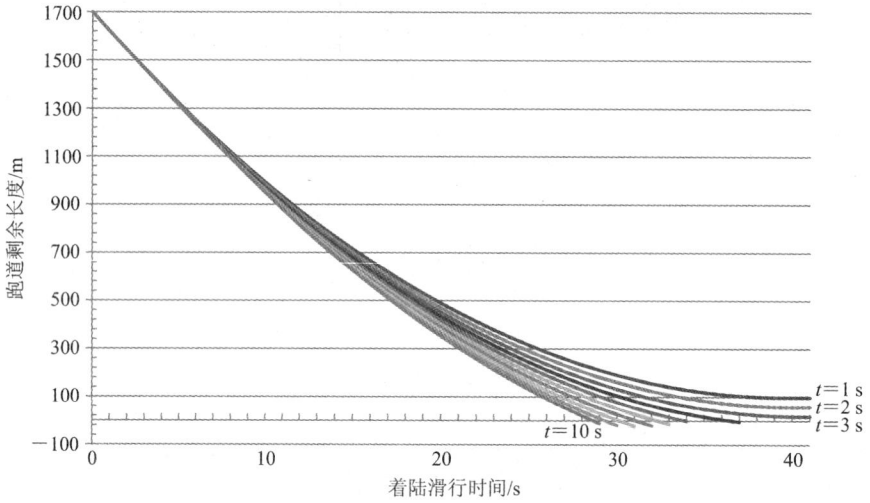

图 3.27　运行结果(一级刹车强度)

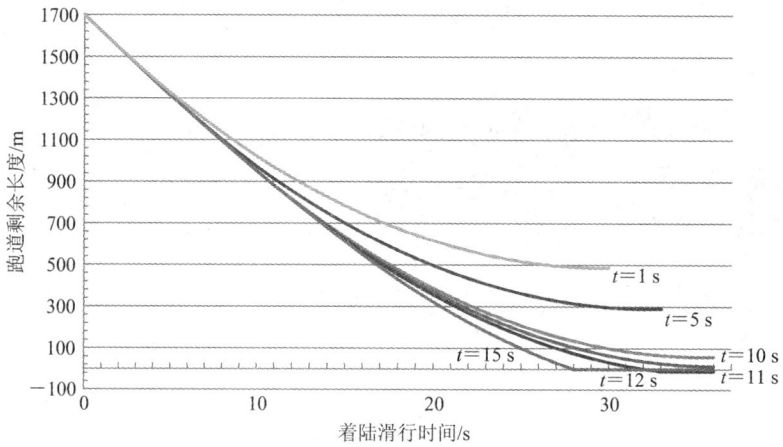

图 3.28　运行结果(三级刹车强度)

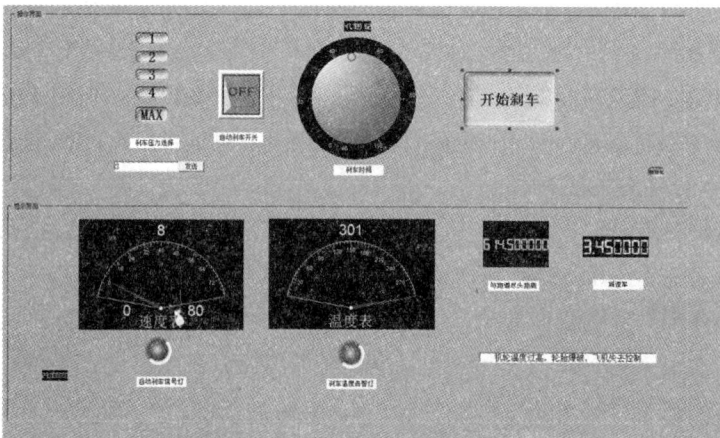

图 3.29　界面显示(刹车爆胎)

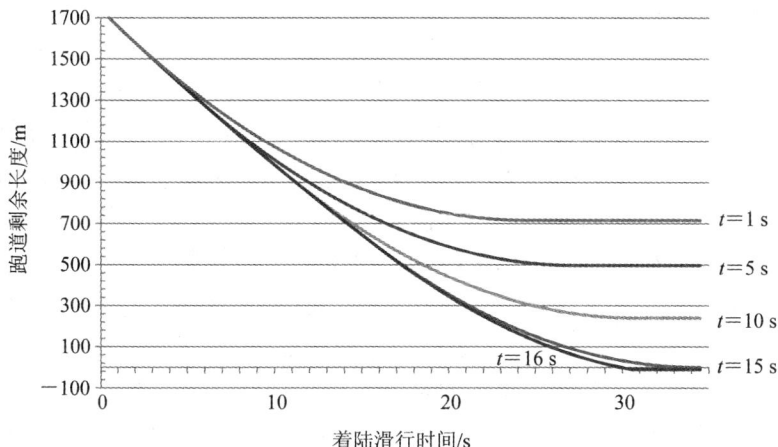

图 3.30　运行结果（MAX 级刹车强度）

3. 测试结果的综合分析

通过模型的运行结果，可以得出如下结论：

（1）稳定的自动刹车状态可以保证飞机及时刹车。

（2）若进行手动刹车，在安全滑行速度达到规定值之前，飞行员须持续手动制动。

（3）在飞机出现特殊情况时，飞行员来不及操纵刹车或刹车压力不足都可能影响飞机的安全。

（4）飞行员的延时刹车时间必须在一定的范围之内，即飞行员判断着陆状态到进行手动刹车的反应时间有一定的安全范围（需要及时向飞行员反馈自动刹车状态、是否需要手动刹车等）。

（5）在短延时内进行大强度刹车会大大增加轮胎爆破的危险性。

（6）在长延时内进行小强度刹车无法保证飞机停在安全距离内。

（7）若需保证飞机停在安全距离内，则手动刹车的强度应与刹车延时时间正相关，不能用力过大或者用力过小。

依据模型的运行结果，在着陆过程中，在飞行员的操作行为方面可以对 WBS 的设计与运行提出相关安全性要求：

（1）刹车系统应配备自动刹车控制系统，以减轻飞行员的负担，提高飞机起降制动的安全性。

（2）飞行员在降落前应提前得知着陆环境，判断刹车系统状态。

（3）刹车强度应与滑行速度相适应。

（4）WBS 应提供自动制动控制器故障检测与反馈机制，并能及时告知飞行员是否需要采取手动刹车。

（5）WBS 应提供手动刹车反馈机制，并实时显示手动刹车状态。

（6）在飞机静止（或达到安全滑行速度）前刹车状态不能中断。

通过分析上述模型测试结果以及生成相关安全性要求，STPA 方法分析得出的与飞行员操作相关的安全性约束得到了相应的验证。

本 章 小 结

　　本章首先对典型机轮刹车系统的事故案例进行了介绍；其次，通过 STAMP/STPA 方法流程对着陆阶段刹车系统的安全性进行了分析，基于 STAMP/STPA 控制结构的模型构建方法，对机轮刹车系统进行建模，从模型的角度对安全性影响因素进行了分析；再次，针对 STAMP/STPA 方法缺乏定量分析的缺陷，构建了以刹车失效为关键事件的 Bow-tie 模型，在量化分析阶段打破传统全概率求解的方法，利用随机理论结合模糊理论进行了不确定条件下的 Bow-tie 模型的量化分析，通过引入重要度指标，进行了刹车系统的重要度分析，确定出了导致故障发生的重要部件并提出了预防对策和控制措施；最后，构建了基于 GESTE 的机轮刹车系统验证平台，选取与飞行员操作相关的不安全控制行为生成的部分安全性需求作为机轮刹车系统安全性典型需求，利用 GESTE 平台建立了飞机刹车模型，比较全面地对刹车系统运行的各种状态进行了模拟测试，仿真模型的建立主要经历了构建飞机降落的交联模型、建立操作和显示界面、编制源程序、运行模型、收集数据等几个方面的工作，具体分析了自动刹车状态下和手动刹车一、三、MAX 级刹车强度下的模型运行结果，确定了自动刹车稳定运行的条件，确定了跑道剩余长度、机轮温度限制条件下不同手动刹车强度允许的延时刹车时间范围，依据对模型运行结果的分析，验证了运用 STPA 方法得出的与飞行员操作相关的典型安全性需求。

参 考 文 献

[1]　田广来，谢利理. 机轮刹车系统的控制与仿真技术[J]. 测控技术，2006，25(2)：1 - 15.

[2]　刘泽华，李振水，贾爱绒. 大型飞机机轮刹车系统关键技术和发展趋势[C]. 全面建成小康社会与中国航空发展——2013 首届中国航空科学技术大会论文集，2013，1 - 2.

[3]　杨尊社，娄金涛，张洁，等. 国外飞机机轮刹车系统的发展[J]. 航空精密制造技术，2016(4)：10 - 44.

[4]　张航其. 机轮刹车系统半物理仿真试验平台设计与实现[D]. 长沙：中南大学，2013.

[5]　陈洁. 飞机防滑刹车系统控制器的设计及仿真研究[D]. 长沙：中南大学，2015.

[6]　张怿，朱成成. 民用飞机机轮刹车系统研究[J]. 液压气动与密封，2013，33(5)：1 - 3.

[7]　郑磊，胡剑波. 基于 STAMP/STPA 的机轮刹车系统安全性分析[J]. 航空学报，2017，38(1)：246 - 256.

[8]　李静，陈亚琦. 基于 FTA 的某型飞机刹车系统附件重要度研究[J]. 山东工业技术，2016(11)：77 - 81.

[9]　江建东，刘玉营，丁德鹏. 某型飞机刹车失效分析及对策研究[J]. 教练机，2013(4)：40 - 46.

[10]　卢文辉. 某型飞机防滑刹车系统功能失效分析与预防[J]. 液压与气动，2012(10)：58 - 63.

[11]　陈汉华，杨安元. 电子防滑刹车系统故障模式分析[J]. 装备制造技术，2006(3)：11 - 16.

[12]　周泽芳. 配电系统的故障树分析方法研究[D]. 成都：电子科技大学，2014.

[13]　高顺川. 动态故障树分析方法及其实现[D]. 长沙：国防科学技术大学，2006.

[14]　黄兴玲，曾广武，黎庆芬. 船舶下水安全性评估的模糊故障树方法[J]. 中国舰船研究，2006(3)：23 - 29.

[15] 周美林，蔡瑞娇，韩敦信. 火工品可靠性的模糊故障树分析与计算[J]. 战术导弹技术，2006(5)：10-16.

[16] 王雪梅. 产品部件安全关键度应用研究[D]. 沈阳：沈阳航空航天大学，2013.

[17] 李晶. 可靠性工程中的重要度分析[D]. 南昌：江西理工大学，2015.

第四章

无人机着陆阶段安全性分析与验证

随着无人机的出现，空天作战有了新的力量，同时有了新的作战模式。无人机诞生之初就被应用于战争之中，中东战争、科索沃战争以及阿富汗战争等局部战争中，无人机出色地担任了侦察机、干扰机、攻击机等角色，展现了其人员零伤亡、低成本、高机动性以及高重复利用率等优越的性能。但无人机在作战和训练中也出现了事故多发的现象。因此，本章以无人机着陆阶段为例，对其进行安全性分析。

4.1　无人机着陆阶段事故分析

无人机着陆阶段要求无人机能够按照预先设定的着陆航线飞行，纵向要求实现着陆下滑线的精确跟踪，包括速度与姿态的多维控制；横侧向要求实现飞行航线的无偏差控制，包括在近地阶段严格保持横滚姿态平稳，防止机翼触碰地面导致无人机的损坏，在受到外界干扰时能够迅速调整姿态，实现无人机的安全平稳着陆等。在无人机着陆过程中，有时很小的差错，就会导致事故。本节主要对着陆阶段进行介绍，并根据某军无人机的事故数据，对着陆阶段的事故原因进行分析。

1. 无人机着陆阶段介绍

大中型无人机着陆过程一般分为以下四个阶段[1-2]：进场飞行阶段、下滑拉平阶段、两轮滑跑阶段和三轮滑跑阶段，如图 4.1 所示。

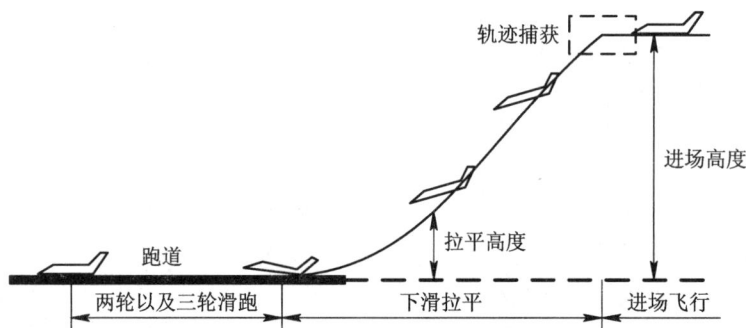

图 4.1　无人机着陆阶段示意图

阶段一：进场飞行阶段。该阶段是无人机下滑飞行的准备阶段，飞行主管在下达着陆命令之后，地面操控站设置参数并激活着陆程序，由着陆控制系统自主控制无人机。进场飞行阶段的主要目的是通过对无人机的姿态、速度、高度、航向以及偏转角的修正来进行轨迹捕获，为下滑飞行做准备。

阶段二：下滑拉平阶段。在该阶段，无人机沿着预定轨迹下滑到规定的高度时进行拉起，并通过改变发动机的推力来减小纵向速度，通过襟翼、方向舵等调节无人机的姿态，为安全着陆做准备。当两后主轮着陆时，无人机将进入两轮滑跑阶段。

阶段三：两轮滑跑阶段。在该阶段，发动机推力为零，在纵向，无人机受到机轮与地面摩擦力和气动阻力等力的作用；在横向，无人机所受的侧力、侧力矩几乎为零；在垂直方向上，无人机产生的巨大能量会随着起落架的伸缩逐渐被消耗掉，地面支撑力随之从一开始的逐渐变大到随后的逐渐变小并趋于稳定。随着垂直方向上能量的消耗和纵向速度的减小，主起落架的压缩量逐渐减小，此时前轮会逐渐放下，当前轮着陆时无人机进入三轮滑跑阶段。

阶段四：三轮滑跑阶段。在该阶段，无人机在气动阻力和机轮与地面纵向摩擦力的作用下逐渐减速，并最终停止在跑道上。在该阶段，无人机在纵向受到机轮与地面摩擦力和气动阻力等力的作用；在横向，无人机所受的侧力、侧力矩几乎为零；在垂直方向上，无人机所受的升力不断减小，地面支持力不断增加并逐渐与无人机的重力相等。

无人机在着陆滑跑阶段的速度比空中任务阶段的速度小，并且在着陆滑跑阶段的姿态都是按照指令完成的，所以，指令的正确性以及软件的准确性对该阶段的安全性影响巨大。而且，无人机在着陆开始时会产生巨大的能量，容易产生不安全交互。同时，从对无人机的设计，到对无人机控制软件的编写，再到对无人机实际的操控、监督、维护，人的作用是至关重要的，所以人对安全性的影响也是至关重要的。

2. 无人机着陆阶段事故分析

一般军用无人机系统包括飞机系统、任务载荷、地面系统以及保障系统。飞机系统由飞行器平台、飞行控制系统、导航系统以及着陆系统等组成；任务载荷是指辅助无人机完成任务的相关设备；地面系统是指对无人机飞行平台和任务载荷进行监控和操纵的地面设备，包括对无人机进行发射和回收控制的设备；保障系统用于保障无人机顺利完成任务。虽然各个系统的功能不尽相同，但系统与系统之间是相互关联的，任何一个系统出现安全问题，都可能导致其他系统发生安全问题，并最终导致事故。通过分析某军多个型号的无人机的事故数据，发现无人机在着陆阶段发生事故的数量占比较大，如图4.2所示。

通过对着陆阶段的事故进行统计梳理，发现除了人、机、环、管等传统致因因素，还有组件高度交互、软件缺陷多发与人机高度耦合等新型致因因素。

1）组件高度交互

安全性是指系统组件之间相互关联、相互作用时的涌现特性[3]。目前，无人机结构的复杂程度越来越高，组件之间的耦合愈加明显，许多事故不再是由单个组件故障引起的，而是由多个系统组件之间的不安全交互引起的。例如：无人机在着陆阶段，系统将第一次弹起错认为是拉平的结果，引发了不安全事件，并最终导致事故。该事故就是由起落架、控

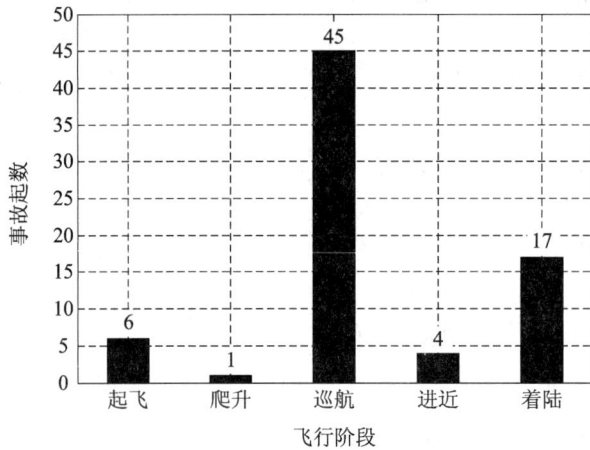

图 4.2　各阶段事故数

制系统、传感器等组件间不安全交互造成的。

2）软件缺陷多发

软件本身不存在安全或者不安全的概念，其只能通过影响相关组件的行为才会引发事故[4]。目前，无人机系统集成了计算机技术、通信技术等，其软件化程度越来越高，当软件设计出现缺陷，比如地面控制站没有视觉提示、逻辑判断不完备等就会严重影响无人机的安全。而且，软件之间的交互性越来越强，对无人机系统的安全性的影响也越来越明显。在某军无人机事故的统计中，由机载软件识别错误、算法缺陷等导致的严重事故已经不在少数。

3）人机高度耦合

随着无人机系统中软件的集成以及自动化技术的发展，人机交互以及人的操作行为也逐渐发生着变化。自动化技术的广泛采用减少了人力资源，也减少了人的操作强度，但同时也使人的不安全行为出现了新的变化。因为人不再仅仅只有系统操作的责任，还有监督管理、诊断维护计算机系统的责任，这使人机交互更加深入。所以，人需要根据实际经验和具体的情况来完成无人机的任务，在这个过程中，高复杂度、高要求的任务很容易使人的行为出现错误。

4.2　无人机着陆阶段安全性分析

无人机着陆阶段的事故原因复杂、多样，并且需求缺陷、软件设计缺陷、组件不安全交互等新型事故原因是不能忽略的。本节从无人机着陆阶段的功能入手，运用 STAMP/STPA 方法进行安全性分析。

4.2.1　反馈控制结构构建

无人机的成功着陆是无人机各项功能相互作用的结果，其中所涉及的功能如图 4.3 所示。

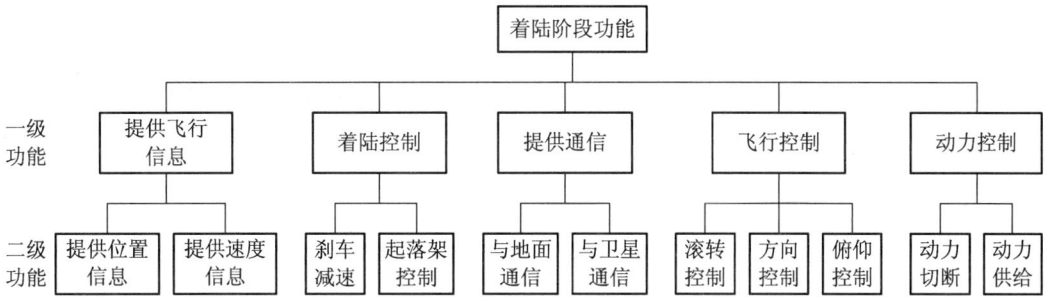

图 4.3　着陆阶段功能树

图 4.3 展示了无人机着陆阶段所涉及的主要功能。当一级功能或者二级功能失效时，无人机在着陆阶段就可能会发生事故。着陆阶段功能的实现依赖于无人机的空中与地面两个部分。空中部分指的是无人机飞行平台，主要构成部分有无人机机身、飞行控制计算机、机载无线通信数据链、机载任务设备等。地面部分指的是地面控制站（Ground Control Station，GCS），用于监控无人机飞行任务，包括地面控制站计算机（配备地面控制站软件）、无线通信数据链地面终端以及其他辅助设备[1]。在着陆过程中需要无人机飞行平台和地面控制站的协同作业才能实现所需要的功能，其中涉及由地面人员、无人机自主着陆系统及子系统、无人机部件（方向舵、升降舵、发动机和油门舵等）、传感器等组成的复杂系统。着陆阶段的反馈控制结构如图 4.4 所示。其中，飞行信息功能以及通信功能的实现依赖于传感器等组件；减速功能的实现依赖于刹车系统等组件；飞行控制功能的实现依赖于方向舵、升降舵等组件；动力功能的实现依赖于油门舵等组件。所以在反馈控制回路中，着陆系统所能控制的执行器主要有刹车系统、方向舵、油门舵以及升降舵等。

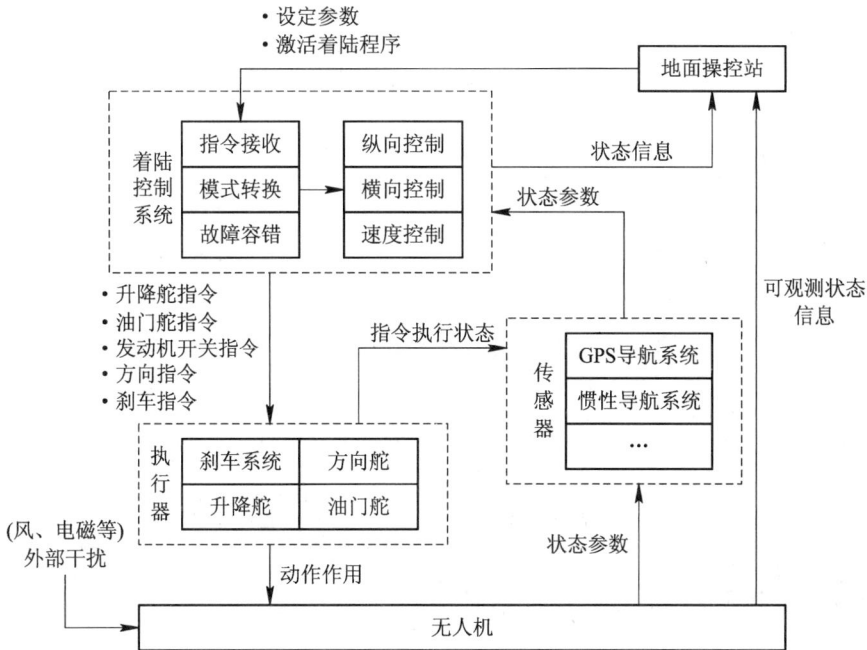

图 4.4　着陆阶段反馈控制结构

4.2.2 系统级事故与危险识别

根据反馈控制结构以及实际情况，STAMP/STPA 方法要对无人机着陆阶段的系统级事故与危险进行识别。系统级事故是指不希望的或意外的导致损失的事件，这里的损失主要是指人的生命损伤或人身伤害、财产损失、任务失败等[5]。根据以上定义以及着陆过程，可以识别出无人机着陆阶段的系统级事故，如表 4.1 所示。

表 4.1 无人机着陆阶段系统级事故识别

编号	事故
A-1	坠机或系统部件损伤
A-2	侧翻
A-3	机体触地
A-4	冲/侧出跑道

事故 A-1 主要发生在进场飞行和下滑拉平阶段；事故 A-2 主要发生在拉平和减速滑行阶段；事故 A-3 主要发生在飞机接地时；事故 A-4 主要发生在两轮以及三轮滑跑阶段。

系统级危险是指在特定环境下导致系统事故的某一系统状态或一系列条件[5]。一般地，一个系统危险会与一个或多个系统事故相关联，而系统功能的失效会导致一个或者多个危险状态的出现。例如，当方向控制不能完成规定功能时，无人机会在着陆时偏离降落点，在减速滑跑时方向平衡失控。表 4.2 列出了无人机着陆阶段的系统级危险及其可能导致的事故。

表 4.2 无人机着陆阶段系统级危险识别

编号	危险	事故
H-1	末端拉平时下沉率过大	A-1, A-3
H-2	末端拉平时俯角过大	A-1, A-3, A-4
H-3	拉平时离地过高	A-2, A-3, A-4
H-4	平衡失控	A-1, A-2, A-3, A-4
H-5	偏离降落点	A-4
H-6	跑道不够时速度过快	A-3, A-4
H-7	着陆后速度失控	A-4
H-8	着陆后平衡失控	A-2, A-3, A-4

4.2.3 不安全控制行为及致因因素识别

升降舵的俯仰控制功能、方向舵的方向控制功能、油门舵的动力控制功能与刹车系统的减速功能共同参与无人机着陆，本小节首先对前三个功能进行分析。

1. 俯仰控制

俯仰控制主要用来调节下滑拉平阶段机身的俯仰程度，以使机身能平稳拉平。当控制指令为"仰"时，机身会抬起；当控制指令为"俯"时，机身会低下。当俯仰控制功能不能正常实现时，会造成无人机出现平衡失控、末端拉平时下沉率过大等危险。实现俯仰控制的主要执行机构是升降舵，主要的控制行为是升降舵的升/降，俯仰控制回路如图 4.5 所示。根据 STPA 方法识别控制回路中的不安全控制行为，结果如表 4.3 所示。

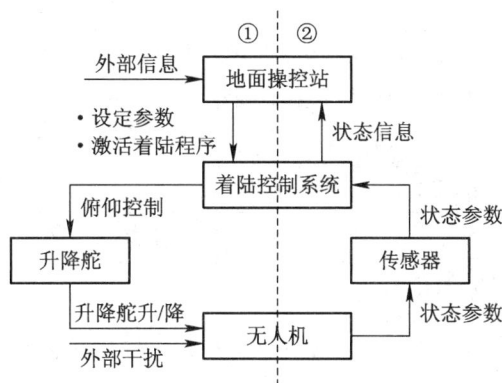

图 4.5　俯仰控制回路

表 4.3　升降舵不安全控制行为及其可能导致的危险

控制行为	升降舵升/降
未执行控制行为	UCA-1：拉平时段未升升降舵 [H-1，H-2]
执行不正确或不安全的控制行为	UCA-2：下滑阶段升降舵上升过大 [H-2，H-4]
	UCA-3：升降舵该上升时下降 [H-2，H-4]
	UCA-4：升降舵该下降时上升 [H-2，H-4]
过早或过晚进行控制或错误的时间进行控制	UCA-5：末端拉平时上升升降舵过早 [H-3，H-5]
	UCA-6：末端拉平时上升升降舵过晚 [H-1，H-2，H-4]
控制行为停止过早或持续太久	UCA-7：还未拉平就将升降舵复位 [H-1，H-2，H-3，H-4]

根据图 4.5 中的控制缺陷①与反馈缺陷②，下面分析俯仰控制中的不安全控制行为的致因因素。在俯仰控制回路中，地面操控站和着陆控制系统属于控制器，升降舵属于执行器，无人机属于被控对象。表 4.4 中给出了致因因素的分析结果。

表 4.4 升降舵不安全控制行为致因因素分析

组件	原 因 分 析	导致 UCA
地面操控站	操控站人员的操作与着陆控制系统的控制不一致，导致无人机指令接收出错	ALL
	操控站人员准备不充分，未能准确掌握无人机的状态信息和着陆控制程序	ALL
	操控站人员在控制时所需的文件资料(或数据)错误或缺失	ALL
	操控站人员操作经验不足或失效	ALL
着陆控制系统	操控站人员给着陆系统输入了不正确的参数	ALL
	着陆控制系统与地面操控站之间的通道故障或失效	ALL
	未执行升降舵升降算法	1
	升降舵升降算法存在误差	2
	升降舵升降时机选择算法不正确	5，6
	升降舵升降时序选择算法不正确	3，4
	升降舵算法结束标志不正确或存在误差	7
	模式转化不正确或存在误差	ALL
	传感器传递了错误的高度、角度等参数信息	ALL
	控制系统出现组件失效，导致信息接收不完整或不正确	ALL
升降舵	刹车或减速提前，导致动作提前结束	7
	动作不充足，导致有效升降舵面减少	7
	动作传动机构故障，导致提前复位	7
	升降舵故障	ALL
无人机	无人机受风、电磁等外部环境的干扰，导致提供的信息错误	ALL
	无人机轨迹捕捉时纵向存在偏差	2、5、6
传感器	无人机与机载传感器之间的通道故障或失效；无人机与地面操控站之间的通道故障或失效；相关传感器故障或失效；传感器与着陆控制系统之间的通道故障或失效；传感器与执行器之间的通道故障或失效；传感器信息传递延迟	ALL

2. 方向控制

方向控制作用于着陆的整个阶段，用于调节无人机的方向。方向控制功能的实现是无人机着陆阶段航向正确性的重要保证。当方向控制功能不能按指令实现时，会导致平衡失控的危险。实现方向控制的主要执行机构是方向舵，主要的控制行为是方向舵的左/右，方向控制回路如图 4.6 所示。根据 STPA 方法识别控制回路中的不安全控制行为，结果如表4.5 所示。

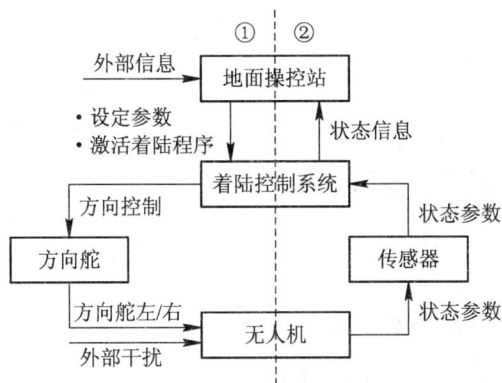

图 4.6　方向控制回路

表 4.5　方向舵不安全控制行为及其可能导致的危险

控制行为	方向舵左/右
未执行控制行为	UCA-8：着陆阶段方向舵未工作 [H-4，H-8]
执行不正确或不安全的控制行为	UCA-9：方向舵左右偏转过大 [H-4，H-8]
	UCA-10：方向舵该左偏时右偏 [H-4，H-8]
	UCA-11：升降舵该右偏时左偏 [H-4，H-8]
过早或过晚进行控制或错误的 时间进行控制	UCA-12：方向舵动作过晚 [H-4，H-8]
控制行为停止过早或持续太久	UCA-13：方向舵在机身未摆正时停止动作 [H-4，H-8]

　　根据图 4.6 中的控制缺陷①与反馈缺陷②，下面分析方向控制中的不安全控制行为的致因因素。在方向控制回路中，地面操控站和着陆控制系统属于控制器，方向舵属于执行器，无人机属于被控对象。表 4.6 中给出了致因因素的分析结果。

表 4.6　方向舵不安全控制行为致因因素分析

组件	原因分析	导致 UCA
地面 操控站	操控站人员的操作与着陆控制系统矛盾	ALL
	操控站人员准备不充分，未能准确掌握无人机的状态信息和着陆控制程序	ALL
	操控站人员在控制时所需的文件资料（或数据）错误或缺失	ALL
	操控站人员操作经验不足或失效	ALL

续表

组件	原 因 分 析	导致 UCA
着陆控制系统	操控站人员给着陆系统输入了不正确的参数	ALL
	着陆控制系统与地面操控站之间的通道故障或失效	ALL
	未调用方向舵算法	8
	方向舵左右摆动算法存在误差	9
	方向舵左右摆动算法设置错误	10,11
	方向舵左右摆动算法开始标志设置错误	12
	方向舵算法结束标志不正确或存在误差	13
	模式转化不正确或存在误差	8,9,12,13
	传感器传递了错误或者不完整的无人机状态信息	ALL
	控制系统出现组件失效,导致信息接收不完整或不正确	8,9,12,13
方向舵	方向舵作动筒失效	8
	方向舵内部线路接反	10,11
	动作传动机构故障,导致提前复位	13
	方向舵故障	ALL
无人机	无人机受风、电磁等外部环境的干扰,导致提供的信息错误	ALL
	无人机轨迹捕捉时横向存在偏差	9
传感器	无人机与机载传感器之间的通道故障或失效;无人机与地面操控站之间的通道故障或失效;相关传感器故障或失效;传感器与着陆控制系统之间的通道故障或失效;传感器与执行器之间的通道故障或失效;传感器信息传递延迟	ALL

3. 动力控制

动力控制主要负责无人机着陆过程中的动力输出。正常情况下,无人机在着陆阶段会持续减少动力输出,以配合刹车系统的减速工作。实现动力提供功能的主要执行机构是发动机以及油门舵,主要的控制行为是油门舵的大小,动力控制回路如图 4.7 所示。根据 STPA 方法识别控制回路中的不安全控制行为,结果如表 4.7 所示。

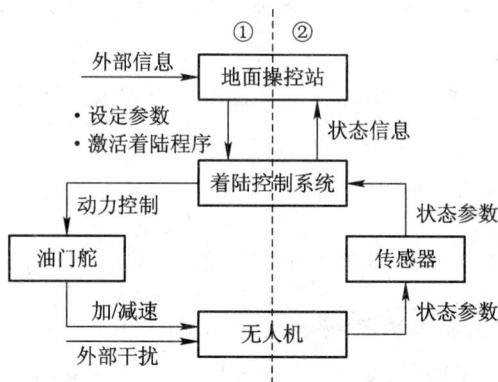

图 4.7　动力控制回路

表 4.7　油门舵不安全控制行为及其可能导致的危险

控制行为	油门舵
未执行控制行为	UCA-14：着陆阶段油门舵未工作 [H-5,H-6,H-7]
执行不正确或不安全的控制行为	UCA-15：在空中阶段油门舵动作过大 [H-3,H-5] UCA-16：在空中阶段油门舵动作过小 [H-5,H-6,H-7]
过早或过晚进行控制或错误的 时间进行控制	UCA-17：油门舵开始工作时间过晚 [H-5,H-6,H-7]
控制行为停止过早或持续太久	UCA-18：油门舵开始停止时间过早 [H-5,H-6,H-7]

根据图 4.7 中的控制缺陷①与反馈缺陷②，下面分析油门舵控制回路中的不安全控制行为的致因因素。在动力控制回路中，地面操控站和着陆控制系统属于控制器，油门舵属于执行器，无人机属于被控对象。表 4.8 中给出了致因因素的分析结果。

表 4.8　油门舵不安全控制行为致因因素分析

组件	原因分析	导致 UCA
地面操控站	操控站人员的操作与着陆控制系统矛盾	ALL
	操控站人员准备不充分，未能准确掌握无人机的状态信息和着陆控制程序	ALL
	操控站人员在控制时所需的文件资料(或数据)错误或缺失	ALL
	操控站人员操作经验不足或失效	ALL
	操控站人员给着陆系统输入了不正确的参数	ALL
着陆控制系统	着陆控制系统与地面操控站之间的通道故障或失效	ALL
	未调用油门舵算法	14
	油门舵算法存在误差	15、16
	油门舵算法开始标志不正确或存在误差	17
	油门舵算法结束标志不正确或存在误差	18
	模式转化不正确或存在误差	ALL
	传感器传递了错误的速度信息	15,16,17,18
	控制系统出现组件失效，导致信息接收不完整或不正确	15,16,17,18
油门舵	刹车系统提前工作，导致油门舵的动作提前	18
	动作传动机构故障	15,16
	油门舵故障	ALL
无人机	无人机受风、电磁等外部环境的干扰，导致提供的信息错误	ALL
传感器	无人机与机载传感器之间的通道故障或失效；无人机与地面操控站之间的通道故障或失效；相关传感器故障或失效；传感器与着陆控制系统之间的通道故障或失效；传感器与执行器之间的通道故障或失效；传感器信息传递延迟	ALL

4.3　无人机刹车减速功能安全性分析

刹车系统是无人机着陆系统的重要子系统，在着陆阶段起着重要的作用，其主要功能是在着陆阶段使无人机进行减速。刹车系统包括无人机电液伺服阀、刹车装置以及机轮等主要部件。本节主要根据 STAMP/STPA 方法分析整机级功能层面的安全性，并提出相应的安全约束。

4.3.1　不安全控制行为及致因因素分析

刹车减速控制主要实现无人机着陆时的减速功能。当着陆控制功能不能正常实现时，会使无人机在减速滑行阶段的速度失控或者速度过大。实现减速控制的主要执行机构是刹车系统，主要的控制行为是刹车动作，控制回路如图 4.8 所示。根据 STPA 方法识别控制回路中的不安全控制行为，结果如表 4.9 所示。

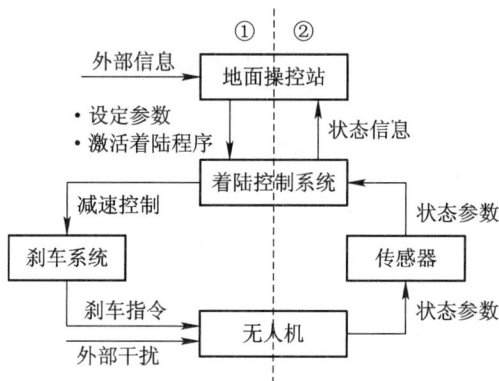

图 4.8　刹车减速控制回路

表 4.9　刹车系统不安全控制行为及其可能导致的危险

控制行为	刹车系统
未执行控制行为	UCA-19：着陆滑行时刹车系统未工作 [H-6]
执行不正确或不安全的控制行为	UCA-20：刹车系统刹车效率低 [H-6，H-7]
	UCA-21：出现侧刹、偏刹现象 [H-7，H-8]
过早或过晚进行控制或错误的时间进行控制	UCA-22：刹车系统开始工作时间过晚 [H-6，H-7]
控制行为停止过早或持续太久	UCA-23：刹车系统停止工作时间过早 [H-7]

根据图 4.8 中的控制缺陷①与反馈缺陷②，下面分析刹车减速控制回路中的不安全控制行为的致因因素。在控制回路中，地面操控站和着陆控制系统属于控制器，刹车系统属于执行器，无人机属于被控对象。表 4.10 中给出了致因因素的分析结果。

表 4.10 刹车系统不安全控制行为致因因素分析

组件	原 因 分 析	导致 UCA
地面操控站	操控站人员的操作与着陆控制系统矛盾	ALL
	飞行主管或传感器传递给地面操控站的信息不正确或不全	ALL
	操控站人员准备不充分，未能准确掌握无人机的状态信息和着陆控制程序	ALL
	操控站人员在控制时所需的文件资料（或数据）错误或缺失	ALL
	操控站人员操作经验不足或失效	ALL
着陆控制系统	操控站人员给着陆系统输入了不正确的飞机参数	ALL
	着陆控制系统与地面操控站之间的通道故障或失效	ALL
	未调用刹车算法	19
	刹车算法存在误差	20
	刹车算法开始标志不正确或存在误差	22
	刹车算法结束标志不正确或存在误差	23
	模式转化不正确或存在误差	19，22，23
	传感器传递了错误的速度信息	20，22，23
	控制系统出现组件失效，导致速度信息接收不完整或不正确	20，21，23
刹车系统	刹车系统内部组件失效	20，21，22，23
	动作不充足，导致有效刹车时间减少	23
无人机	无人机受风、电磁等外部环境的干扰，导致提供了错误的速度信息	ALL
传感器	无人机与机载传感器之间的通道故障或失效；无人机与地面操控站之间的通道故障或失效；相关传感器故障或失效；传感器与着陆控制系统之间的通道故障或失效；传感器与执行器之间的通道故障或失效；传感器信息传递延迟	ALL

4.3.2 安全约束确定

安全约束是 STAMP/STPA 方法的重要组成部分，STAMP/STPA 主要包含以下三种类型的安全约束：

（1）由系统级危险确定的系统级的安全约束，如表 4.11 所示。

（2）通过不安全控制行为确定的不安全控制行为的安全约束，如表 4.12 所示。

（3）通过致因因素确定的致因因素的安全约束。针对刹车系统的刹车减速功能，提出其相关安全约束，如表 4.13 所示。

表 4.11 系统级的安全约束

编号	危险	安全约束
H-1	末端拉平时下沉率过大	SC-1：保证无人机着陆阶段姿态控制的正确性、及时性，且能在允许的范围内及时纠正不合适的姿态
H-2	末端拉平时俯角过大	
H-3	拉平时离地过高	
H-4	平衡失控	
H-5	偏离降落点	SC-2：保证无人机沿预定轨迹进行降落，当偏离轨迹时，能及时纠正或者不影响着陆的安全性
H-6	跑道不够时速度过快	SC-3：保证无人机动力控制和着陆控制的正常运作，当功能失效时能及时补救或者不影响着陆的安全性
H-7	着陆后速度失控	SC-4：保证无人机着陆后机体控制的正确性，当功能失效时能及时补救或者不影响着陆的安全性
H-8	着陆后平衡失控	

表 4.12 不安全控制行为的安全约束

刹车系统	安全约束
UCA-19：着陆滑行时刹车系统未工作	SC-5：保证刹车系统的正常工作，当刹车系统不工作或者效率低时，能及时修复或者通过其他方式来实施制动
UCA-20：刹车系统刹车效率低	
UCA-21：出现侧刹、偏刹现象	SC-6：保证两主轮的刹车控制能有效控制机体的正常着陆滑行，当一侧未工作或不正常工作时，能及时补救或者不影响着陆的安全性
UCA-22：刹车系统开始工作时间过晚	SC-7：保证刹车系统的控制及时、准确
UCA-23：刹车系统停止工作时间过早	

表 4.13 致因因素的安全约束

致因因素	安全约束
操控站人员的操作与着陆控制系统矛盾	SC-8：保证人工控制与无人机自主控制之间的安全交互，建立安全的交互机制
飞行主管或传感器传递给地面操控站的信息不正确或不全	SC-9：保证地面站所有信息的准确性、及时性
操控站人员准备不充分，未能准确掌握无人机的状态信息和着陆控制程序	SC-10：保证地面站所有设备处于正常状态
	SC-11：保证地面站的控制和显示系统的及时性、准确性
操控站人员在控制时所需的文件资料（或数据）错误或缺失	SC-12：保证地面站对相关无人机数据的完整性、正确性
操控站人员操作经验不足或失效	SC-13：保证地面站人员能熟练操纵无人机，并能对一切突发状况做出恰当反应

续表

致因因素	安全约束
操控站人员给着陆系统输入了不正确的飞机参数	SC-14：保证地面站人员熟知无人机系统
着陆控制系统与地面操控站之间的通道故障或失效	SC-15：保证着陆控制系统与地面操控站之间能够正常通信
未调用刹车算法	SC-16：保证控制器能够顺利调用刹车算法
刹车算法存在误差	SC-17：保证系统算法设计的正确性、准确性
刹车算法开始标志不正确或存在误差	SC-18：保证系统算法能够包含所有可能遇到的情况
刹车算法结束标志不正确或存在误差	SC-19：保证系统算法正确
模式转化不正确或存在误差	SC-20：保证着陆控制系统中各个模式转换时的时间、准确度等误差在容许范围内
传感器传递了错误的速度信息	SC-21：保证传感器能够正确传递速度信息
控制系统出现组件失效，导致速度信息接收不完整或不正确	SC-22：保证控制系统内的各个组件能够正常运作，且在传递信息时的误差在容许范围内
刹车系统内部组件失效	SC-23：保证刹车系统内部组件能够正常工作
动作不充足，导致有效刹车时间减少	SC-24：保证刹车系统的相关执行组件在接收控制指令后能够按规定完成动作
无人机受风、电磁等外部环境的干扰，导致提供了错误的速度信息	SC-25：考虑环境影响下的着陆过程，增强对环境的抗干扰性 SC-26：保证无人机着陆时能够应对各种跑道状态
无人机与机载传感器之间的通道故障或失效；无人机与地面操控站之间的通道故障或失效；相关传感器故障或失效；传感器与着陆控制系统之间的通道故障或失效；传感器与执行器之间的通道故障或失效；传感器信息传递延迟	SC-27：保证工作过程中各个通信链路在环境、电磁以及冲击下能够正常工作

4.4　无人机刹车系统安全性分析

依据 ARP 4761 提供的安全性评估方法，按先整机级 FHA（Functional Hazard Analysis，功能危险分析）后系统级 FHA 的分析流程，本节主要在 4.2 节整机级安全性分析的基础上，对刹车系统进行系统级安全性分析，并提出相关安全约束。为检验安全约束的准确性，将所提出的安全约束与适航性标准进行对比。针对 STAMP/STPA 方法多定性少定量的不足，首先提出基于 STAMP/STPA 方法的系统控制模型构建方法；其次提出变量识别方法，即 STAMP/STPA 方法中不安全控制行为的形式化方法，以此建立定量分析的基础；最后结合 STAMP/STPA 方法的分层思想，建立着陆阶段以及刹车系统的控制模型，并通过变量识别，从控制模型的角度对系统安全性的影响因素进行分析。

4.4.1 建立 STAMP/STPA 的定量分析基础

1. 基于反馈控制结构的系统控制模型构建方法

每一个系统都是由子系统或者组件构成的，系统之间、子系统之间、组件之间、子系统与系统之间都存在联系。所以，对系统建模的主要目的有两方面：一是可通过模型更好地了解系统的运行机制；二是能够针对系统的安全性进行合理的分析。根据 STPA 方法所建立的反馈控制结构，可以知道系统结构一般都包括控制器、执行器、被控过程和传感器四个部分。无论是在控制环节还是在反馈环节，每一个部件都包含自己的输入、输出、自身状态和输入到输出的映射关系，因此建立模型如图 4.9 所示。

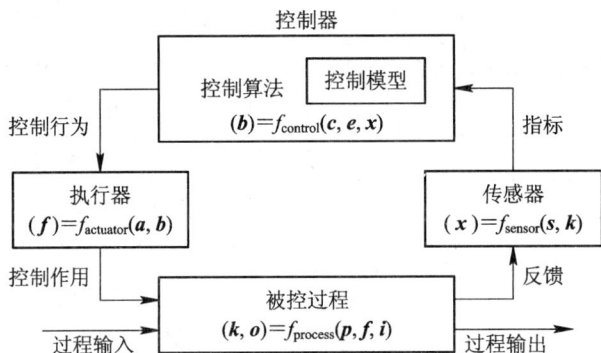

图 4.9　系统控制模型

图 4.9 中各变量的具体含义如下：

（1）c：控制器状态集。控制器的当前状态会通过控制反馈结构对系统的将来产生影响。

（2）e：外部输入集。控制器所接收的外部输入包括外部环境因素对控制器的输入、相关安全约束信息、法规信息、上层系统的输出。所以在系统运行时，控制器会时刻受到外部输入的作用。

（3）x：控制器接收的反馈集。通过传感器输出信息流的实时反馈，可保障系统的自适应控制。

（4）b：控制行为集。控制行为即控制器的输出、执行器的输入。控制行为信息在控制器和执行器之间传递时会受到两者之间信道状态的影响，控制行为会对系统当前的状态产生影响。

（5）a：执行器状态集。执行器的当前状态受环境和执行器自身参数的影响，会对控制行为执行的正确性产生影响。

（6）f：控制作用集。控制作用即执行器的输出，其作用于被控过程。控制作用信息在执行器和被控过程之间传递时会受到两者之间信道状态的影响。

（7）p：被控过程状态集。被控过程的当前状态受环境和被控过程自身参数的影响，能够影响过程输出和反馈。

（8）i：过程输入集。过程输入包括外部环境对被控过程的直接影响、其他控制器对被控过程的控制作用，过程输入将影响系统的运作过程。

（9）k：提供反馈集。被控过程提供的反馈通过传感器作用于控制器，影响控制器将来的控制行为。

（10）o：过程输出集。系统通过过程输出对外部环境进行作用，系统能够直接对过程输出进行控制。在复杂系统中，上层系统的输出是其子系统的输入。

（11）s：传感器状态集。传感器状态异常时，其传递的信息将会失真或者错误，会使控制器产生不安全的控制行为。

（12）f：输入到输出的映射关系。

在上述模型中主要有以下四种映射关系，即控制器、执行器、被控过程和传感器的数学模型如下：

$$\begin{cases} 控制器：(b) = f_{control}(c, e, x) \\ 执行器：(f) = f_{actuator}(a, b) \\ 被控过程：(k, o) = f_{process}(p, f, i) \\ 传感器：(x) = f_{sensor}(s, k) \end{cases} \tag{4.1}$$

在上述模型中，系统外部环境、系统自身状态和系统输入都会对系统的输出产生影响。而在系统内部，外部环境、系统自身状态和系统输入对系统的影响都体现在对 b（控制行为集）的影响上，同时上述模型中所有的状态集、输入输出集和映射关系都会对 b 产生影响。所以，对 b 进行测试能够得到系统在外部环境、系统自身状态和系统输入影响下的具体状态变化，这也符合 STAMP/STPA 方法中围绕不安全控制行为分析系统安全性的思路。

2. 控制行为变量识别方法

对于 STAMP/STPA 中识别的不安全控制行为，同样缺少定量分析的基础以及形式化方法，因此提出变量识别的方法，旨在将不安全控制行为形式化，为定量分析以及仿真验证打下基础。

在变量识别方法中，控制行为集（b）是分析的重点。所以，在通过系统反馈控制结构建立模型后，不仅需要确定系统的输入输出信息、系统环境信息、系统内部各部件的状态信息，还需要识别控制行为中所涉及的变量。

控制行为是系统控制器所发出的控制动作或者控制信号。表 4.14 提供了在 STPA 分析中可能识别的控制行为。

表 4.14　识别控制行为

编号	控 制 行 为
CA-1	着陆阶段，升降舵俯仰控制
CA-2	滑跑阶段，刹车装置提供刹车力矩
CA-3	滑跑阶段，方向舵方向控制

在表 4.14 中，通过控制行为本身的描述不能确定所控系统是安全的还是不安全的，但在具体的上下文信息中就可以判断其是否安全。图 4.10 显示了适用于可识别的危险控制行为的通用结构。

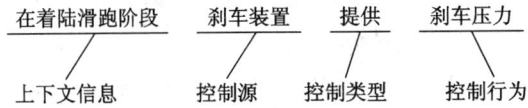

在着陆滑跑阶段　刹车装置　提供　刹车压力

上下文信息　控制源　控制类型　控制行为

图 4.10　控制行为的描述结构

图 4.10 中将控制行为分解为四个主要元素：控制源、控制类型、控制行为和上下文信息。控制源主要是指能够提供控制行为的控制发起部分，包括操作人员及系统控制行为发起组件；控制类型主要是指提供控制行为或不提供控制行为；上下文信息主要是指系统在实施相应控制行为时所处的状态。

不安全控制行为的结构比控制行为的结构多一个元素——"行为状态"，如图 4.11 所示。行为状态是对控制行为在时间、距离、长度、体积、质量等定量属性方面的描述。

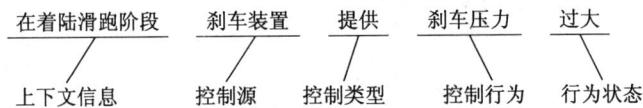

在着陆滑跑阶段　刹车装置　提供　刹车压力　过大

上下文信息　控制源　控制类型　控制行为　行为状态

图 4.11　不安全控制行为的描述结构

识别不安全控制行为需要确定五个元素的准确信息。尽管在系统控制结构中控制源、控制类型和控制行为不难识别，但上下文信息和行为状态是对系统和控制行为状态的描述元素，两者的识别存在错漏或者模糊的现象。例如"刹车系统未输出刹车力矩"，该行为看似是安全的，但当无人机在着陆时，未输出刹车力矩也是不安全的，所以该不安全行为应该是"当无人机在着陆时，刹车系统未输出刹车力矩"。所以需要通过分解法对以上两个元素进行分解，以便更加准确地描述不安全控制行为。

以"刹车系统未输出刹车力矩"这一控制行为为例，将其上下文信息进行分解，如表 4.15 所示。变量之间进行组合，可以得到该控制行为的状态树，如图 4.12 所示，通过状态树可以更加准确地确定不安全控制行为所发生的状态。

表 4.15　分解上下文信息

变量	值
着陆状态	已着陆
	未着陆
运动状态	滑跑中
	已停止

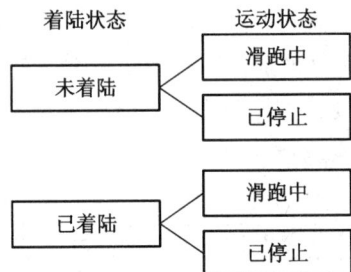

图 4.12 控制行为状态树

以"在着陆阶段刹车装置提供刹车力矩过大"为例，将其中的行为状态进行分解。"过大"是用来描述刹车装置所提供的刹车力矩的大小，因此将刹车力矩作为描述该不安全控制行为的变量，刹车力矩的大小为变量值。所以，要确定当刹车力矩与标称值存在多大的偏差时会出现危险。

对不安全控制行为分解后的描述，不仅可以使分析人员考虑到更多的、更全面的不安全控制行为，也能帮助安全分析人员对所确定的不安全控制行为的完备性进行检查。同时减小了模糊性，增加了不安全控制行为描述的准确性，能够给设计和使用人员提供更多的帮助和指示。

4.4.2　着陆阶段系统控制模型和刹车系统控制模型的构建

STAMP/STPA方法通过分层的思想对系统的安全性进行分析，下面也将遵循分层的思想，首先对着陆阶段进行建模，而后对刹车系统进行建模，为后续刹车系统安全性分析奠定基础。

1. 刹车系统介绍

刹车系统在飞机着陆时开始工作，通过机轮和地面之间的摩擦力来快速吸收无人机着陆时产生的巨大能量；通过快速制动来有效缩短刹车距离；通过防滑功能来有效预防锁胎、拖胎打滑等情况。刹车系统主要由刹车控制器、电液伺服阀、刹车装置、机轮、轮速传感器等构成，图4.13为其结构组成示意图[6]。

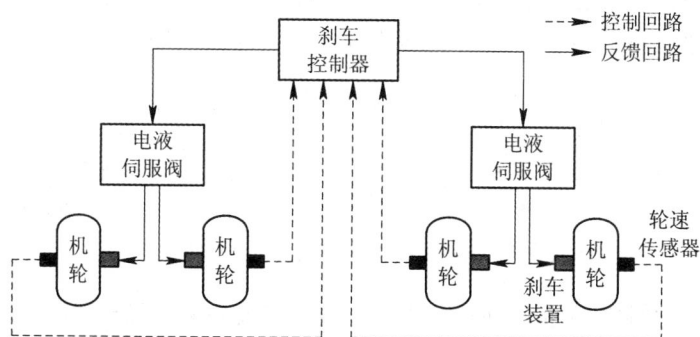

图4.13　刹车系统结构组成示意图

刹车系统工作时，轮速传感器会将速度信息传给刹车控制器；刹车控制器通过控制算法计算得出控制电流并输出给电液伺服阀；电液伺服阀根据电流的大小得到刹车压力，并通过活塞作用在刹车装置上；刹车装置能将刹车压力转换为刹车力矩，作用在机轮上；机轮上的轮速传感器又会将机轮上的速度信息通过电信号的方式传给刹车控制器，使之对输出电流进行调节。由此可以看出，刹车系统是闭环系统，能够通过反馈进行调节。根据系统的构成与工作原理，可构建刹车系统的自适应反馈控制结构[6]，如图4.14所示。其中，外部信息主要包括控制器参数、环境状况信息（如海拔、风速、大气压力等）。

2. 着陆阶段系统控制模型构建

4.2节中对无人机着陆阶段进行了详细描述，并建立了着陆阶段的反馈控制结构。根据反馈控制结构，可对无人机着陆阶段的数学模型进行构建。

刹车指令、机体速度、外部信息

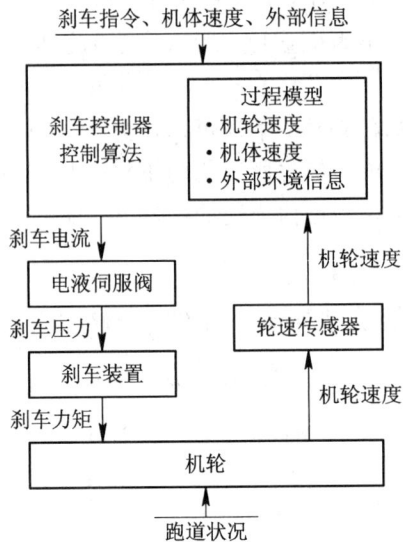

图 4.14 刹车系统反馈控制结构

1) 地面操控站

地面操控站能够对无人机设置相关的参数和相关的安全约束，并可以为无人机反馈飞行场地的气象和地形等信息；地面操控站还可以通过地面辅助设备对无人机的飞行任务和相关状态进行监控，并且可以通过通信终端对无人机进行控制。所以，将地面操控站表述为以下模型：

$$(\text{SC}, \text{Ins}, \text{Par}, \text{Crate}) = f_{\text{GCS}}(\text{Fil}, \text{Env}, \text{Data}) \tag{4.2}$$

其中，输入为相关文件条款信息 Fil、环境信息 Env、无人机相关数据 Data；输出为安全约束 SC、指令信息 Ins、无人机参数信息 Par 以及控制率 Crate；f_{GCS} 一般为人的心智模型。

2) 着陆控制系统

无人机的着陆控制系统主要通过无人机自身的状态信息、飞行场地的气象和地形信息以及控制站的相关指令来控制无人机着陆。在无人机接收着陆指令后，控制系统通过无人机的自身状态信息以及气象和地形信息，来对无人机的速度和航向等姿态信息进行调整，以使无人机进入轨迹捕获区域；进入轨迹捕获区域后，控制系统通过控制升降舵、方向舵、油门舵等来调节无人机的姿态，使无人机沿预定的着陆轨迹下滑；在无人机着陆后，控制系统控制刹车系统对无人机进行刹车。所以，着陆控制系统的模型可以表示为：

$$(\text{CA}) = f_{\text{LaCon}}(\text{SC}, \text{Ins}, \text{Par}, \text{Con}, \text{Crate}, \text{Cla}) \tag{4.3}$$

其中，输入为 SC、Ins、Par、Crate 以及无人机当前状态 Con 和控制系统自身状态集 Cla，输出为控制行为 CA，f_{LaCon} 为着陆控制函数。

3) 执行器

在着陆时，执行器主要包括刹车系统、油门舵、升降舵、方向舵。升降舵和方向舵的主要作用是对无人机进行俯仰、偏转、航向调节；油门舵主要对无人机进行动力调节，无人机着陆滑跑时，发动机关闭，油门舵将不再工作；刹车系统主要作用在无人机着陆滑跑时，对无人机进行减速，并进行纠偏调节。对于不同功能的执行器，可用统一的模型表示为：

$$(\text{AFbrake}, \text{AFelevator}, \text{AFaccelerator}, \text{AFrudder})$$
$$= f_{\text{b/e/a/r}}(\text{CA}, \text{Cbrake}, \text{Celevator}, \text{Caccelerator}, \text{Crudder}) \quad (4.4)$$

其中，每一个执行器的输入为自身的状态集 Cbrake、Celevator、Caccelerator、Crudder 和控制系统的控制行为 CA；输出为控制作用 AFbrake、AFelevator、AFaccelerator、AFrudder，控制作用主要包括执行器对无人机力和力矩的作用；$f_{\text{b/e/a/r}}$ 是执行器对控制行为的执行过程，其受到执行器本身状态和控制行为的影响。

4）无人机

无人机作为被控制部件，在接受控制之后，会通过改变自身的状态对控制行为进行响应。一般无人机的状态量有无人机坐标(x, y, z)、俯仰角 θ、偏航角 ψ、滚转角 ϕ、航迹倾斜角 μ、航迹方位角 φ、航迹滚转角 γ、迎角 α、侧滑角 β、速度 v、角速度 ω。所以，无人机的模型可以用以下模型表示：

$$(x, y, z, \theta, \psi, \phi, \mu, \varphi, \gamma, \alpha, \beta, v, \omega) = f_{\text{UAV}}(F, M, \text{AF}, \text{Con}) \quad (4.5)$$

其中，输入为无人机所受合外力 F、无人机所受合外力矩 M、控制作用 AF 以及无人机当前的状态信息 Con；输出为无人机状态的改变；f_{UAV} 为无人机的机体模型。合外力与合外力矩分别包含执行器产生的力 F_a 和力矩 M_a 以及空气动力 F_e 和空气动力矩 M_e。

5）传感器

无人机在着陆过程中，传感器是无人机进行自主调节的重要一环。传感器的主要作用是收集无人机当前的状态信息并传递给控制系统。根据传感器的功能建立其模型如下：

$$(\text{Con}) = f_{\text{sensor}}(x, y, z, \theta, \psi, \phi, \mu, \varphi, \gamma, \alpha, \beta, v, \omega) \quad (4.6)$$

6）着陆阶段系统控制模型

通过以上分析建立无人机着陆阶段系统控制模型，如图 4.15 所示。

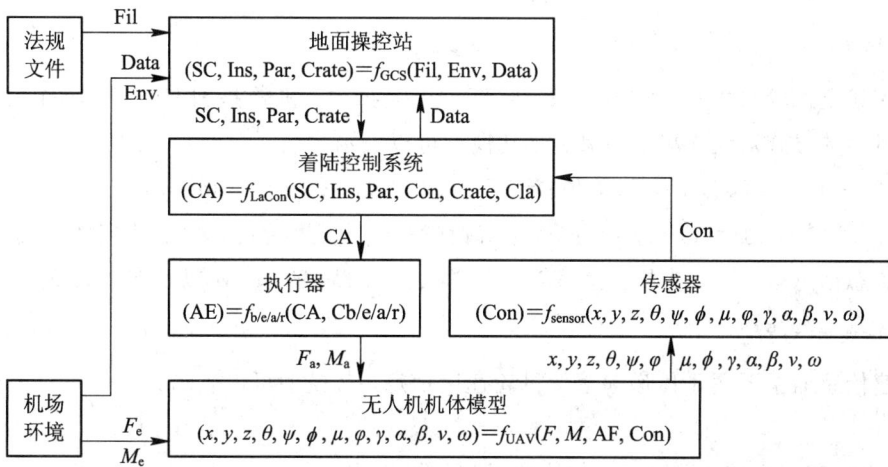

图 4.15 着陆阶段系统控制模型

3. 刹车系统控制模型构建

刹车系统作为着陆阶段系统模型的一个执行器，其主要作用是在无人机着陆后，对无人机进行制动控制和纠偏控制。在前文已经对刹车系统的安全性进行了分析，并且确定了其控制反馈结构，下面将根据刹车系统的工作原理以及控制反馈结构对刹车系统进行建模。

根据前文分析，刹车系统由刹车控制器、电液伺服阀、刹车装置、起落架和机轮及轮速传感器等组成。

1）刹车控制器

刹车控制器在接收到上层的控制行为，即刹车指令后，会根据轮速、机体速度等计算所需要的刹车电流，并将电流传递给电液伺服阀。所以，将刹车控制器表述为以下模型：

$$(I) = f_{control}(CA,\ c,\ v_{lr},\ v_{j},\ ang) \tag{4.7}$$

其中，输入为刹车指令 CA、控制器自身参数 c、机体速度 v_j、机轮速度 v_{lr}、无人机相关姿态角 ang；输出为控制电流 I；$f_{control}$ 是刹车控制器控制函数。

2）电液伺服阀

电液伺服阀的主要作用是将刹车电流转化为刹车压力，并作用到刹车装置上。其模型可以表述为以下公式：

$$(p_b) = f_{EHSV}(I,\ e) \tag{4.8}$$

其中，输入为刹车电流 I 以及电液伺服阀自身的状态 e；输出为刹车压力 p_b。

3）刹车装置

刹车装置的主要作用是将刹车压力 p_b 转化为刹车力矩 T_b 并作用于机轮上，其输入为自身的状态 b 以及刹车压力 p_b，其模型为

$$(T_b) = f_{brake}(b,\ p_b) \tag{4.9}$$

4）起落架和机轮

起落架是机轮与机身的连接装置，主要提供支撑力；机轮是刹车装置的作用部件，机轮通过滑滚的方式对无人机进行减速。其模型可以表示为：

$$(v_{ls},\ F_f,\ M_f,\ F_z) = f_{wheel}(T_b,\ T_f,\ \sigma,\ way,\ un,\ w) \tag{4.10}$$

其中，输入为刹车力矩 T_b、结合力矩 T_f、滑移率 σ、跑道信息 way、起落架状态信息 un 以及机轮状态信息 w；输出为机轮速度 v_{ls}、摩擦力 F_f、摩擦力矩 M_f 以及支持力 F_z。

5）轮速传感器

轮速传感器主要用于传递起落架机轮速度信息，其模型可以表示为

$$(v_{lr}) = f_{sensor}(s, v_{ls})$$

其中，s 为传感器变量，v_{lr} 为通过传感器得到的机轮速度。

6）刹车系统控制模型

建立无人机在着陆阶段的刹车系统控制模型，如图 4.16 所示。

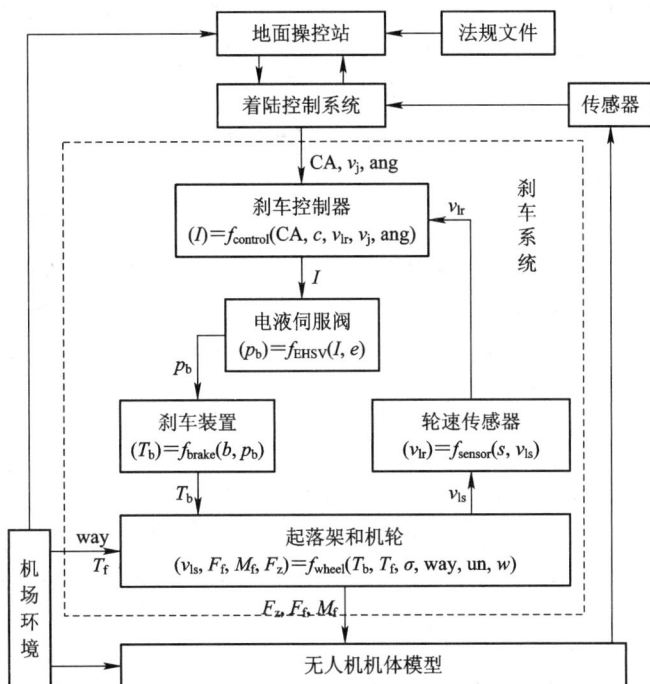

图 4.16 刹车系统控制模型

4.4.3 刹车系统安全性分析

下面根据刹车系统的反馈控制结构以及工作原理,通过 STAMP/STPA 方法对刹车系统进行安全性分析,提出安全需求,并从控制模型的角度解释不安全控制行为产生的原因及其影响。

1. 基于 STAMP/STPA 的安全性分析

1)确定系统级事故与危险

通过刹车系统的工作原理以及系统控制模型,识别刹车系统所涉及的事故,如表 4.16 所示。

事故 SA-1 主要包括机体受损、维修保障人员受伤以及起落架等防滑刹车系统部件损坏,其中刹车系统部件损坏是事故 SA-1 最主要的组成部分。SA-2、SA-3 是对整机级安全性分析中系统级事故 A-2、A-4 的继承。表 4.17 是刹车系统可能的危险以及可能导致的事故。

表 4.16 刹车系统级事故识别

编号	事 故
SA-1	飞机或系统部件损伤
SA-2	侧/冲出跑道
SA-3	侧翻

表 4.17 刹车系统级危险识别

编号	危 险	事 故
SH-1	刹车系统效率低	SA-1, SA-2
SH-2	侧滑、偏斜	SA-1, SA-2
SH-3	机轮拖胎、打滑	SA-1, SA-2, SA-3
SH-4	刹车系统功能失效	SA-1, SA-2, SA-3

危险 SH-1 是指无人机刹车过程中刹车系统能运作，但其刹车距离明显变长，刹车效率下降；危险 SH-2 是由滑跑时两侧轮胎刹车状态不一致造成的，例如一侧轮胎正常工作，另一侧轮胎抱死或是失去抓地力；危险 SH-3 主要是在轮胎滑移率 σ 远远高于最佳控制范围时发生，其会严重影响滑跑的稳定性，严重时会导致爆胎或者冲出跑道，并造成机体损坏；危险 SH-4 发生时，系统将丧失防滑刹车功能，严重时会造成人员伤亡、机体损坏等事故。

将上述危险与整机级安全性分析所识别的不安全控制为进行对比，可以看出 SH-1~SH-4 继承了部分不安全控制行为 UCA-19~UCA-23 的内容，但两者又有区别。SH-1~SH-4 作为危险，将从系统级进行更加详细的分析；UCA-19~UCA-23 作为整机级的不安全控制行为，其主要从整机级进行分析。

2）识别不安全控制行为

刹车系统的控制回路上有刹车控制器、电液伺服阀和刹车装置三个部件，三者的输出分别是刹车电流、刹车压力和刹车力矩。在刹车系统的控制反馈回路上，无论是电流、压力还是力矩都会受到整个回路的影响，都能反映刹车系统的工作情况。刹车力矩直接作用在机轮上，能够对无人机减速刹车产生直接的影响，所以下面以刹车力矩作为控制行为。根据 STPA 方法，分析其对应的四种不安全控制行为，如表 4.18 所示。

表 4.18 刹车力矩的不安全控制行为

控制行为	输出刹车力矩	可能导致的危险
未执行控制行为	SUCA-1：刹车力矩未输出	SH-4
执行不正确或不安全的控制行为	SUCA-2：输出刹车力矩过大	SH-3
	SUCA-3：输出刹车力矩过小	SH-1
	SUCA-4：两侧刹车力矩与标称值不符	SH-2
过早或过晚执行控制行为或错误的时间进行控制	SUCA-5：刹车力矩输出间断	SH-1, SH-4
	SUCA-6：未及时输出刹车力矩	SH-1, SH-2, SH-3, SH-4
控制行为停止过早或持续太久	SUCA-7：停止过早	SH-1, SH-2, SH-3

3）分析致因因素

刹车力矩存在的不安全控制行为的致因因素包括：控制器发出不足或不恰当的控制行为，或者控制行为执行不充分；反馈信息的不正确或丢失。其具体的致因因素分析如下：

（1）控制器：过程模型不完整或过程模型存在错误，导致刹车信号未能充分转化为控制电流，或控制器内部组件故障导致输出的控制电流存在偏差；错误的识别导致控制器输出错误的电流。

（2）电液伺服阀：受环境高温的影响，阀内部件的特性发生变化，导致输出压力出现偏差；控制器到电液伺服阀的电流传输通路故障，导致接收的控制电流出现损失或偏差，使刹车压力出现偏差。

（3）刹车装置：刹车装置质量问题导致耐温、耐磨等特性不足；刹车装置安装问题。

（4）跑道状况识别：将湿跑道识别成干跑道或将冰跑道识别为湿跑道，即路面与轮胎的实际结合系数不等于控制器中的结合系数，导致刹车力矩出现偏差。

（5）机轮：机轮充气不足；机轮磨损严重。

（6）轮速反馈：轮速识别错误；轮速反馈延迟；轮速反馈信息丢失；反馈通道不畅通；轮速传感器故障。

（7）外部信息：控制算法的参数输出错误、不全或与滑跑环境不匹配。

（8）通信链路：由于环境、电磁以及冲击等影响，导致通信链路不畅通；通信通道出现故障。

2. 从模型角度分析影响因素

模型是研究相应系统的工具，它是对系统某个或者某些侧面属性的描述、模仿和抽象，模型一般不是系统对象本身，它是由系统某些本质特性的主要因素构成的，集中体现这些主要因素之间的关系。对于系统控制模型，在控制回路中任何一个映射存在偏差就可能会导致系统出现故障，因此可以从模型的角度对系统的致因因素进行分析。

1）识别不安全控制行为中的变量

前文已经建立了着陆阶段系统以及刹车系统各个组件的模型，并且通过 STPA 方法确定了刹车系统的不安全控制行为。根据前文的方法识别变量与变量值，结果如表 4.19 所示。

表 4.19　变量与变量值

SUCA	变量	变量值
SUCA-1：刹车力矩未输出	T_b	是否输出刹车力矩
SUCA-2：输出刹车力矩过大	T_b	刹车力矩大小
SUCA-3：输出刹车力矩过小	T_b	刹车力矩大小
SUCA-4：两侧刹车力矩与标称值不符	T_b	刹车力矩大小
SUCA-5：刹车力矩输出间断	T_b	刹车力矩作用时间
SUCA-6：未及时输出刹车力矩	T_b	刹车力矩作用时间
SUCA-7：停止过早	T_b	刹车力矩作用时间

2）进行影响因素分析

根据表 4.19 确定变量为刹车力矩，主要的变量值有刹车力矩大小、刹车力矩作用时间以及是否输出刹车力矩。刹车力矩是刹车装置的输出，直接作用于机轮而影响刹车效果。根据 4.4.2 节所建立的模型，可以得到刹车力矩影响因素函数：

$$\begin{cases} T_b = G_1(b, \text{CA}, c, v_{lr}, v_j, \text{ang}, e, T_b', T_f, \sigma, \text{way}, \text{un}, w, \text{Slink}) \\ \text{CA} = G_2(\text{SC}, \text{Ins}, \text{Par}, \text{Crate}, \text{Con}, \text{Cbrake/elevator/accelerator/rudder}, \text{CLa}, F, M, \text{Slink}) \end{cases}$$

$$(4.11)$$

式中，b 为刹车装置的状态，CA 为刹车指令，c 为刹车控制器的状态，v_{lr} 为机轮速度，v_j 为机体速度，ang 为无人机相关姿态角，e 为电液伺服阀的状态，T_b' 为上一次的刹车力矩，T_f 为结合力矩，σ 为滑移率，way 为跑道信息，un 为起落架状态，w 为机轮状态信息，Slink 为系统的通信链路；SC 为安全约束，Ins 为指令信息，Par 为无人机参数信息，Crate 为控制率，Con 为无人机当前状态，Cla 为着陆控制系统状态，Cbrake/elevator/accelerator/rudder 为各个执行器自身的状态，F 为无人机所受合外力，M 为无人机所受外力矩。

根据刹车力矩影响函数，可以将刹车力矩的影响因素分为两类：一是本系统的影响因素；二是其他系统的影响因素，其他系统主要包括上层系统和同层系统。刹车系统的影响因素可表示为：

$$\begin{cases} \text{本系统：} b, c, v_{\text{lr}}, v_{\text{j}}, \text{ang}, e, T_{\text{b}}, T_{\text{f}}, \sigma, \text{way}, \text{un}, w, \text{Slink} \\ \text{其他系统：SC, Ins, Par, Crate, Con, Cbrake/elevator/accelerator/rudder，CLa, } F, M, \text{Slink} \end{cases}$$

$$(4.12)$$

在刹车系统中，各个部件的工作状态以及信息传输通道都会对刹车力矩产生影响。在上层系统中，安全约束、控制指令、控制率以及无人机的物理参数等外部输入和跑道状态、外部力矩、大气环境等外部信息会通过控制回路对刹车力矩产生影响。在同层系统中，方向舵的控制、油门舵的控制等会影响无人机的状态，并通过回路传递，影响刹车力矩。通过与前面所得到的致因因素进行对比，可知 4.3 节中对减速功能的安全性分析得到的致因因素包含了上层系统以及同层系统的影响，本节所得的致因因素恰好是系统对刹车力矩的影响。

结果证明，从模型角度所分析出的影响因素与基于 STAMP/STPA 方法所得的致因因素相对应，证明了本节的模型构建方法以及变量识别方法的正确性，并且表明了刹车力矩能够反映系统自身状态、信息传递通道以及环境信息对刹车系统的影响。因此，可以通过控制模型中系统自身状态、信息传递通道以及环境信息的输入来观察刹车力矩对系统安全性的影响。下面将本节所建立的控制模型以及识别的变量作为基础来建立安全性仿真验证环境。

4.5 无人机刹车系统 Simulink 验证

对比 ARP 4761 中从安全性分析到安全性验证的流程，STAMP/STPA 方法缺少相应的安全性验证方法。因此，下面在利用 STAMP/STPA 方法对刹车系统安全性进行分析的基础上，提出基于 STAMP/STPA 的安全性仿真验证方法。首先依据着陆阶段系统控制模型以及刹车系统控制模型建立安全性仿真验证环境，然后针对 STAMP/STPA 方法识别的不安全控制行为设置相应的变量值作为仿真验证的依据，最后进行仿真验证，旨在通过系统模型仿真验证并解释不安全控制行为导致的事故，并给出相关控制措施。

4.5.1 仿真验证环境构建

根据前文所建立的着陆阶段系统控制模型以及刹车系统控制模型，构建安全性仿真验证环境。

1. 基本假设

无人机在地面滑跑时，由于很多因素的影响，其姿态变化复杂，因此要将所有因素考虑在模型中是很难做到的。本节所建立的模型主要是为了对系统的安全性进行仿真验证，而且有很多影响因素可以通过刹车压力的变化进行模拟，所以在建立模型时，没有必要将所有影响因素考虑在内。因此，在建立模型时做了如下假设：

（1）不考虑机身弹性形变的影响，将机身看作是理想刚体；

（2）重力加速度为常值；

（3）不考虑地球自转的影响，以地面坐标系为惯性坐标系；

（4）不考虑地球曲率的影响，认为着陆跑道为平面。

根据假设以及着陆阶段和刹车系统的控制架构建立仿真验证环境，如图 4.17 所示。

2. 机体模型

根据参考文献[7-9]，建立无人机六自由度机体模型如下：

1）动力学模型

动力学模型主要是对无人机相对于地面坐标系的运动进行描述。在地面坐标系下，运用牛顿第二定律、动量定理、动量矩定理以及几何关系建立无人机在 $\boldsymbol{F}$（合外力）作用下的线运动方程以及在 $\boldsymbol{M}$（合外力矩）作用下的角运动方程：

$$\sum \boldsymbol{F} = \frac{\mathrm{d}(m\boldsymbol{V})}{\mathrm{d}t} \tag{4.13}$$

$$\sum \boldsymbol{M} = \frac{\mathrm{d}(\boldsymbol{L})}{\mathrm{d}t} \tag{4.14}$$

式中，m 为无人机质量，$\boldsymbol{V}$ 为无人机质心速度向量，$\boldsymbol{L}$ 为动量矩。

将无人机在地面坐标系下的方程转换到机体坐标系下，得到无人机的地面动力学模型：

$$\begin{cases} \dot{u} = vr - wq - g\sin\theta + \dfrac{F_X}{m} \\[2mm] \dot{v} = -ur + wp - g\cos\theta\sin\phi + \dfrac{F_Y}{m} \\[2mm] \dot{w} = uq - vp + g\cos\theta\cos\psi + \dfrac{F_Z}{m} \end{cases} \tag{4.15}$$

$$\begin{cases} \dot{p} = \dfrac{I_z\overline{L} + I_{zx}M_z}{I_xI_z - I_{zx}^2} \\[2mm] \dot{q} = \dfrac{M + (I_z - I_x)rp + I_{zx}(r^2 - p^2)}{I_y} \\[2mm] \dot{r} = \dfrac{I_{zx}\overline{L} + I_xN}{I_xI_z - I_{zx}^2} \end{cases} \tag{4.16}$$

式中，ϕ、θ、ψ 分别为机体坐标系相对于惯性系的滚转角、俯仰角、偏航角；m 表示无人机质量；F_X、F_Y、F_Z 表示气动力和推力在机体坐标系上的分量；I 表示惯性张量；p、q、r 表示机体坐标系相对于惯性坐标系的角速度沿机体坐标系得到的三个分量的大小；u、v、w 表示机体坐标系原点相对于惯性系的速度沿机体坐标系得到的三个分量的大小。

无人机受到的空气动力包括阻力、侧力和升力，它们的表达式如下：

$$\text{阻力：} D = C_D\left(\frac{1}{2}\rho V^2\right)S_w \tag{4.17}$$

$$\text{侧力：} Y = C_Y\left(\frac{1}{2}\rho V^2\right)S_w \tag{4.18}$$

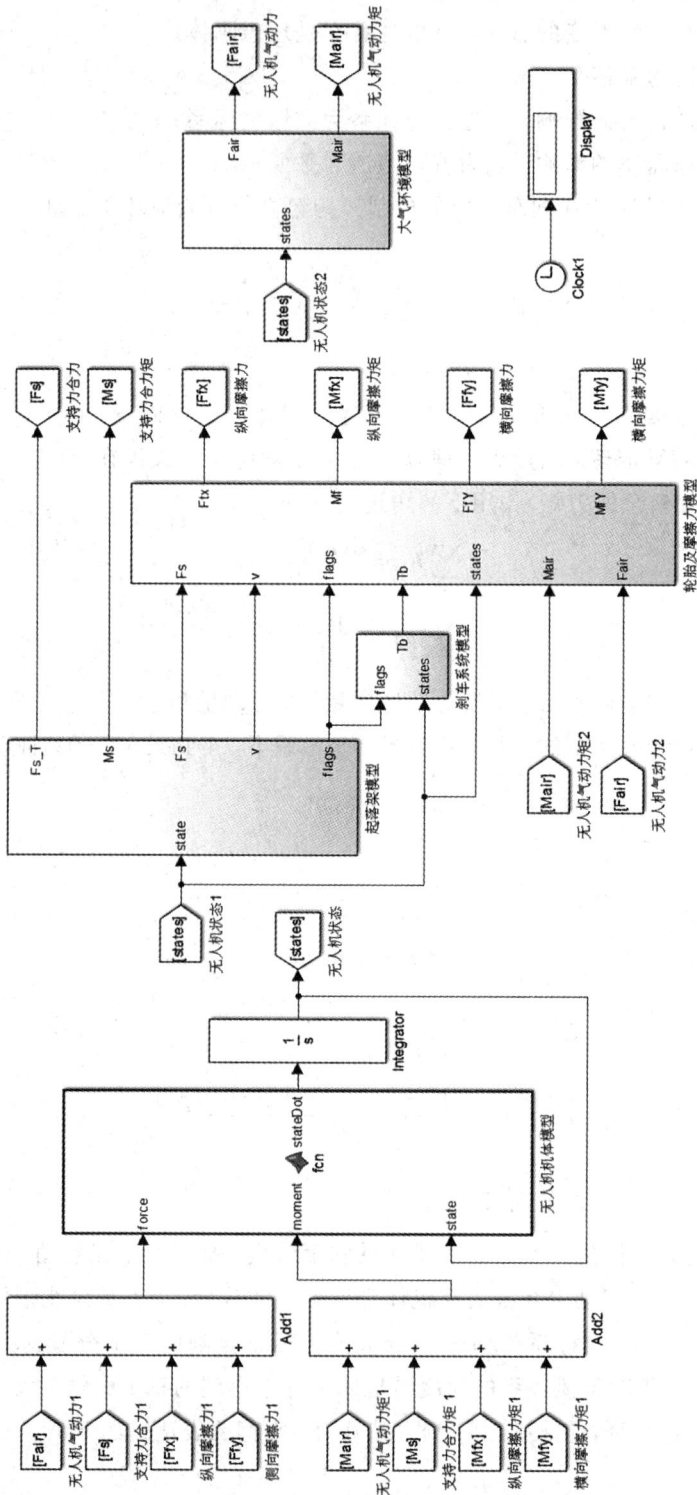

图4.17　仿真验证环境

$$升力：L = C_{L}\left(\frac{1}{2}\rho V^2\right)S_{w} \tag{4.19}$$

式中，ρ 为大气密度，V 为飞机速度，S_w 为机翼参考面积，C_D 为阻力系数，C_Y 为侧力系数，C_L 为升力系数。

所产生的力矩包括滚转力矩、俯仰力矩和偏航力矩，它们的表达式如下：

$$滚转力矩：\bar{L} = C_{\bar{L}}\left(\frac{1}{2}\rho V^2\right)bS_{w} \tag{4.20}$$

$$俯仰力矩：M = C_{M}\left(\frac{1}{2}\rho V^2\right)c_{A}S_{w} \tag{4.21}$$

$$偏航力矩：N = C_{N}\left(\frac{1}{2}\rho V^2\right)bS_{w} \tag{4.22}$$

式中，b 为机翼展长，c_A 为机翼的平均几何弦长，$C_{\bar{L}}$ 为滚转力矩系数，C_M 为俯仰力矩系数，C_N 为偏航力矩系数。

2）运动学方程

无人机的运动学方程主要针对无人机在机体坐标系下相对于地面坐标系的空间位置进行描述。无人机的角运动包括滚转角运动、俯仰角运动和偏航角运动，由机体坐标系与地面坐标系之间的转化关系和无人机三个姿态角速率与机体轴坐标系下三个角度分量之间的关系，可得无人机运动学方程组如下：

$$\begin{cases} \dot{\phi} = p + (q\sin\phi + r\cos\phi)\tan\theta \\ \dot{\theta} = q\cos\phi - r\sin\phi \\ \dot{\psi} = \dfrac{q\sin\phi + r\cos\phi}{\cos\theta} \end{cases} \tag{4.23}$$

根据无人机质心线运动以及机体坐标系与地面坐标系之间的转化关系，可以得到导航方程组如下：

$$\begin{cases} \dot{x} = V\cos\theta\cos\psi \\ \dot{y} = V\cos\theta\sin\psi \\ \dot{z} = V\sin\theta \end{cases} \tag{4.24}$$

式中，$\dot{x}$、$\dot{y}$、$\dot{z}$ 为地面坐标系下的位移运动速率。

4.5.2　刹车系统模型

1. 电液伺服阀模型

电液伺服阀通过调节控制电流来调节伺服阀喷嘴的大小，实现对无人机刹车压力的控制。电液伺服阀的结构复杂，很难找到一个准确的数学模型，因此可将电液伺服阀的模型简化为二阶传递函数[2]：

$$M(s) = \frac{y_{un}}{s^2 + 2\varepsilon \cdot \omega_{n} \cdot s + \omega_{n}^2} \tag{4.25}$$

式中：ω_n 为伺服阀固有频率；ε 为伺服阀相对阻尼系数；y_{un} 为伺服阀自身状态，其受自身质量、尺寸等影响，一般为1。

电液伺服阀的仿真模型如图 4.18 所示。

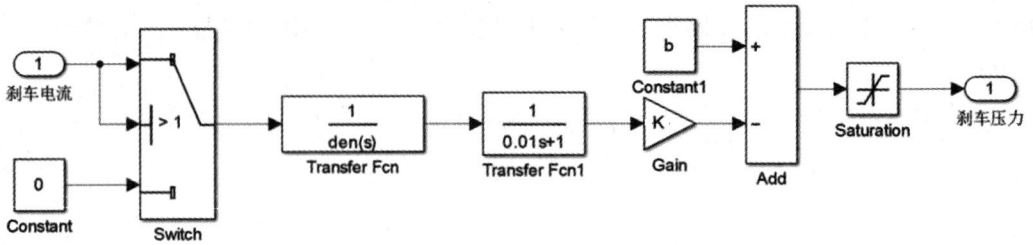

图 4.18　电液伺服阀仿真模型

2. 起落架模型

无人机的起落架是连接飞机机体与机轮的桥梁，其具体功能有两个：一是为机体提供支撑力；二是在无人机降落时通过缓冲消耗着陆瞬间产生的巨大能量。在无人机减速滑跑时，起落架的受力情况非常复杂，建立相对精确的模型比较困难。无人机在地面滑跑时，不同的速度所受空气动力也不同，所以地面支撑力也是时刻变化的。因此在不考虑其他因素影响的基础上，下面主要考虑起落架压缩量和压缩速度与机轮支撑力的对应关系，依此对起落架支撑力进行建模[10−11]。起落架模型如下：

$$F_z = -(k_s \times l + k_d \times \text{sign}(\dot{l}) \times \dot{l}^2) \tag{4.26}$$

式中：F_z 表示机轮支撑力，k_s 表示起落架刚度系数，k_d 表示起落架阻尼系数，l 表示起落架压缩量。

起落架的仿真模型如图 4.19 所示。

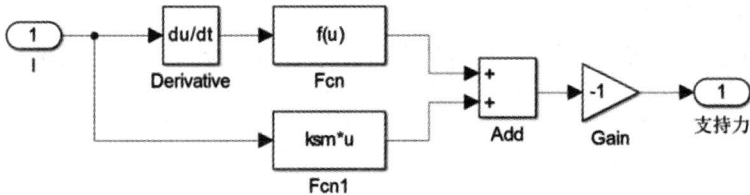

图 4.19　起落架仿真模型

3. 刹车装置模型

刹车装置的主要作用是将刹车压力转化为刹车力矩，并对机轮实施制动。对于刹车装置的建模，可采用如下经验公式[2]：

$$T_b = \begin{cases} 0, & p_b < p_0 \\ s_{un} \cdot k_2 \cdot (p_b - p_0), & p_0 \leqslant p_b < \dfrac{T_1}{k_2} + p_0 \\ s_{un} \cdot T_1, & \dfrac{T_1}{k_2} + p_0 < p_b < \dfrac{T_1}{k_1} + p_0 \\ s_{un} \cdot k_1 \cdot (p_b - p_0), & \dfrac{T_1}{k_1} + p_0 < p_b \leqslant p_m \end{cases} \tag{4.27}$$

其中：

$$\begin{cases} k_1 = \dfrac{T_{sm}}{p_m - p_0} \\[3mm] k_2 = \dfrac{T_{sm}}{p_x - p_0} \end{cases} \qquad (4.28)$$

式中：T_b 为刹车力矩；p_b 为刹车压力；T_{sm} 为最大刹车力矩；p_0 为最小刹车压力；p_m 为最大刹车压力；T_1 为上次输出力矩；r_p 为上次输入压力；p_x 为最大迟滞刹车压力；k_1 为压力减小时力矩的斜率；k_2 为压力增大时力矩的斜率；s_{un} 为刹车装置自身状态系数，其受自身质量、尺寸等影响，一般为 1。

刹车装置的仿真模型如图 4.20 所示。

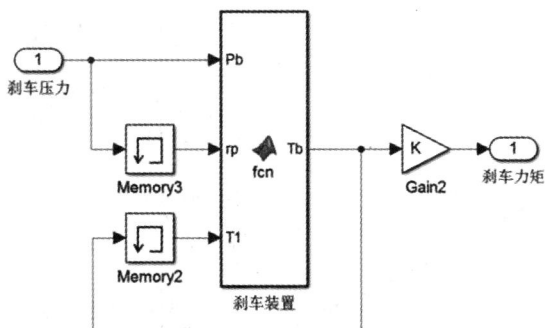

图 4.20　刹车装置仿真模型

4. 机轮模型

建立机轮模型主要是为了获得刹车制动时的机轮速度。不考虑次要因素的影响，机轮制动时，机轮速度由刹车力矩和地面结合力矩的力矩差来控制。力矩差有以下三种情况：

（1）刹车力矩小于结合力矩。此种情况下机轮会加速，但速度最大不会大于自由滚动时的机轮速度。

（2）刹车力矩等于结合力矩。此种情况下机轮会以固定的速度转动。

（3）刹车力矩大于结合力矩。此种情况下机轮会逐渐减速，但速度不会小于零。

根据转动惯量定律，无人机着陆滑跑时的机轮模型[9]如下：

$$\begin{cases} \dot{\omega} = \dfrac{1}{I_w} \cdot (T_f - T_b) + \dfrac{V_{zx}}{R_{vb}} \\[3mm] V_w = \omega \times R_{vb} \end{cases} \qquad (4.29)$$

式中：ω 为机轮角速度；I_w 为机轮转动惯量；T_f 为结合力矩；T_b 为刹车力矩；V_w 为机轮线速度；R_{vb} 为机轮滚动半径；V_{zx} 为机轮轮轴沿机体纵向的速度。

4.5.3　模型验证

为了验证所建立的无人机着陆阶段系统模型与刹车系统模型，设置无人机着陆初始速度为 50 m/s，关闭发动机时无人机离地高度为 6 m，着陆时侧向位移和航偏角均为 0。当无人机速度减小到 2 m/s 时，仿真结束。观察无人机在着陆滑跑过程中通过刹车系统减速时的滑跑距离、机体速度、左右两轮的刹车压力与刹车力矩、侧向偏移与偏航角随时间的变化，结果如图 4.21 所示。

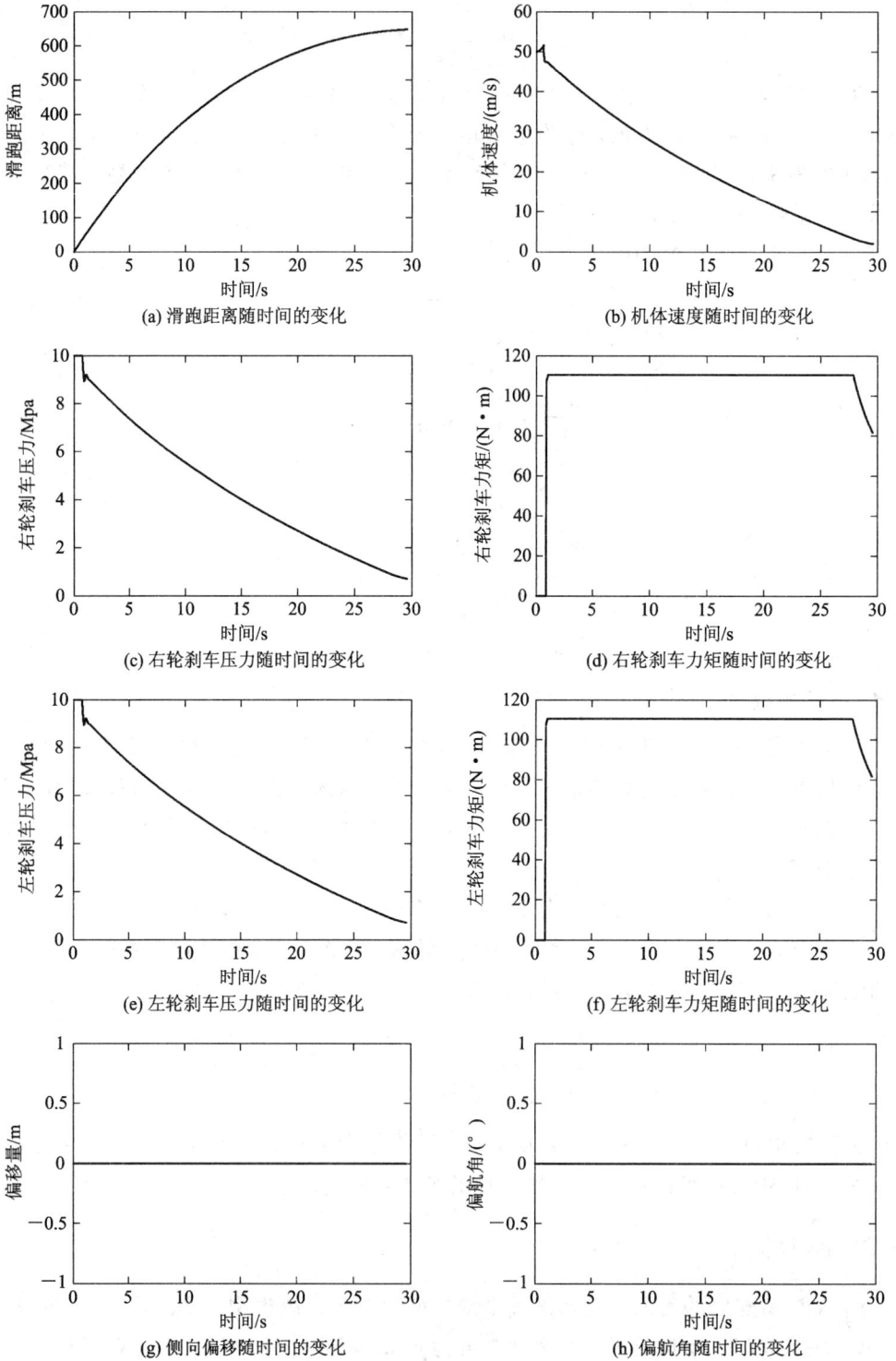

(a) 滑跑距离随时间的变化

(b) 机体速度随时间的变化

(c) 右轮刹车压力随时间的变化

(d) 右轮刹车力矩随时间的变化

(e) 左轮刹车压力随时间的变化

(f) 左轮刹车力矩随时间的变化

(g) 侧向偏移随时间的变化

(h) 偏航角随时间的变化

图 4.21　仿真验证结果

根据图 4.21 的仿真结果，无人机关闭发动机时，其速度为 50 m/s，高度为 6 m，此时无人机机轮还未着陆，两主轮的刹车系统没有输出刹车压力与刹车力矩，机体速度会增大；当无人机机轮着陆后，两主轮的刹车系统开始输出刹车压力与刹车力矩，无人机开始刹车，此时无人机速度逐渐减小，滑跑距离逐渐增加，侧向偏移与偏航角未发生明显变化；当机体速度减小到 2 m/s 时，仿真结束，整个刹车减速过程大约持续了 29.8 s。通过仿真测试，所建立的无人机着陆模型与刹车系统模型在运行过程中与实际的刹车减速过程一致。

4.5.4　基于 STAMP/STPA 的安全性仿真验证

基于 STAMP/STPA 的安全性仿真验证的具体步骤如下：

（1）构建仿真验证环境；

（2）根据不安全控制行为设置变量值，并进行仿真；

（3）对仿真结果进行分析；

（4）提出控制措施。

经过前面章节的安全性分析，针对 STAMP/STPA 方法识别的不安全控制行为，设置变量值如表 4.20 所示。由于 SUCA - 2 与 SUCA - 3 都是关于刹车力矩输出大小的不安全控制行为，因此将其合并为过大或过小。

表 4.20　不安全控制行为验证条件

编　号	不安全控制行为	变　量　值
SUCA - 1	刹车力矩未输出	一侧刹车力矩未输出
SUCA - 2	输出刹车力矩过大	输出刹车力矩过大或过小
SUCA - 3	输出刹车力矩过小	
SUCA - 4	两侧刹车力矩与标称值不符	一侧主轮刹车力矩与标称值存在偏差
SUCA - 5	刹车力矩输出间断	输出刹车力矩间断
SUCA - 6	未及时输出刹车力矩	输出刹车力矩延迟
SUCA - 7	停止过早	刹车力矩停止过早

在前文已经构建了仿真验证环境，下面根据表 4.20 所示的不安全控制行为以及实际情况，开展仿真验证。仿真的基本设置如下：

（1）关闭发动机时，无人机的速度为 50 m/s，离地高度为 6 m；

（2）当无人机速度减小到 2 m/s 时，仿真停止；

（3）通过控制刹车力矩的输出大小以及作用时间，观察滑跑距离、侧向偏移与机体速度等的变化。

1. 一侧刹车力矩未输出

根据 SUCA - 1 设置刹车力矩的变量值为一侧刹车力矩未输出，仿真无人机减速滑跑过程中一侧主轮的刹车装置没有输出刹车压力的情况，以右主轮为例，得到的仿真结果如

图 4.22 所示。

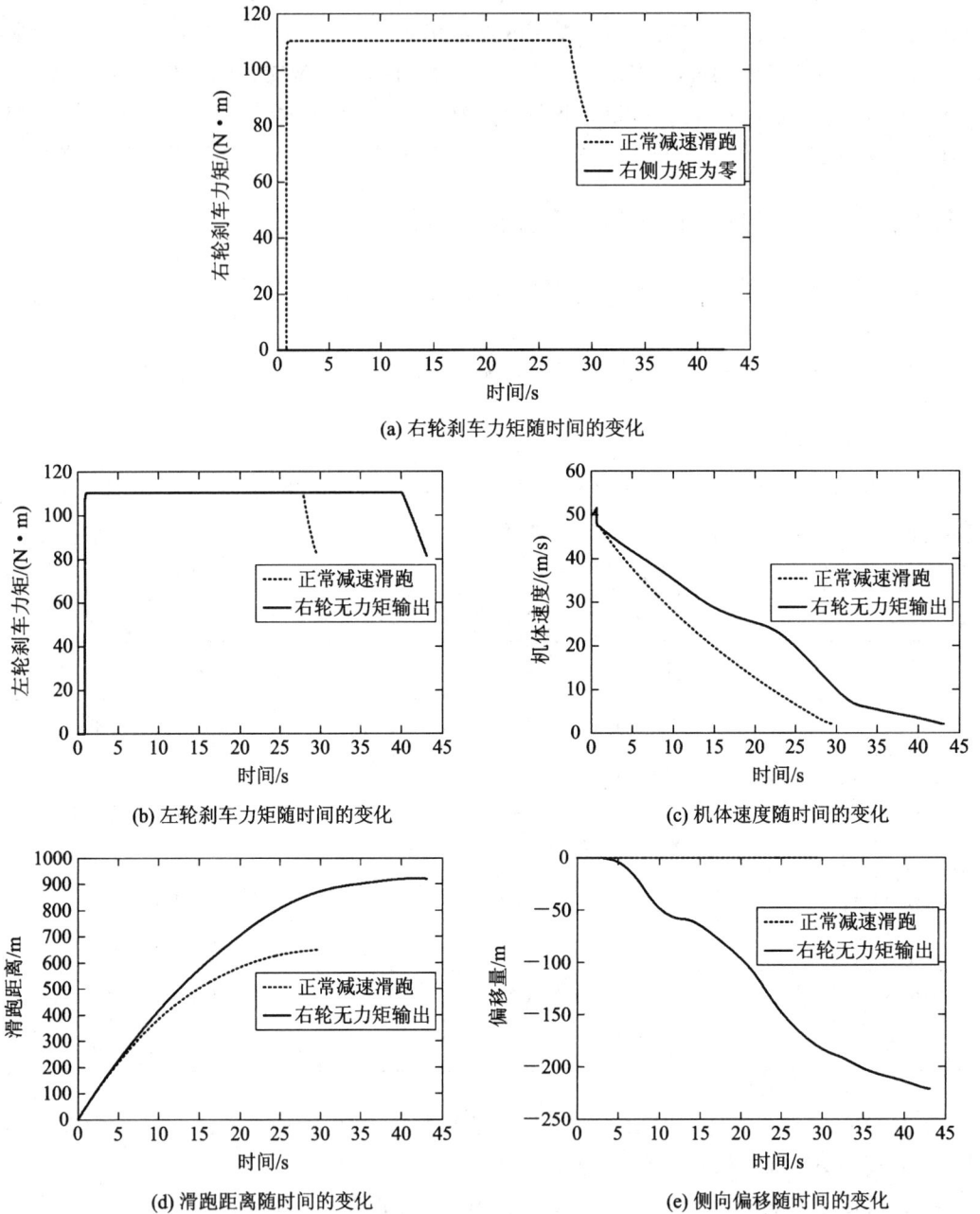

(a) 右轮刹车力矩随时间的变化

(b) 左轮刹车力矩随时间的变化

(c) 机体速度随时间的变化

(d) 滑跑距离随时间的变化

(e) 侧向偏移随时间的变化

图 4.22 一侧刹车力矩未输出时的仿真结果

根据仿真结果可知，当右轮刹车系统不输出刹车力矩，左轮刹车力矩正常输出时，机体速度逐渐减小，滑跑距离逐渐增加，无人机逐渐向左侧偏移。此时与正常着陆相比，由于右轮没有刹车力矩，使得总刹车力矩减小，导致减速滑跑过程的用时增加，着陆滑跑距离也明显增加。同时，由于右轮没有受到来自刹车系统的制动，其减速效果不如受到制动的左主轮，导致无人机向左偏移。因此，无人机在一侧刹车力矩输出出现问题时，会导致滑跑距离增加、出现侧向偏移、滑跑时间增加。虽然无人机对着陆跑道的要求没有有人机高，但在长度与宽度上会有一定的限制，所以滑跑距离增加很容易造成无人机在着陆时冲出跑道，出现侧向偏移会使无人机着陆时侧向冲出跑道。

由此，提出控制策略一：无人机在着陆时应控制两轮的刹车力矩正常输出。

2. 输出刹车力矩过大或过小

根据 SUCA-2 与 SUCA-3 设置刹车力矩的变量值为过大或过小，通过控制输出刹车力矩的时间来观察间断刹车力矩过大或过小对刹车效果的影响。输出刹车力矩相对于标称值的变化范围为 -10%～10%，得到的仿真结果如图 4.23 所示。

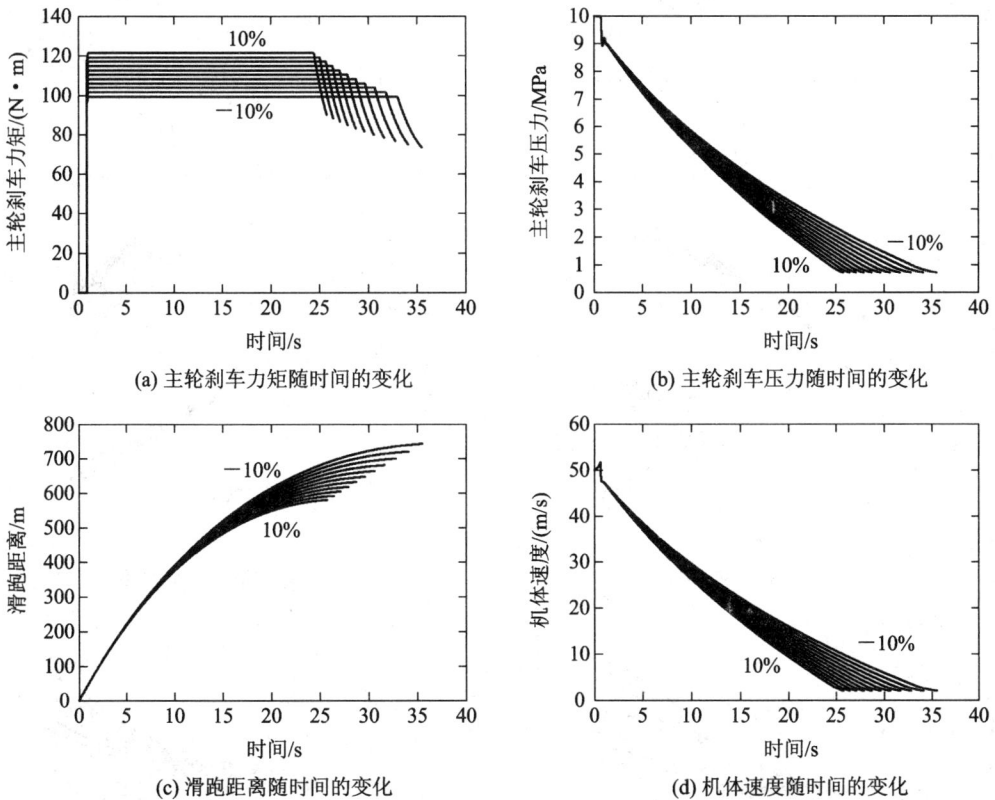

(a) 主轮刹车力矩随时间的变化

(b) 主轮刹车压力随时间的变化

(c) 滑跑距离随时间的变化

(d) 机体速度随时间的变化

图 4.23　输出刹车力矩过大或过小时的仿真结果

图 4.23 中的绿色曲线表示正常刹车的情况，蓝色曲线表示主轮刹车力矩从与标称值相差 -10% 变化到 10% 的刹车情况。随着刹车力矩从 10% 到 -10% 逐渐减小，无人机的滑跑距离增加，滑跑时间增加，且刹车距离存在明显区别。

根据仿真结果可知，无人机在刹车力矩输出过大或过小时，会导致滑跑距离的变化，并且刹车力矩越小，滑跑距离越长。倘若以跑道长度 700 m 为限，则刹车力矩最大的允许值比标称值小 8%，当超过 8% 时很容易导致无人机冲出跑道的事故发生。

由此，提出控制策略二：无人机着陆阶段刹车力矩的输出可能存在偏差，但要控制在一定的范围内。

3. 一侧主轮刹车力矩与标称值存在偏差

根据 SUCA-4 设置刹车力矩的变量值为一侧力矩值与标称值存在偏差，以左侧刹车力矩为例，仿真与标称值偏差范围为±10％的情况，得到的仿真结果如图 4.24 所示，图中对曲线重叠严重的区域进行了放大处理。

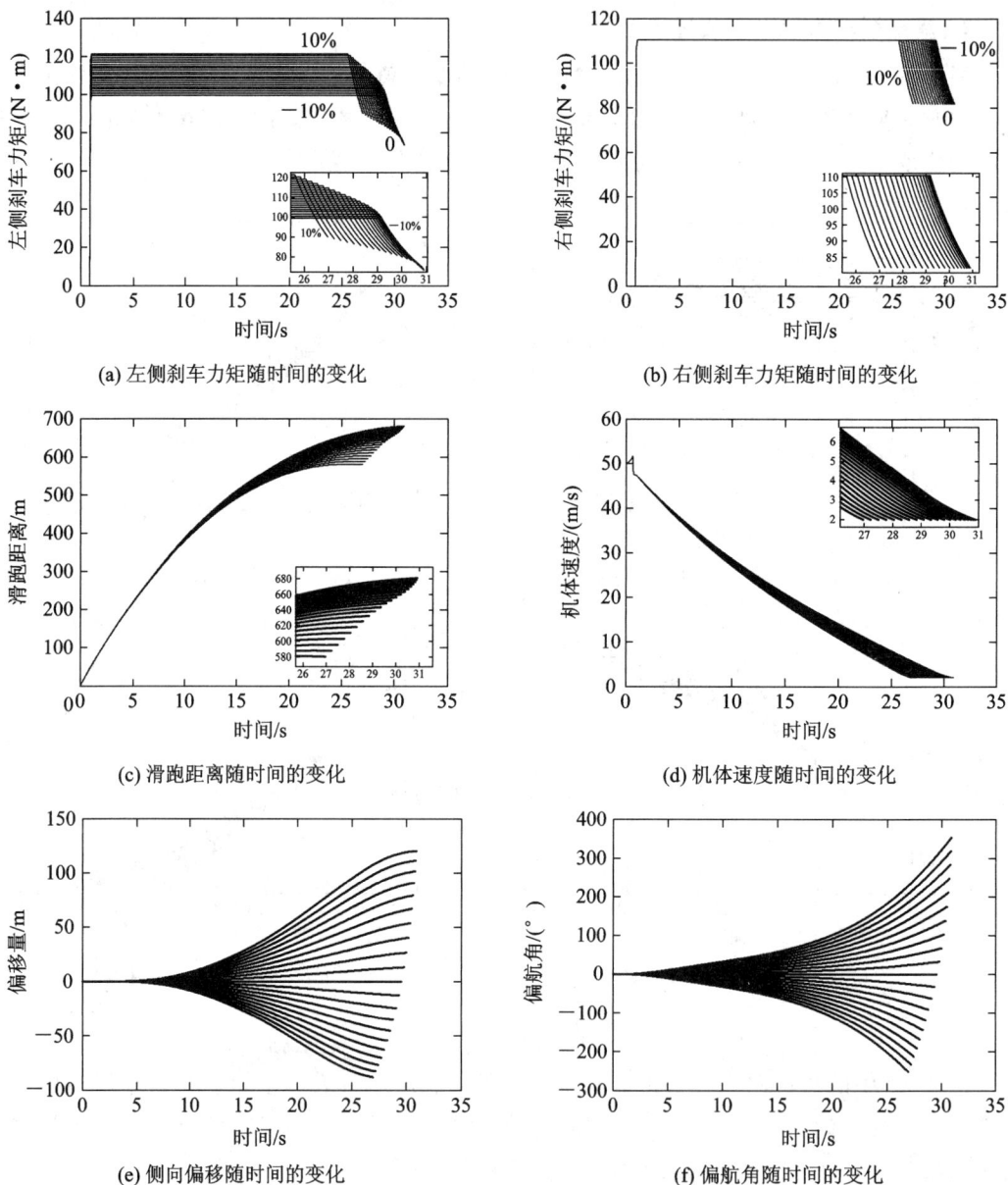

(a) 左侧刹车力矩随时间的变化

(b) 右侧刹车力矩随时间的变化

(c) 滑跑距离随时间的变化

(d) 机体速度随时间的变化

(e) 侧向偏移随时间的变化

(f) 偏航角随时间的变化

图 4.24　一侧主轮刹车力矩与标称值存在偏差时的仿真结果

图 4.24 中的绿色曲线表示正常刹车的情况，蓝色曲线按图中从−10％到 10％标识方向依次表示左侧刹车力矩与标称值偏差为−10％，−9％，…，0，…，9％，10％，右侧刹车

力矩正常输出。当左侧刹车力矩小于标称值，即从−10％到0时，两主轮合刹车力矩小于正常情况，滑跑距离增加，滑跑时间增加，且偏移量与偏航角逐渐正向增大，即机体向右侧出现偏移。当左侧刹车力矩大于标称值，即从0到10％时，两主轮合刹车力矩大于正常情况，滑跑距离减小，滑跑时间减小，且偏移量与偏航角逐渐负向增大，即机体向左侧出现偏移。

根据仿真结果可知，一侧主轮刹车力矩与标称值存在偏差的情况会对无人机的着陆安全性造成影响。当一侧主轮刹车力矩小于标称值时，滑跑距离会增加，容易出现冲出跑道的事故，且会使无人机出现严重侧偏，容易侧向冲出跑道；当一侧主轮刹车力矩大于标称值时，滑跑距离会减小，但是严重的侧向偏移问题是不能忽略的。

由此，提出控制策略三：两主轮的刹车力矩在输出时与标称值之间可能存在偏差，但一定要控制在可接受范围内。

4. 输出刹车力矩间断

根据SUCA−5设置刹车力矩的变量值为输出刹车力矩间断，通过控制间断开始时间和间断持续时间来观察间断刹车力矩的输出间断对刹车效果的影响。间断开始时间分别设为2 s，4 s，6 s，…，20 s，间断持续时间为1 s，得到的仿真结果如图4.25所示。

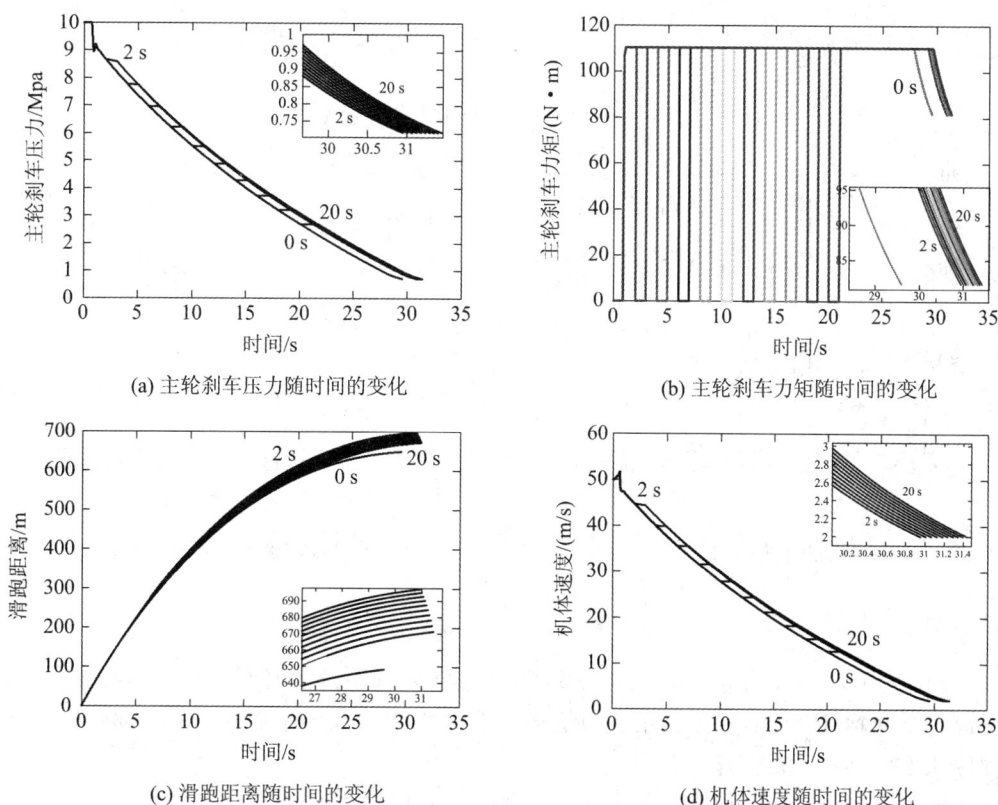

(a) 主轮刹车压力随时间的变化　　(b) 主轮刹车力矩随时间的变化

(c) 滑跑距离随时间的变化　　(d) 机体速度随时间的变化

图4.25　输出刹车力矩间断时的仿真结果

图4.25中的绿色曲线表示正常刹车的情况，蓝色曲线按图中从2 s到20 s标识方向依

次表示间断开始时间为 2 s，4 s，6 s，…，20 s，间断持续时间为 1 s。从图中可以看出，间断刹车力矩输出对刹车距离的影响较大，第 2 s 开始间断时，刹车距离最大；第 20 s 开始间断时，刹车距离最小。所以，越早开始间断，对刹车效果影响越大；而且间断开始越晚，其刹车时间越长。

为了观察间断持续时间对系统安全性的影响，分别对第 5 s、第 15 s 开始间断且间断持续时间为 1 s～10 s 的情况建立仿真分析环境，取不同的间断持续时间，图 4.26 为第 5 s 开始间断的结果，图 4.27 为第 15 s 开始间断的结果。

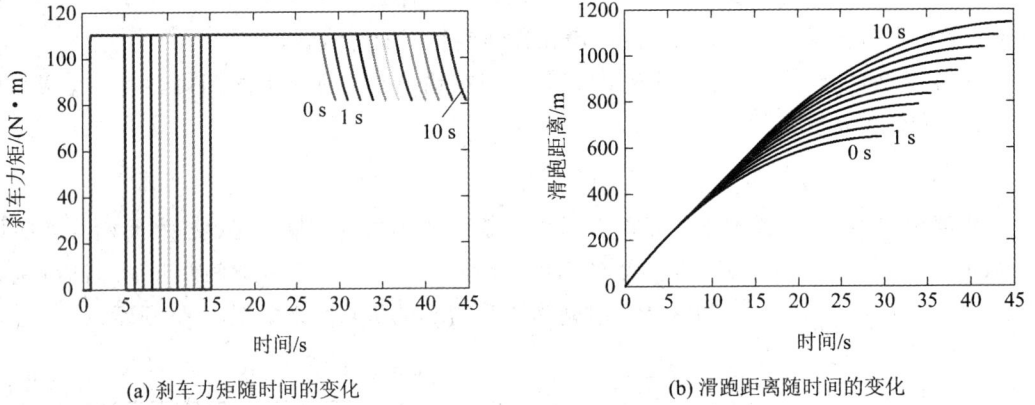

(a) 刹车力矩随时间的变化　　(b) 滑跑距离随时间的变化

图 4.26　第 5 s 开始间时的仿真结果

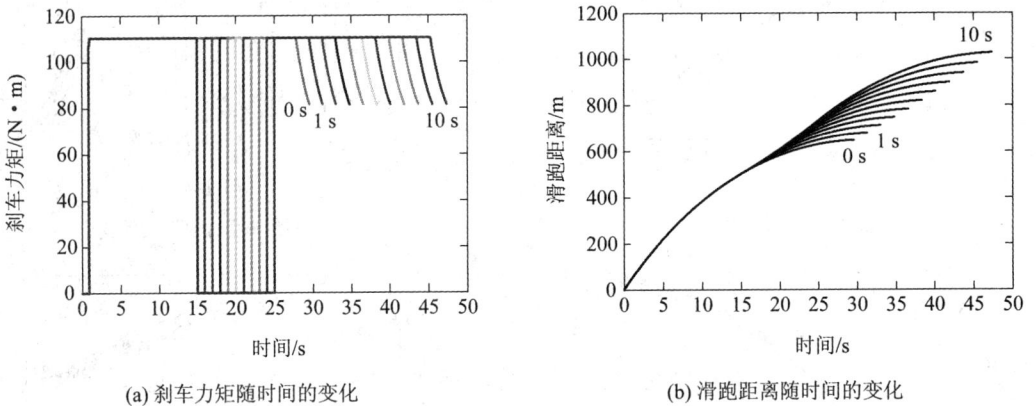

(a) 刹车力矩随时间的变化　　(b) 滑跑距离随时间的变化

图 4.27　第 15 s 开始间断时的仿真结果

由图 4.26(b) 与图 4.27(b) 可以看出，在刹车力矩间断持续时间不断增加的过程中，刹车距离也不断增加。但对于不同的间断开始时间，滑跑距离与滑跑时间并不相同，对比结果如图 4.28 与图 4.29 所示。

根据图 4.28 和图 4.29 的仿真结果可以看出，相同的间断持续时间下，在第 5 s 开始间断时的滑跑距离明显长于第 15 s 开始间断时的滑跑距离，而滑跑时间明显小于第 15 s 开始间断时的滑跑时间。所以，在相同的间断持续时间下，越早间断则滑跑距离越长。

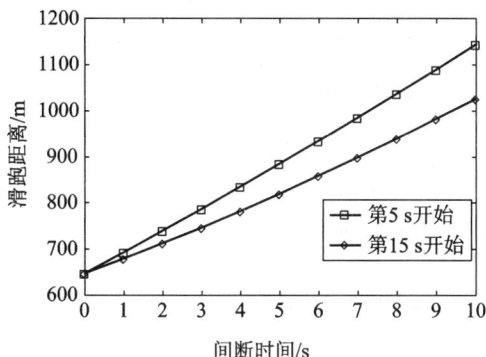

图 4.28　滑跑距离对比图

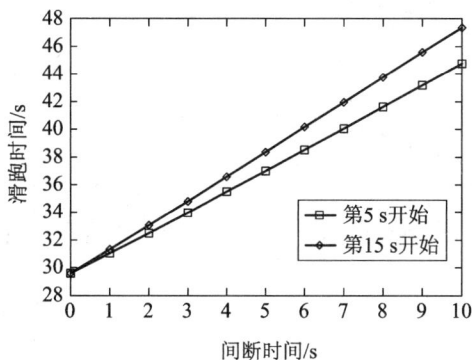

图 4.29　滑跑时间对比图

根据仿真结果可知，主轮刹车力矩不连续的情况会对无人机的着陆安全造成影响。在着陆开始时，刹车力矩出现不连续现象会导致滑跑距离明显增加，对刹车效果影响较大；而后在滑跑过程中，刹车力矩输出不连续现象对滑跑距离也有明显影响，但滑跑距离小于上一种情况。所以在着陆滑跑时，刹车力矩输出不连续现象出现得越早，对着陆安全性的影响就越大。当刹车力矩输出不连续时，其不连续的时间也会对无人机的着陆安全造成影响，在相同的间断持续时间下，越早开始间断则越容易造成冲出跑道的事故发生。

由此，提出控制策略四：在刹车力矩输出出现间断时，应尽快恢复输出。

5. 输出刹车力矩延迟

根据 SUCA - 6 设置刹车力矩的变量值为输出刹车力矩延迟，通过控制刹车力矩输出开始时间来观察未及时输出刹车力矩对刹车效果的影响，输出延迟时间设为 1 s～10 s，得到的仿真结果如图 4.30 所示。

图 4.30 中绿色曲线表示正常刹车的情况，蓝色曲线表示刹车力矩延迟输出从 1 s～10 s 的刹车情况。在延迟 1s 时，与正常的刹车状况差距不大；随着延迟时间的增加，无人机的滑跑距离增加，滑跑时间增加；机体速度在没有刹车力矩的作用时，会在摩擦力与空气阻力的作用下进行缓慢减速，当刹车力矩输出时，开始进行正常减速。

(a) 主轮刹车力矩随时间的变化　　　　(b) 主轮刹车压力随时间的变化

(c) 滑跑距离随时间的变化　　　　(d) 机体速度随时间的变化

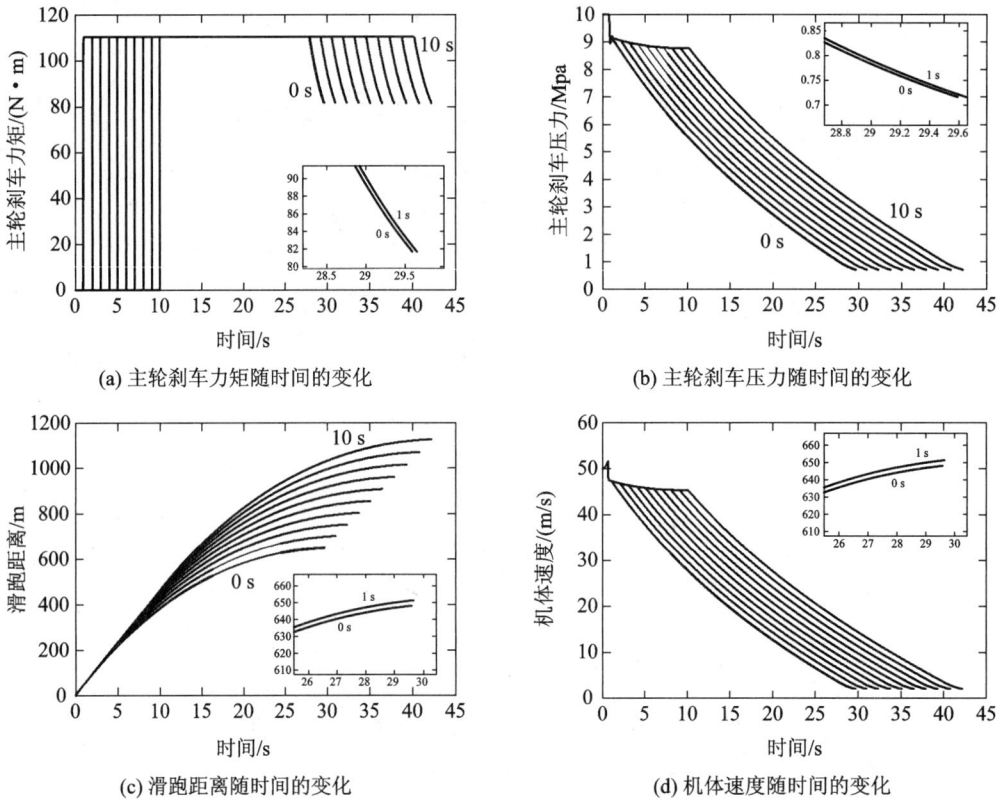

图 4.30　未及时输出刹车力矩时的仿真结果

根据仿真结果可知，无人机在刹车力矩输出延迟时会导致滑跑距离增加，并且延迟时间越长，滑跑距离越长。倘若以跑道长度 1000 m 为限，则刹车力矩最大的允许延迟时间为 8 s，当超过 8s 时很容易导致无人机冲出跑道的事故发生。

由此，提出控制策略五：在无人机着陆阶段，若是人工控制，应及时根据着陆情况输出刹车力矩；若是无人机着陆系统自主控制，应保证系统控制回路的正常运作，以控制刹车力矩的输出时间偏差在容许的延迟时间范围内。

6. 刹车力矩停止过早

根据 SUCA‑7 设置刹车力矩的变量值为刹车力矩停止过早，通过控制刹车力矩输出结束时间来观察刹车力矩停止过早对刹车效果的影响，输出停止时间设为 20 s～29 s，得到的仿真结果如图 4.31 所示。由于在 20 s 之前滑跑距离与机体速度的变化相同，因此图中主要截取 20 s 后的情况。

图 4.31 中的绿色曲线表示正常刹车的情况，蓝色曲线表示刹车力矩停止输出时间为 20 s～29 s 时的刹车情况。在 29 s 时，与正常的刹车状况差距不大；随着停止时间提前，停止时的机体速度逐渐增大，机体速度在没有刹车力矩作用时，会在摩擦力与空气阻力的作用下进行缓慢减速，最终导致无人机的滑跑距离增加，滑跑时间增加。

根据仿真结果可知，无人机在刹车力矩输出提前停止时，会导致滑跑距离增加，并且停止时间越早，滑跑距离越长，越容易导致冲出跑道的事故发生。

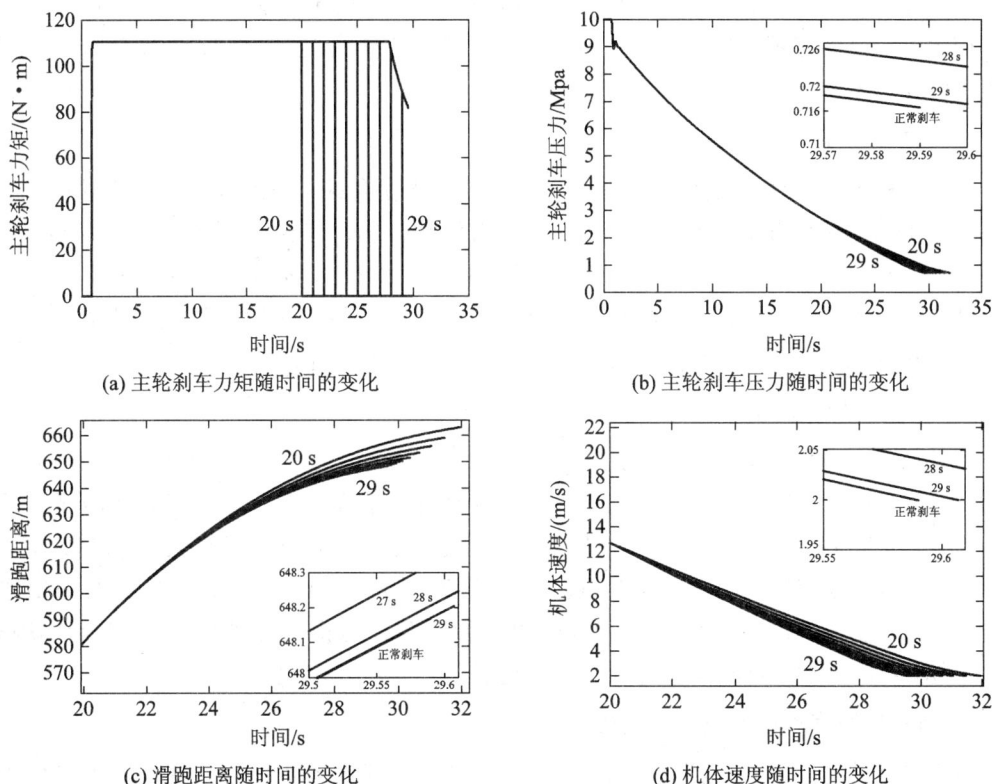

(a) 主轮刹车力矩随时间的变化

(b) 主轮刹车压力随时间的变化

(c) 滑跑距离随时间的变化

(d) 机体速度随时间的变化

图 4.31　刹车力矩停止过早时的仿真结果

由此，提出控制策略六：在无人机着陆阶段，若是人工控制，应根据着陆情况停止刹车；若是无人机着陆系统自主控制，应保证系统控制回路的正常运作，以控制刹车力矩停止输出的时间偏差在容许的延迟时间范围内。

4.6　不确定性条件下无人机刹车系统安全性 Simulink 验证

刹车力矩输出的大小以及作用时间都存在一定的偏差，这些偏差表现在工程上就是不确定性，而且这些不确定性对刹车力矩以及着陆安全都会产生影响，因此需要进一步分析、验证不确定性对安全性的影响。同时，为了更好地通过仿真验证安全性，需要使模型刻画更加符合实际的着陆情况，也应考虑刹车系统中的不确定性的影响。因此，在 STAMP/STPA 对刹车系统进行安全性分析的基础上，下面提出不确定性条件下的安全性验证方法，并通过仿真对不确定性因素进行验证分析。

4.6.1　刹车系统中的不确定性分析

根据不确定性理论，不存在能够完全反映真实系统实际行为的模型。前文所建立的无人机着陆系统模型以及刹车系统模型都是通过数学模型进行表示的，是真实着陆系统和刹车系统的近似描述，所以模型结构和模型参数都存在不确定性。根据一般建模仿真中的三类不确定性，即固有不确定性、认知不确定性以及数值不确定性[12-14]，可以分析前文所建模型中存在的不确定性。

1. 刹车系统模型的固有不确定性

固有不确定性是任意仿真系统和仿真结构中必然存在的，是无法避免与消除的。无人机系统在实际执行任务的过程中，其质量、受力面积等物理参数并不是一成不变的，而是会随着无人机自身的高度、速度以及所处环境的变化而改变，所以真实的无人机系统存在随机性、偶然性，而仿真模型很难刻画系统本身的随机性与偶然性，且仿真模型本身也存在随机性与偶然性，因此刹车系统模型必然存在固有不确定性。

2. 刹车系统模型的认知不确定性

刹车系统模型的认知不确定性主要来源于我们自身对真实刹车系统认知的有限性。在使用仿真模型代替实际刹车系统的过程中，因为认知的有限，不能考虑到全部的真实系统影响因素，使数学仿真模型不能完全替代真实的刹车系统；并且为了建模方便以及模型的实际需要，对刹车装置、电液伺服阀等组件的模型进行了简化，只考虑了输入与输出的关系，并未建立复杂的组件模型；而且在建立模型的时候未考虑与研究内容无关的影响因素。所以，刹车系统模型的结构必然存在不确定性。

3. 刹车系统模型的数值不确定性

模型参数的确定方法主要有两种：一是无人机翼展、无人机重心高度以及无人机轮胎半径等无人机自身的物理参数通过无人机技术手册得到；二是无人机着陆质量、无人机着陆初速度、空气阻力系数以及空气升力系数等不可测参数根据经验设置。无人机的物理参数会随着无人机的磨损以及飞行场地的环境等因素出现差异，而无人机的着陆质量与无人机载荷、耗油量以及本身的质量有关，且在着陆时无人机的重量是不可测的。所以，无论哪一种参数的确定方式都会存在不确定性。

4.6.2 不确定性条件下安全性仿真验证流程与参数描述

根据以上分析，在所建立的系统仿真模型中必然存在不确定性。所以，需要在不确定性条件下对安全性进行仿真验证。

1. 流程构建

根据上述分析，刹车系统模型中必然存在不确定性。不确定性的分析方法主要有解析法、代理模型法以及取样法等。下面主要通过蒙特卡罗法（Monte Carlo simulation）[15-17]对存在的不确定性进行分析，利用蒙特卡罗法多次取样并进行仿真来分析、验证系统的安全性。同时，借助蒙特卡罗法可建立更为真实的无人机刹车系统的安全性仿真验证环境，依此建立的仿真模型能更好地逼近无人机在减速滑跑阶段的真实状态，为有效地分析、验证无人机减速滑跑阶段的安全性提供基础。

为了使蒙特卡罗法具有更高的可信度，必须使模型参数不确定性的描述更符合实际的变化趋势和容限。下面主要采用概率方法描述不确定性参数，但因为模型中的不确定性参数越多，模型的复杂度就越高，蒙特卡罗法的运算量将会呈指数爆炸式增长[18]，所以需要根据系统自身的安全性研究目标选取合适的不确定性参数。因此,所设计的不确定性条件下的安全性验证方法流程如图 4.32 所示。

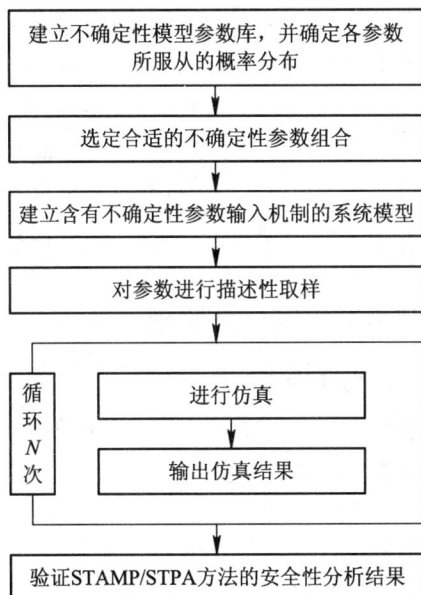

图 4.32 不确定性条件下的安全性验证方法流程

2. 参数描述

无人机着陆减速滑跑过程中的安全性验证的研究重点是无人机能否在规定的情景内通过无人机自主着陆控制实现安全着陆,因此,可依据物理参数数据库以及气动数据库中的不确定性参数建立蒙特卡罗仿真模型,并将不确定性参数作为随机扰动输入仿真环境,进行仿真。

物理参数库中,主要涉及无人机本体的设计参数,如机体质量、机体重心位置、惯性矩、空速等。将这些参数选入物理参数库的原因在于,所建立的原始无人机仿真模型中假设机体为刚体,从而有很多参数的设置都是近似的固定值。然而,无人机在着陆滑跑过程中,随着机体高度、机体空速、攻角以及耗油量等的变化,无人机本体相应的参数也会产生变化,而这些变化在固定参数中并不能很好地予以反映。因此,将不确定性模型引入物理参数数据库有利于实现模拟真实环境下的无人机着陆减速滑跑过程的安全性仿真[19]。

同时,无人机在着陆减速滑跑过程中,电液伺服阀输出的刹车压力与刹车装置输出的刹车力矩会因为组件自身扰动以及环境干扰与标称值之间产生差异,这也将是本节研究的重点。通过对电液伺服阀与刹车装置自身状态的不确定性建立蒙特卡罗仿真环境,可分析刹车力矩对着陆安全性的影响,从而验证 STAMP/STPA 方法所得到的安全性分析结果。

气动数据库的不确定性主要包含影响减速滑跑过程的空气阻力系数、空气升力系数、力矩系数等。

根据确定的不确定性参数和不同参数对着陆减速滑行过程的影响,选择以下参数作为输入仿真模型进行仿真,具体如表 4.21 所示。

表 4.21 不确定性参数

参数项	分布类型	不确定范围	参数项	分布类型	不确定范围
质量 m	高斯分布	±1%	升力系数 C_L	高斯分布	±5%
空速 V	均匀分布	±5%	阻力系数 C_D	高斯分布	±5%
重心在 x 轴坐标 pos_x	均匀分布	±1%	侧力系数 C_Y	高斯分布	±5%
重心在 z 轴坐标 pos_z	均匀分布	±3%	滚转力矩系数 C_L	高斯分布	±5%
电液伺服阀状态 y_{un}	高斯分布	±5%	俯仰力矩系数 C_M	高斯分布	±5%
刹车装置状态 s_{un}	高斯分布	±2%	偏航力矩系数 C_N	高斯分布	±5%

4.6.3 基于不确定性的刹车系统安全性验证

基于不确定性的刹车系统仿真环境相关设置如下：

(1) 无人机关闭发动机时的速度为 50 m/s，离地高度为 6 m；

(2) 无人机速度小于 2 m/s 时，仿真停止；

(3) 仿真次数 $N=5000$。

1. 不考虑 y_{un} 与 s_{un} 的不确定性

在对无人机减速滑跑阶段的安全性进行分析验证时，通过建立仿真分析环境进行仿真。首先不考虑表 4.21 中电液伺服阀状态 y_{un} 以及刹车装置状态 s_{un} 的不确定性，只考虑其他参数的不确定性，观察刹车力矩、滑跑距离、刹车速度的变化，仿真结果任意取 50 次，如图 4.33～图 4.35 所示。

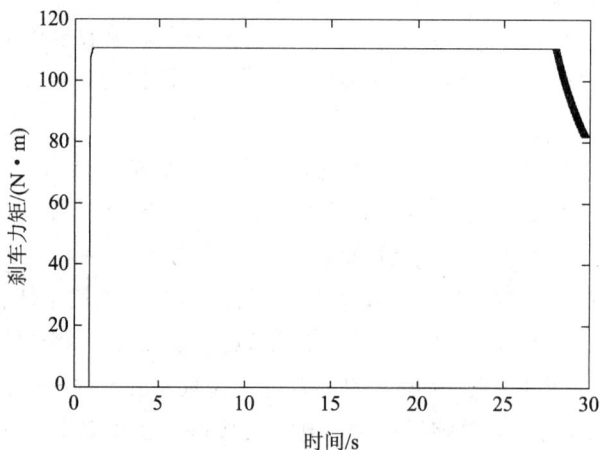

图 4.33 刹车力矩随时间的变化

通过以上关于刹车力矩、滑跑距离以及刹车速度的仿真结果可以看出，在不考虑电液伺服阀状态 y_{un} 以及刹车装置状态 s_{un} 的不确定性，只考虑无人机物理参数库以及气动数据库的不确定性时，5000 次独立的仿真结果虽存在差异，但差异不明显。这表明无人机的相关物理参数以及气动参数对无人机着陆滑跑阶段的影响不大。其中，对于刹车力矩随时间变化的曲线，在无人机没有着陆时，刹车系统没有输出刹车力矩；在无人机着陆后，刹车系统输出刹车力矩，并且由于物理参数以及气动参数不确定性的影响，刹车力矩的大小存在

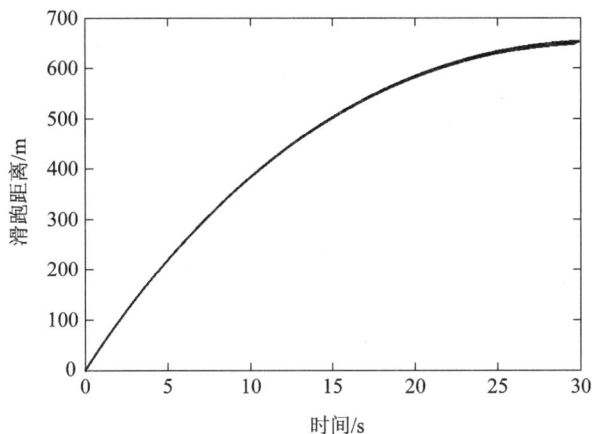

图 4.34　滑跑距离随时间的变化

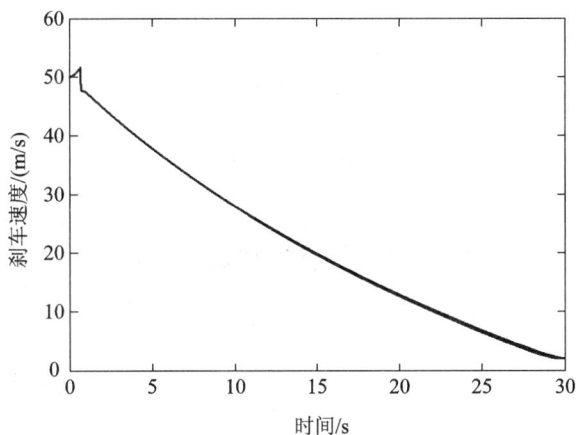

图 4.35　刹车速度随时间的变化

差异。对于滑跑距离随时间变化的曲线，在刹车开始阶段，其仿真曲线的斜率较大，表明滑跑距离在开始时增加较快，但随着刹车的作用，无人机不断减速，因此无人机滑跑距离曲线的斜率不断减小，但是因为刹车力矩受参数的不确定性的影响，导致最终的滑跑距离亦存在差异。对于刹车速度随时间变化的曲线，在无人机没有落地时，无人机的速度会增加，当无人机着陆后，在刹车的作用下，无人机速度迅速下降，同时，随着无人机速度的减小，速度曲线的斜率也在不断变小。

　　由于气动数据库的不确定性完全取决于任务场地的气候环境，而机体着陆质量 m 的不确定性来源于设计制造以及使用磨损等，因此为了进一步验证无人机着陆质量不确定性对无人机着陆的影响，将其变化不确定变化范围扩大至 ±2%、±3%，分别进行 5000 次独立的仿真，得到滑跑距离的分布情况如图 4.36 所示。仿真结果显示滑跑距离服从正态分布，但随着 m 不确定性范围的增大，分布的均值和方差均会增加。均值的增加意味着 m 的不确定性范围的增大会造成滑跑距离的增加；方差的增加意味着 m 的不确定性范围的增大会导致更容易出现较长的滑跑距离。无论是滑跑距离的增加，还是更容易出现较长的滑跑距离，都会增加事故发生的可能性。所以，应该对无人机的着陆质量进行严格控制。事实上，无人机在实际的任务过程中，其加油量都会进行严格的控制。

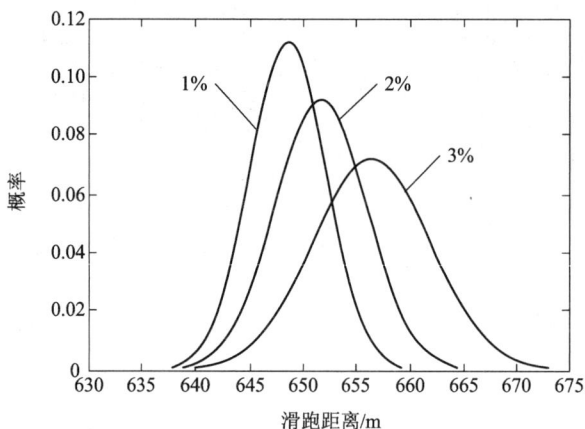

图 4.36　滑跑距离分布图

2. 考虑 y_{un} 与 s_{un} 的不确定性

接下来考虑电液伺服阀状态 y_{un} 以及刹车装置状态 s_{un} 的不确定性，通过建立仿真分析环境进行仿真，观察刹车力矩、滑跑距离、刹车速度的变化，仿真结果任意取 50 次，如图 4.37～图 4.39 所示。

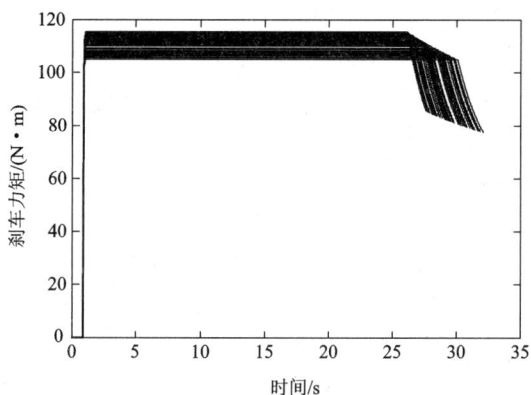

图 4.37　刹车力矩随时间的变化

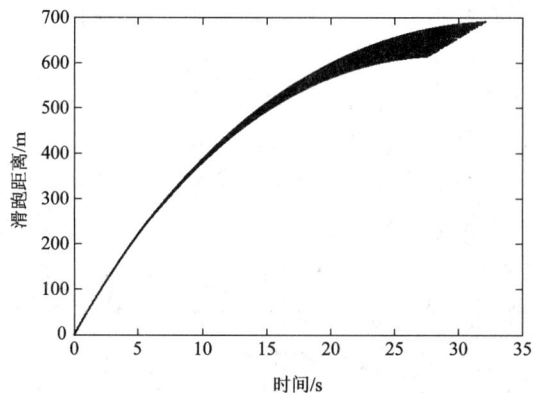

图 4.38　滑跑距离随时间的变化

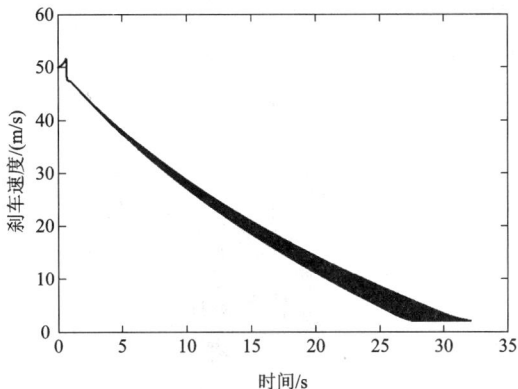

图 4.39　刹车速度随时间的变化

在考虑电液伺服阀状态 y_{un} 以及刹车装置状态 s_{un} 不确定性的情况下，可以看出刹车力矩、滑跑距离及刹车速度的仿真结果存在明显的差异，这说明电液伺服阀状态 y_{un} 以及刹车装置状态 s_{un} 能够对无人机着陆安全性产生较大影响。对于刹车力矩随时间变化的曲线，由于 y_{un} 与 s_{un} 的不确定性，其输出的大小存在明显差异。对于滑跑距离随时间变化的曲线，在滑跑过程初期，由于无人机速度较快，因此不确定性参数变化对滑跑距离的影响不明显，但随着无人机速度的不断变小，不确定性参数变化的作用开始展现，最终导致无人机滑跑距离产生了明显的差别，且部分滑跑距离过大可能会造成冲出跑道的事故。对于刹车速度随时间变化的曲线，不确定性参数的变化在无人机着陆滑跑阶段初期同样对刹车速度的影响不明显，但随着时间的推移，速度呈现出一定的区别。y_{un} 与 s_{un} 的不确定性不但影响了无人机的滑跑距离及刹车速度，也导致了无人机着陆滑跑时间的不同。通过仿真可以看到，在考虑电液伺服阀状态 y_{un} 以及刹车装置状态 s_{un} 的不确定性时，刹车力矩的输出存在过大或者过小的现象，导致滑跑距离不同。

通过仿真结果可知，电液伺服阀状态 y_{un} 以及刹车装置状态 s_{un} 的不确定性会影响到无人机着陆的安全性。根据图 4.40，在电液伺服阀状态 y_{un} 以及刹车装置状态 s_{un} 存在不确定性的情况下，滑跑距离呈现高斯分布，峰值点为 648.14 m，同时滑跑时间也呈现高斯分布（见

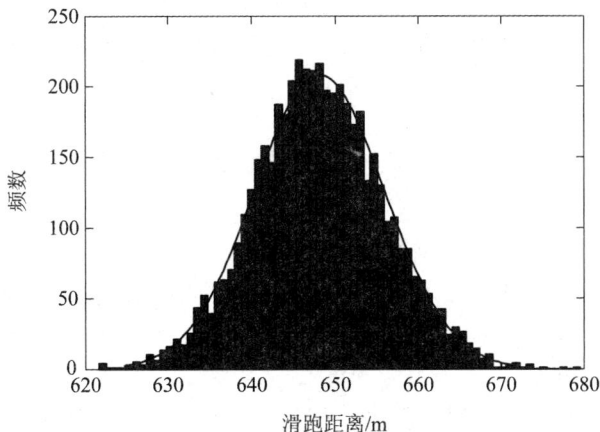

图 4.40　滑跑距离分布

图 4.41）。这反映出不确定性参数会导致刹车力矩的大小存在差异，最终导致滑跑距离及滑跑时间的变化，且较长滑跑距离容易造成事故。所以，应该对电液伺服阀以及刹车装置的制作工艺以及参数尺寸进行严格控制，防止其误差过大。

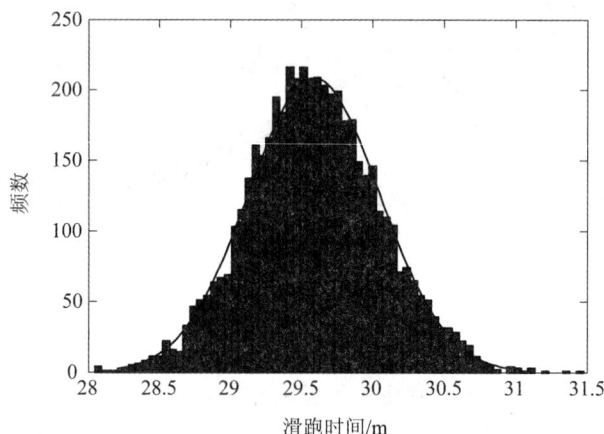

图 4.41 滑跑时间分布

本 章 小 结

本章以着陆阶段为例，基于整机级功能与无人机着陆阶段的控制流程，首先建立了着陆阶段的反馈控制结构，并通过 STAMP/STPA 方法对着陆阶段的安全性进行了分析，找出了系统功能失效的原因。其次，提出了基于 STAMP/STPA 反馈控制结构的系统建模方法，并通过着陆阶段与刹车系统的反馈控制结构建立了着陆阶段模型以及刹车系统模型，在整机级安全性分析的基础上，通过 STAMP/STPA 方法对刹车系统的安全性进行了分析，找出了刹车系统造成事故的原因，并从模型的角度对安全性影响因素进行了分析。再次，根据着陆阶段与刹车系统的控制结构，建立了无人机系统的安全性的仿真分析环境。最后，分析了建模仿真模型中存在的不确定性，找出了着陆阶段模型与刹车系统模型中的不确定性，提出了基于不确定性的安全性验证方法，基于 Simulink 建立了不确定性仿真分析环境，通过对系统中的不确定性参数的仿真，分析了安全性影响因素，并验证了 STAMP/STPA 方法分析所得的不安全控制行为。

参 考 文 献

[1] 陈丽苹. 无人机地面控制站系统软件设计[D]. 大连：大连理工大学，2016.

[2] 王程坤. 轮式无人机地面滑跑动力学建模与仿真[D]. 南京：南京航空航天大学，2017.

[3] LEVESON N G. Engineering a safer world：Systems-thinking applied to safety[M]. USA，Cambridge：MIT Press，2011.

[4] LEVESON N G. Safeware：System safety and computers[J]. Acm Sigsoft Software Engineering Notes，1995，20(5)：90 - 91.

[5] 赵延弟. 安全性设计分析与验证[M]. 北京：国防工业出版社，2011.

［6］　刘忠平，韩亚国，李文革，等. 飞机刹车系统防滑功能研究［J］. 航空精密制造技术，2014，50(6)：41－45.

［7］　黄开. 无人机应急着陆控制技术研究［D］. 南京：南京航空航天大学，2015.

［8］　胡浩. 无人机进场着陆/地面滑跑控制与仿真［D］. 南京：南京航空航天大学，2011.

［9］　季丽丽. 轮式无人机自主着陆控制技术研究［D］. 南京：南京航空航天大学，2013.

［10］　袁东. 飞机起落架仿真数学模型建立方法［J］. 飞行力学，2002，20(4)：44－47.

［11］　SHEPHERD A，CATT T，COWLING D. The simulation of aircraft landing gear dynamics［J］. Vehicle System Dynamics，1997，28(2)：119－158.

［12］　WANG P，LU Z，TANG Z. A derivative based sensitivity measure of failure probability in the presence of epistemic and aleatory uncertainties［J］. Computers & Mathematics with Applications，2013，65(1)：89－101.

［13］　HOFER E，KLOOS M，KRZYKACZ-HAUSMANN B，et al. An approximate epistemic uncertainty analysis approach in the presence of epistemic and aleatory uncertainties［J］. Reliability Engineering and System Safety，2002，77(3)：229－238.

［14］　HELTONJ C，JOHNSON J D，OBERKAMPF W L，et al. Representation of analysis results involving aleatory and epistemic uncertainty［J］. International Journal of General Systems，2010，39(6)：605－646.

［15］　KIUREGHIAND E，DITLEVSEN O. Aleatory or epistemic? Does it matter?［J］. Structural Safety，2009，31(2)：105－112.

［16］　CERF N J，KOONIN S E. Monte Carlo simulation of quantum computation［J］. Mathematics and Computers in Simulation，1998，47(2－5)：143－152.

［17］　郭则飞. 蒙特卡洛仿真在漫射光层析成像中的应用［D］. 杭州：浙江大学，2013.

［18］　童继平，韩正姝. 蒙特卡罗方法与计算机模拟研究［J］. 计算机与农业，2000(7)：17－19.

［19］　MOTODA T，MIYAZAWA Y. Identification of influential uncertain parameters from Monte Carlo simulation data［C］. AIAA Guidance，Navigation，and Control Conference and Exhibit. 2013，1－10.

第五章

空中加油系统安全性分析与验证

空中加油的概念始于第一次世界大战，其主要作用是延长飞机的滞空时间，增大航程和作战半径。随着现代战争的发展演变，空中加油越来越受到各军事强国的重视。由于空中加油涉及多架飞机，覆盖人员、装备、环境等要素，交互性强，环节衔接要求高，因此传统方法难以有效实施安全性分析和验证。本章利用 STAMP 理论，结合仿真平台，通过分析、仿真、验证，为空中加油系统的安全性分析提供思路和方法途径。

5.1　空中加油系统概况

1. 空中加油的由来

空中加油的概念始于第一次世界大战，指挥官提出有必要延长飞机的滞空时间，增大航程和作战半径，但限于现实条件，并没有进行飞行试验。空中加油的第一次有意义的实现发生在 1923 年，由某国陆军航空队两架单擎双翼 DH－4B 飞机以软管自流方法完成[1]，受油机通过飞行员用手捕获加油软管并插入自身油箱的方式，先后加注了 95 升和 198 升航空燃油。

20 世纪 40 年代初期，某公司推出了勾线环套软管加油方式，但由于实践过程中人机功效模型不友好，飞行员难以适应，该方案并没有进一步推广就半路夭折了[2]。20 世纪 40 年代中期，某公司又推出了探管伸缩套式加油方式，飞行员通过控制受油机引导受油探管与输油管套对接，但输油管套口径小，在外部气流干扰下位移变化较大，对接十分困难。20 世纪 40 年代末期，某公司在该技术的基础上进行改良，在输油管套末端增加锥套设备，推出了插头锥套式空中加油方式，即目前广泛应用的软管式空中加油[3]。这种空中加油方式大大简化了空中加油的操作流程，一定程度上解决了空中对接的难题，自推出以后得到各国空军部队的广泛认可，推动空中加油技术进入了一个新的历史时期。

与此同时，1950 年某公司研制出了新型伸缩管式加油设备，即硬管式空中加油，受油机到达对接位置后，由加油操作员控制输油硬管插入受油接口。由于这种加油方式需要专门的加油操作员和特定的加油操作舱，故增加了人员要求和设备成本，但其对接操作简单，减小了飞行员的任务压力，且较粗的金属材料输油管道大大提高了输油速度和输油效率[4]。图 5.1 展示了软管式和硬管式输送燃油阶段的侧视图。

两种加油方式推出以来，经过半个多世纪的技术发展和飞行实践，逐步形成了各自的应用领域，表 5.1 对两种加油方式进行了对比分析。

(a) 软管式空中加油　　　　　　　　　(b) 硬管式空中加油

图 5.1　两种加油方式侧视图

表 5.1　两种加油方式对比

加油方式	相关设备	优点	缺点	适用范围
软管式	加油机； 软管锥套设备； 受油探管； 受油机	设备便宜； 宜改装； 可多点加油； 可给直升机加油	输油速度低； 对接较困难； 气流影响大； 飞行操作要求高	编队加油； 直升机加油； 具有受油插头的战斗机
硬管式	加油机； 伸缩套管； 受油口； 受油机； 加油操作员	输油速率高； 气流影响小； 对接容易	设备昂贵； 需要加油操纵员； 只能单点加油； 无法给直升机加油	大型飞机(轰炸机、预警机等)空中加油； 具有硬管式接口的战斗机

　　在软管式空中加油方式中，加油机尾部或机翼下部安装有可收放的软管锥套设备，可同时对多架受油机输送燃油。对接时，加油机先放出软管，锥套受到空气阻力会把软管牵引成一条弧线，受油机通过飞行操作控制受油插头与锥套对接。因为软管锥套受到外部气流干扰会有一定的"飘移"现象，所以这种方式的对接要求飞行员有较高的技术水平。加油结束后，受油机减速后退，连接加油机和受油机的软管受到拉伸而伸长，最终伸长到全长，然后受油机继续减速后退与软锥套脱开。软管式空中加油改装成本较低，大型运输机、轰炸机可通过加装加油吊舱改装成加油机，受油机也只需加装受油插头、改良燃油系统即可完成加油作业，因此该方式是使用最普遍的加油方式。

　　在硬管式空中加油方式中，加油机尾部有一个专门的操作舱，内设加油操作员一名，一次只能对一架受油机输送燃油。操作舱内可伸出一个带"V"型舵面的可活动伸缩套管，该套管具有一定的调节范围。对接时，受油机先飞到输油管活动区域并保持平稳飞行，加油操作员主要负责对接工作，将输油管插入受油机背部硬管接口；输油完成后，先断开输油管与受油机连接，待输油管完全收回加油机后，受油机退出加油区域。硬管式加油设备需要在设计研制过程中专门安置加油操作舱，无法通过后期改装，因此成本较高，但其输油速率高，适用于重型飞机的空中加油。迄今为止，安装硬管式空中加油系统的仅有某国生产的加油机。

2. 空中加油的过程

软管式空中加油作为当今世界军用飞机一种主要的空中加油方式，主要包括会合、对接、加油、分离四个阶段，不同阶段涉及的系统要素有所不同，技术标准和安全要求也有所差异[5]，如表 5.2 所示。

表 5.2 空中加油不同阶段飞行控制要求

会合阶段	对接阶段	加油阶段	分离阶段
高度要求； 速度要求； 通信要求； 时间要求	高度要求； 速度要求； 姿态要求； 通信要求； 稳定飞行要求	速度要求； 姿态要求； 稳定飞行要求； 通信要求； 相对位置要求	高度要求； 速度要求； 通信要求； 姿态要求

会合是指加油机和受油机按照规定的时间到达规定空域的过程，是完成空中加油的前提。主要的会合方式有定位会合、航向会合、平行会合、定时会合、顺序会合、途中会合等。不论何种会合方式，两机都必须按照规定的安全要求有序进行。具体过程为：加油机和受油机收到空中加油指令后，分别以各自规定的飞行速度，在规定时间到达指定空域，两机高度差至少保持 300 m，飞行速度约保持在 110～170 m/s；在大约相距 2000 m 位置，两机先通过无线电通信设备保持正常空空通话，直到取得目视联系，为提高受油机飞行员的可视度，加油机可通过开启闪光灯、喷洒燃油等方式进行提示；取得目视联系后，受油机继续爬升接近加油机，最终在加油机左侧组成稳定的飞行编队，等待进一步指令。爬升过程中若两机失去目视联系，则受油机必须立即停止接近，并保持至少 300 m 的垂直高度差。

对接是指受油机由尾随位置不断靠近加油设备，直到成功捕获锥套的过程，即锥套自锁装置锁紧受油插头。对接是受油成功的关键，也是受气流扰动最强、难度最大的阶段。对接开始前，加油机首先弹出锥套，随后稳定伞张开，在空气阻力作用下约以 1.2～3 m/s 的速度拖出软管，距软管全部放出约 1.5 m 时开始制动，以防止软管被完全拖出而损坏设备。随后，受油机得到尾随指令，由编队位置进入尾随位置，柔和操作飞机保持稳定飞行；得到对接许可后，受油机以不超过加油机 3 m/s 的速度前进，待受油插头插入锥套，再继续前进约 1.5 m，完成对接。对接过程中，锥套受到大气紊流、加油机尾流、受油机艏波的干扰，位置会有一定的漂移[6]；同时，由于两机相距较近，加油机涡流对受油机的气动特性会造成一定程度影响，这都大大加大了空中对接的难度。另外，实战环境下受油机常常处于带弹状态，这就要求受油机飞行员不得触及除加油和通信以外的电子开关。

加油是指加油机通过输油软管给受油机输送燃油的过程，油量、加油压力等信息全程显示在加油控制板上。空中加油属于超密集编队飞行，受油机飞行员必须进行柔和操作，与加油机保持在一定的高度和距离范围内。然而，受油机的动态在加油机尾流和大气紊流影响下较以往略有不同，从而加大了受油机稳定编队飞行的难度；另外，随着燃油的不断输送，加油机质量不断减小，受油机质量不断增大，由于加油机本身质量较大，受油机质量变化比例较加油机更为明显，加之飞行控制系统的精度问题，给加油过程中的编队保持带来了极大的不确定性[7]。

分离即为受油机加油结束，脱离加油区域的过程。加油结束后，输油系统自动关闭输油泵，供油停止，结束信号灯亮起。受油机减速至软管全脱出状态，卷盘刹车制动，受油机继续减速脱开锥套锁，离开加油区域，在加油机右侧重新编队或直接离开。

可以发现，空中加油涉及的要素较多，如空空通话设备、灯光系统、卷盘控制机构、飞控系统、燃油系统等，任何一个环节出现差错，都可能导致加油任务失败。同时，每个阶段都应有严格的操作标准和安全规程，这样可在一定程度上降低人为差错导致事故发生的可能性。即便如此，整个过程仍包含大量危险因素，如加油机尾流、大气紊流给受油机和软管锥套运动带来的不确定性，实战环境对人的影响程度的不确定性等，这些都给空中加油安全带来了重重困难。

3. 空中加油的难点与危险

目前，执行空中加油任务时，国际公认有两大难题：

一是空中会合技术，即加油机、受油机必须在规定时间、指定空域安全会合。这一技术的关键在于加、受油机之间及时建立联络，保持良好的空空通话，相互引导直到会合成功。"你必须准确到达会合点，否则只有无垠的蓝天在等待你"，这是一位有着 10 年空中加油经验的老机长的自述[8]。加、受油机在接到加油任务指令时，应按照任务规定的会合空域、会合方式前往指定位置，及时取得联系并通告双方高度、速度，按照会合程序直至形成编队，准备对接。该过程中，受油机飞行高度至少低于加油机 600 m，速度通常为加油机速度加上 10 m/s。

二是空中对接技术。该技术要求受油机飞行员以规定的速度和姿态接近加油设备，直至锥套自锁装置锁紧受油插头。由于两机属于超密集编队飞行，而加油机体型较大，后方尾流干扰明显，因此体型较小、重量较轻的受油机易受到气流扰动，对飞行员的技术水平和心理素质要求较高；加之软管锥套设备在气流干扰下的动态不确定性，进一步增加了对接难度。

战场环境往往瞬息万变，错误的会合时间和会合地点，将会导致加油失败，甚至被敌方锁定；而违反会合过程的速度要求和高度要求，可能会导致两机相撞。对接过程中，操作过于紧张或对接速度过快，往往会导致软管破裂、锥套辐条损坏、受油插头断折、软管"甩鞭"等危险发生，轻则任务失败，重则两机受损。根据上述分析，得到空中加油过程的主要风险如表 5.3 所示。

表 5.3　空中加油过程主要风险

风险来源	风 险 描 述
受油机运动	超密集编队飞行时，加油机尾流、大气紊流对受油机运动带来的不确定性影响； 输油过程中受油机质量前后变化较大，给飞行操控带来的不确定性影响
软管锥套	加油机尾流、大气紊流、受油机艏波导致锥套远离本来的平衡区域； 对接过程中，受油机相对锥套运动响应较为缓慢，追踪困难
对接时状态	对接前两机始终存在一定程度的相对运动
人为因素	人对速度、距离的感知存在一定的误差； 环境因素对人的状态产生不确定性影响
卷盘机构	常用的恒力弹簧控制机构对软管松弛程度的响应较慢； 实战环境下卷盘机构的可靠性水平

结合上述分析可知，空中加油涉及高难度的飞行技术，需要飞行员长时间的模拟操作与实战训练才能完全掌握；同时，作为高风险科目，加油过程必须遵守安全要求，合理分配注意力。针对空中加油这类高风险、高要求的复杂系统，采用系统理论的安全性分析方法开展研究有非常重要的现实意义。

5.2 空中加油系统安全性分析

空中加油是一个复杂的过程，根据安全性分析流程，按照先整体后局部的顺序，依次对空中加油系统、空中加油子系统或子过程开展安全性分析，这也符合 STAMP 模型分层控制的要求。本节以空中加油典型任务剖面为例，根据任务在不同阶段的特点和信息交互关系，构建空中加油功能控制结构，识别诱发不安全控制行为的致因场景。

5.2.1 空中加油系统风险分析

空中加油系统的主要目标为：通过给战斗机输送燃油，提高部队战斗力。具体的实施过程可概括为会合、对接、加油、分离四个阶段。典型的空中加油任务剖面，按时序排列依次为任务规划与分配、到达指定空域、组成加油飞行编队、加油对接、燃油输送、两机分离、返回基地或执行其他作战任务，主要任务活动可概括为任务规划、任务飞行、燃油输送三类。结合上述空中加油系统描述，接下来可确定系统级损失和系统级危险。

1. 确定系统级损失

系统级损失是空中加油任务过程中不可容忍的事故后果，如任务失败、装备受损、人员伤亡等[9]。对于空中加油系统而言，结合相关文献及问题调研，确定的系统级损失如表5.4所示。

表 5.4 空中加油系统级损失

序号	系统级损失
L-1	人员受伤或死亡
L-2	飞机或加油装备损坏或损毁
L-3	任务失败

上述系统级损失涵盖了空中加油过程中可能出现的所有事故后果。L-1表示军用飞机对机组人员或其他人员造成的危害；L-2主要涉及对军用装备造成的经济损失或系统损坏，需要注意的是，战场情况下可能允许L-2包含不影响任务关键功能的系统损坏，以确保加油任务顺利进行；L-3涉及各类因素导致计划的空中加油任务失败的情况，如两机未成功会合、天气突变等导致无法实施空中加油。

2. 确定系统级危险

确定系统级损失之后，就可以进一步识别导致损失发生的系统级危险。系统级危险是一个或一组系统状态，它与外部环境共同作用诱发系统级损失[10]。确定系统级危险的关键在于合理把握空中加油系统的边界条件，保证危险发生在系统内部，描述对象必须为系统本身而非系统内部组件。例如飞机撞山事件，由于飞机才是需要控制的系统，因此系统级危险应定义为飞机距离山体过近，而非山体距离飞机过近；另外，也不能将其定义为防碰撞系统或飞行员的因素，因为这些是系统级组件，而不是系统本身的状态。结合上述分析，归纳出四种空中加油系统级危险，如表5.5所示。

表5.5　空中加油系统级危险

序号	系统级危险	可导致的系统级损失
H-1	距离其他飞机过近或进入禁飞区	L-1，L-2，L-3
H-2	违反飞行高度要求	L-1，L-2，L-3
H-3	无法逃离敌方威胁	L-1，L-2，L-3
H-4	任务关键系统失效	L-3

表5.5中，H-1和H-2包含了任务过程中相当广泛的外部环境问题，如能见度低、空管领航混乱、飞机湍流干扰、机组错误操作等，糟糕的外部环境与飞行活动结合很可能导致危险发生；H-3考虑到了作战环境下敌方带来的潜在危险，主要反映在任务规划、指挥过程中无法避免敌方威胁，从而带来安全隐患的情况；H-4以空中加油涉及的任务关键系统为主，如飞行控制系统、导航系统、防碰撞系统，反映了飞机设计、生产制造、使用维护等环节通过影响系统可靠性水平，进而影响空中加油安全水平的情况。

3. 生成系统级安全约束

系统级安全约束的主要目的是防止系统进入先前确定的危险状态。这些约束以上述过程中定义的可接受条件为准，对系统施加限制，并通过后续的功能控制结构进行合理控制。安全约束与系统级危险的对应关系为：每个约束应该映射到一个或多个危险，并且每个危险应该映射至少一个约束[6]。结合上述分析，得到空中加油系统的安全约束如表5.6所示。

表5.6　空中加油系统级安全约束

序号	系统级安全约束	相关的系统级危险
SC-1	飞机之间必须保持最小的安全间隔	H-1
SC-2	空中加油时，必须保证任务关键系统功能可用	H-1
SC-3	飞机必须保证最低的安全飞行高度要求	H-2
SC-4	低空飞行时，必须保证任务关键系统功能可用	H-2
SC-5	必须保证告警系统和防碰撞系统功能可用	H-3
SC-6	在关键任务节点，必须保证任务关键系统功能可用	H-4

由表5.6不难发现，系统级安全约束通常简单地以正面约束形式重述危险，以防止系

统进入相应的危险状态。例如，SC-1、SC-3 和 SC-6 都以相对直接的方式，分别明确预防危险 H-1、H-2 和 H-4 的控制措施；同样的，SC-2、SC-4 和 SC-5 是针对相应危险在系统运行方面提出的控制措施。由上述系统级安全约束可知，空中加油系统大多数安全约束可映射到某个单一危险，同时也存在个别危险有多重安全约束的情形。

上述安全约束确定了系统的可接受状态和不可接受状态，这些状态最终可以在空中加油的功能控制结构中得以验证。随着 STPA 安全性分析逐渐深入，相应的系统级危险和系统级安全约束可进一步细化，生成安全、可靠、明确的控制措施和安全规程，为改善空中加油系统的安全需求提供科学标准，大大提升在战场环境下空中加油的生存能力。

5.2.2 空中加油系统功能控制结构建模

1. 确定系统组件与职责

控制反馈模型的构成要素主要包括控制器、执行器、传感器和被控过程，若被控过程是一个具体的设备或元器件，也常常称之为被控对象。被控过程是先前确定好的具体活动或设备，以实现系统目标；控制器具有发送和调整控制行为的功能，可以是一个部门、一个人或一台计算机；执行器和传感器分别是传递具体操作和反馈系统状态信息的具体结构，对于较高级别的功能控制结构，也可以是履行相应功能的子系统。

对于空中加油系统而言，其包含的控制反馈层级和系统组件较多，可重点针对任务规划、任务飞行、燃油输送这三类主要任务过程，系统地梳理实现相应功能的系统组件。以燃油输送任务过程为例，受油机涉及的系统组件及主要职责如表 5.7 所示。

表 5.7　燃油输送任务过程涉及的系统组件及主要职责

任务过程	组件类型	系统组件	主要职责描述
燃油输送	控制器	机组人员	发送和调整飞行控制指令
			及时有效地进行空空通话
	执行器	飞行控制系统	执行控制指令，作用至飞机
		空空通话设备	执行通话指令，传递至加油机或编队
	传感器	机载传感器	监控飞机状态信息并上载
		编队飞行员	辅助监控飞机状态信息并告知受油机
	被控对象	受油机	改变飞机状态（油门、襟翼等）

上述所涉及的系统组件按照安全要求履行职责，保证控制反馈行为和信息交互正常进行，是燃油输送任务过程安全高效实施的关键。任务规划、任务飞行、燃油输送这三类主要任务过程虽然包含相同的系统组件，但组件在不同阶段的职责并不相同。例如加油机机组人员，在任务规划过程中，要领会上级意图、理解任务要求、做好任务准备；在任务飞行和燃油输送过程中，要遵守飞行过程中的操作规定，按任务要求执行任务。由此可见，系统地梳理系统组件的主要职责是保证功能控制结构能够全面反映系统运行的关键。

2. 构建功能控制结构

功能控制结构包含系统组件和组件之间的控制反馈关系，体现了组件的主要职责。结合有关资料和上述分析，构建空中加油系统的功能控制结构，如图 5.2 所示。

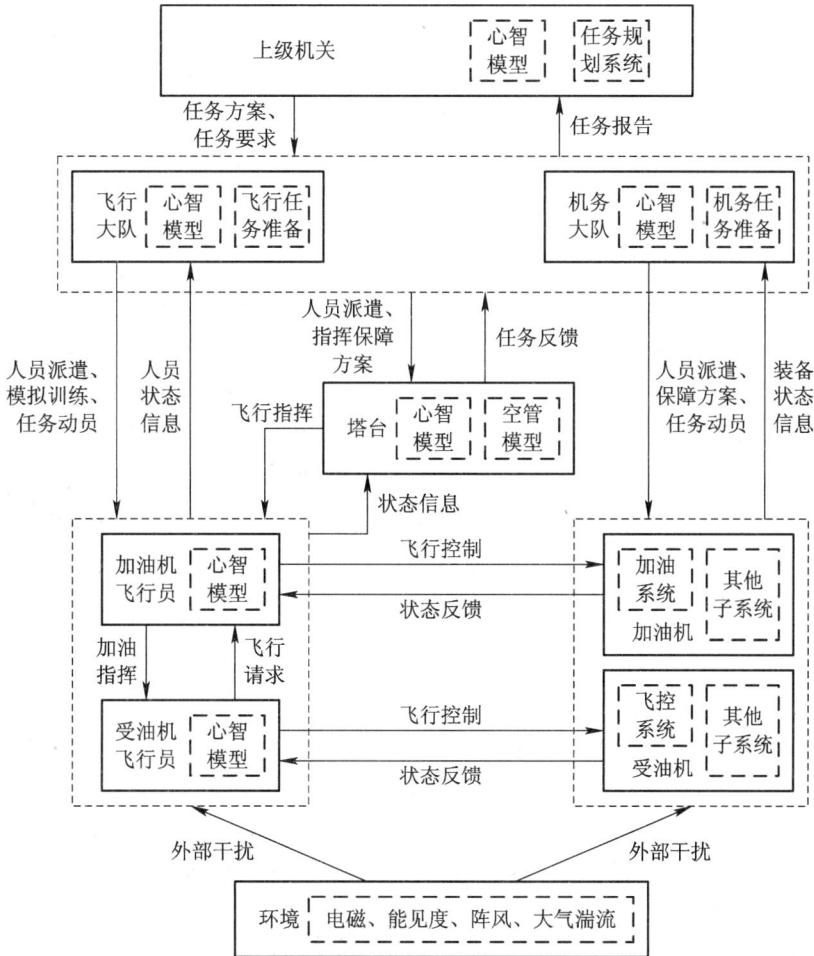

图 5.2 空中加油系统功能控制结构

由图 5.2 易知，该结构简洁地表述了各级组件在系统中所处的结构层次和功能。需要特别注意的是，自动控制系统可作为控制器操纵飞机，但是，在空中加油对接和输油阶段，自动控制系统必须处于关闭状态，只能由飞行员单独操纵飞机。

5.2.3 空中加油系统不安全控制行为识别

1. 识别不安全控制行为的前提

不安全控制行为是在特定的场景下导致系统级危险发生的一种控制行为[11]，因此，识别不安全控制行为的前提是确定空中加油任务过程中所有的控制行为。控制行为通常用包含动词的简单语句表示，用于描述系统运行过程中的相关功能。针对空中加油系统而言，可逐个识别任务规划、任务飞行、燃油输送这三类主要任务过程所包含的控制行为，从而确定出整个功能控制结构的控制行为，如表 5.8 所示。

表 5.8 空中加油系统不同任务过程中的控制行为

控制行为	任务阶段	控制组件	行为描述
CA-1：位置控制	任务飞行	机组/自动控制系统	调整位置：起飞、着陆、爬升、下降等
CA-2：速度控制	任务飞行	机组/自动控制系统	调整速度：加速、减速、转向等
CA-3：通信	任务飞行	机组	空空通话；空中交通管制
CA-4：对接准备	燃油输送	机组	在尾随位置稳定飞行
CA-5：对接	燃油输送	机组	逐渐靠近加油机，完成对接
CA-6：脱离	燃油输送	机组	正常脱离或应急脱离
CA-7：制订计划	任务规划	上级机关	确定任务详细内容及要求，生成任务文件
CA-8：下达计划	任务规划	上级机关	向下级传达任务文件

表 5.8 高度概括了空中加油系统包含的八类主要控制行为。其中，CA-1、CA-2 和 CA-3 包含了任务飞行过程中较为广泛的控制措施，如改变航向、增加迎角、操纵襟翼和副翼、提高速度、改变油门位置、进行空中通话、进行空中领航等；CA-4、CA-5 和 CA-6 描述了燃油输送过程中从对接到两机分离的控制要点，以及机组对飞行器的控制关系；CA-7 和 CA-8 针对任务规划过程中的主要内容，描述了上级机关在空中加油任务过程中的主要作用。

2. 不安全控制行为生成

STPA 方法认为，每种控制行为都有以下四类危险情况[10]，分别为：① 未提供控制行为；② 提供了错误的控制行为；③ 控制行为执行过早、过晚或顺序错误；④ 控制行为结束过早或过晚。由此可得到空中加油系统所有的不安全控制行为，如表 5.9 所示。

表 5.9 空中加油系统不安全控制行为

控制行为	不安全控制行为类型			
	未提供控制行为	提供了错误的控制行为	控制行为执行过早、过晚或顺序错误	控制行为结束过早或过晚
CA-1：位置控制	UCA-1：关键飞行阶段未发出位置控制指令 [H-1, H-2, H-3]	UCA-2：关键飞行阶段发出错误的位置控制指令 [H-1, H-2, H-3]	UCA-3：关键飞行阶段位置控制开始过晚 [H-1, H-2, H-3]	UCA-4：关键飞行阶段位置控制提前终止 [H-1, H-2, H-3]
CA-2：速度控制	UCA-5：关键飞行阶段未发出速度控制指令 [H-1, H-2, H-3]	UCA-6：关键飞行阶段发出错误的速度控制指令 [H-1, H-2, H-3]	UCA-7：关键飞行阶段速度控制开始过晚 [H-1, H-2, H-3]	UCA-8：关键飞行阶段速度控制结束过早 [H-1, H-2, H-3]]

控制行为	不安全控制行为类型			
	未提供控制行为	提供了错误的控制行为	控制行为执行过早、过晚或顺序错误	控制行为结束过早或过晚
CA-3：通信	UCA-9：关键飞行阶段未发出通话指令 [H-1，H-3]	UCA-10：关键飞行阶段通话内容错误或不规范 [H-1，H-3]	UCA-11：关键飞行阶段通话过晚 [H-1，H-3]	UCA-12：关键飞行阶段通话结束过早 [H-1，H-3
CA-4：对接准备	UCA-13：未进行对接准备 [H-1，H-4]	—	UCA-14：对接准备时操作或指令顺序错误 [H-1，H-4]	—
CA-5：对接	—	UCA-15：在错误位置进行对接 [H-1]	UCA-16：对接时指令或控制行为顺序错误 [H-1]	UCA-17：对接过程持续过久 [H-1]
CA-6：脱离	UCA-18：不安全姿态或位置情况下未执行紧急脱离 [H-1]	—	UCA-19：不安全姿态或位置情况下执行紧急脱离过晚 [H-1]	—
CA-7：制订计划	UCA-20：任务前未制订计划 [H-1，H-2，H-3，H-4]	UCA-21：制定不符合实际情况的加油计划 [H-1，H-2，H-3，H-4]	UCA-22：未提前制定任务计划 [H-1，H-2，H-3，H-4]	—
CA-8：下达计划	UCA-23：任务前没有下达任务计划 [H-1，H-2，H-3，H-4]	UCA-24：下达了不正确的任务计划 [H-1，H-2，H-3，H-4]	UCA-25：下达任务计划过晚 [H-1，H-2，H-3，H-4]	—

第一种情况"未提供控制行为"描述了不提供控制行为会导致的系统级危险。由于大多数控制行为都是为了保证系统安全高效运行，因此这种情况往往导致系统进入危险状态。由表 5.9 可以看出，对于空中加油系统而言，如果在需要时未提供控制行为，除了控制行为 CA-5 外，都有可能诱发系统级危险。以 CA-1 和 CA-2 为例，作为任务飞行必要的控制行为，不提供位置控制和速度控制可能导致系统级危险 H-1、H-2、H-3 发生。如加、受油机会合过程中，加油机保持匀速平飞，加油机须从受油机下方至少 300 m 垂直高度开始集结，速度通常为加油机速度增加约 10 m/s，若受油机不进行位置控制和速度控制，很有可能导致两机相撞，甚至人员伤亡。

第二种情况"提供了错误的控制行为"描述了执行错误的控制行为会导致的系统级危险。以 CA - 5 为例，在某些情况下，受油机对接的速度和姿态错误会导致危险发生。受油机对接前需要稳定在尾随位置，即零接近速度。当进行加油对接时，若受油机未稳定在尾随位置，很可能会导致对接前失位，即没有在规定的加油区域内，这时进行对接会导致系统级危险 H - 1 发生，导致加油设备损坏或者空中撞机事故。即便飞行员模拟训练时可以及时发现且有能力纠正错误，但在此之前，对接操作本身会大大分散飞行员的注意力，导致其空间定向障碍、操作紧张等，因而无法有效纠正错误。因此，应该通过系统优化或重新设计，消除该类控制行为发生的可能性；若无法找到合适的解决方案，那么当这种不安全控制行为发生时，系统应该及时告警。

第三种情况"控制行为执行过早、过晚或顺序错误"描述了执行控制行为违反时间要求或操作顺序时，可能导致的系统级危险。以 CA - 6 为例，当受油机飞行不稳定或加油机出现故障时，必须立即执行应急脱离操作。此时，如加油机飞行员注意力分配不当，过于关注飞行过程中两机安全间隔，很可能无法及时执行脱离操作，导致系统级危险 H - 1 发生。

第四种情况"控制行为结束过早或过晚"描述了如果控制行为结束时间不当可能会导致的系统级危险。以 CA - 3 为例，空空通话作为空中加油过程组件交互必不可少的手段（无线电静默加油时，飞行员之间也要通过手势等进行沟通交流），如果通信过早结束，传递信息不全，很可能会导致危险发生。例如两机进行对接时，如果到达空中加油任务终止点，受油机还未成功对接，则两机必须转向。若加油机向受油机发出转弯指令，但在命令到达受油机之前通信中断，那么，此时加油机开始转弯而受油机仍然保持平飞，就可能导致系统级危险 H - 1 发生。

5.2.4 空中加油系统致因场景分析

1. 两类致因场景简介

在识别不安全控制行为的基础上，可根据组件间的控制和反馈关系进一步生成致因场景。致因场景描述了在特定的环境条件下，导致不安全控制行为发生的致因因素。更具体来说，致因场景能够深入分析组件故障或人为差错是如何违反安全约束的。

STPA 方法总结了如下两类致因场景：

（1）控制行为延迟、错误或不充分。控制行为生成过程如下：控制器首先接收反馈信息，根据自身控制算法和过程模型生成控制行为，然后经过执行器作用于被控对象。因此，该类致因场景主要包括控制器失效、控制算法缺陷、不充分的过程模型、执行器失效等。

（2）反馈信息延迟、丢失或不正确。该类致因场景主要解释了传感器监控不充分，导致控制器无法及时且准确地调整控制行为。因此，该类致因场景主要包括传感器的缺陷、失效、输出延迟等。

2. 致因场景生成

过程模型作为 STAMP 结构的核心，体现了控制器对系统状态的理解程度和对信息的处理水平，识别致因场景时，功能控制结构必须包含详细的过程模型信息，图 5.3 展示了加油机飞行员与受油机的控制反馈关系。

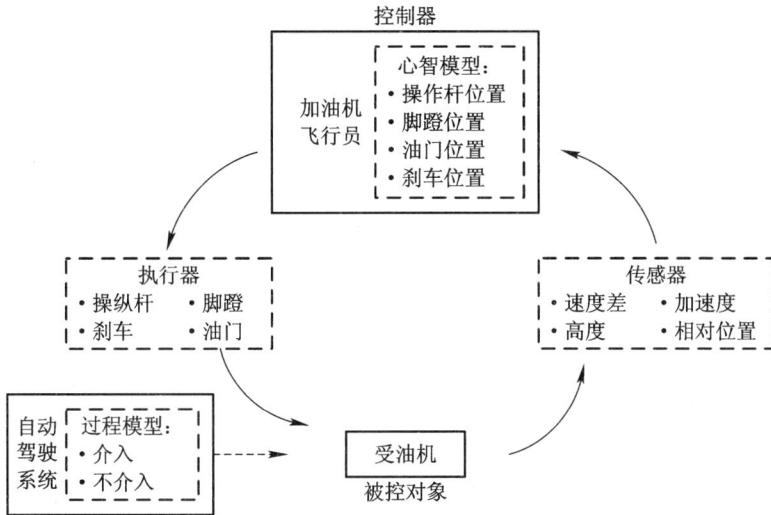

图 5.3　带有过程模型的功能控制结构

　　相较于不安全控制行为识别过程具有规范类别的生成模式，致因场景识别需要一定的经验和知识。特别是在两机会合之后到脱开之前的整个过程中，只能人工操纵飞机，人类感知场景属于一个动态变化的过程，这又增大了致因场景分析的困难。

　　结合图 5.3 以及上述分析，通过组织专家会议，运用头脑风暴法可对每一种不安全行为的发生场景进行识别，详细的致因场景分析结果见附录。其中，UCA-15（在错误位置尝试对接）和 UCA-19（不安全姿态或位置情况下执行紧急脱离过晚）的致因分析结果分别如表 5.10 和表 5.11 所示。

表 5.10　UCA-15 致因场景分析

UCA-15：在错误位置尝试对接

[H-1]

致 因 场 景	致 因 因 素
受油机未稳定在尾随位置	(1) 飞行员缺乏经验，主观认为所处状态可以对接； (2) 加油时规定的空速过低或尾流干扰过强，受油机难以达到预期的稳定状态

安全策略(1)：任务规划系统应该考虑加、受油机性能，设置合理的空速；

安全策略(2)：飞行不稳定时禁止对接

致 因 场 景	致 因 因 素
受油机对接过程中飞行不稳定	(1) 飞行控制系统老化，受油机操控不精确； (2) 飞行员操作技术不高，动作不够柔和

安全策略(1)：提高飞机的维护水平，及时更换老旧器件；

安全策略(2)：减小飞行员任务压力，柔和操作飞机；

安全策略(3)：飞行不稳定时禁止对接

表 5.11　UCA-19 致因场景分析

UCA-19：不安全姿态或位置情况下执行紧急脱离过晚
[H-1]

致 因 场 景	致 因 因 素
燃油传输过程中受油机故障，飞行员发出紧急脱离指令	（1）飞行员发出了紧急脱离指令，但通信设备故障导致执行过晚； （2）空中通话设备抗干扰能力较差
安全策略：机务人员应维护任务关键系统的安全性	

致 因 场 景	致 因 因 素
受油机飞行不稳定，飞行员仍然尝试控制	（1）飞行员担心任务失败带来的不良影响； （2）飞行员主观认为该状态可对接
安全策略：验证不稳定状态参数判断标准，超过标准及时发出告警	

5.3　空中加油甩鞭危险安全性分析

STAMP 理论的一个显著特征是多层次的控制反馈模型，该理论应用的层级不同，分析结果的细致程度也不同。越是针对低级系统开展安全性分析，得到的结果越会更加具体、更加详细。因此，在对整个空中加油系统进行 STAMP 建模和 STPA 安全性分析的基础上，可进一步针对该过程中的典型危险进行分析。

对于软管式空中加油系统而言，软管由于受到加油机尾流、大气紊流、受油机艏波、飞行员操作水平、燃油压力脉动等各种因素干扰，难以稳定在平衡位置，软管甩鞭现象（Hose Whipping Phenomenon，HWP）是对接时常见的情形，严重影响了空中加油任务的安全性，降低了对接成功率，是空中加油过程中的一种典型危险。

因此，本节应用 STAMP 理论和 STPA 方法对软管甩鞭现象开展安全性分析，针对这一典型危险提出更加具体的应对措施，并且为后续的量化分析提供依据。

5.3.1　STAMP 模型构建

软管甩鞭现象主要发生在受油机对接或输送燃油过程中，系统组件主要包括加油机、受油机和两机飞行员。加油机飞行员的主要职责为按照约定好的速度、姿态和高度保持水平直飞状态，受油机飞行员通过飞行控制系统改变飞机状态，完成对接和输送燃油的工作。

软管甩鞭现象具体表现为受油机对接或输送燃油过程中软管过度松弛引起的剧烈甩动。软管甩鞭会使软管和受油插头处瞬间产生很大的载荷，很可能造成软管和锥套脱离，导致加油设备受损，任务失败；严重时，甚至会导致软管断裂、受油插头折断，造成飞行事故。软管甩鞭现象造成的系统级损失如表 5.12 所示，这也进一步证明了软管甩鞭现象是空中加油系统的一种典型危险。通过进一步分析，得到了软管甩鞭现象的系统级危险，如表 5.12 中所示。

表 5.12　软管甩鞭现象相关的系统级损失和系统级危险

序号	系统级危险	可能导致的系统级损失
P-H-1	软管过度松弛	L-2, L-3
P-H-2	软管剧烈甩动	L-2, L-3
P-H-3	插头折断	L-1, L-2, L-3
P-H-4	软管锥套损坏	L-2, L-3
P-H-5	飞机失控	L-1, L-2, L-3

表 5.12 中，软管过度松弛(P-H-1)是指张力不足导致软管处于过度松弛的状态；软管剧烈甩动(P-H-2)指的是软管轻微甩动进一步加剧的现象；插头折断(P-H-3)、软管锥套损坏(P-H-4)是指受油插头或软管锥套受力过大而导致受损；飞机失控(P-H-5)是指受油机失去控制的情形。

根据 5.2.2 节系统组件的职责划分，进一步描述对接和燃油输送过程中相关组件的控制行为如下：获取对接指令后，加油机按照先调整水平间距再调整垂直高度的顺序，以不超过加油机 3 m/s 的速度接近锥套，同时保持 5～10 m 的高度差，直到锥套自锁装置锁紧受油插头，受油机再向前 3～5 m，卷盘机构迅速回收软管并保持张力稳定，对接过程结束。对接过程中，飞行员通过轻微地调整副翼和方向舵保持水平飞行，通过交替地偏转升降舵和轻柔地改变发动机功率保持安全高度；要求飞行员熟悉电传系统的基本原理，柔和操纵飞机。输油过程中，加油机尾流、大气紊流、阵风等会对受油机运动产生干扰，飞行员要反复柔和调整飞行姿态；同时，受油机质量不断增大，飞行员要及时改变油门、脚蹬、操作杆位置，保持飞机在加油安全区域。需要注意的是，若受油机携带弹药，空中加油全程都必须将武器系统开关调整至关闭状态。基于以上分析，构建软管甩鞭现象的功能控制结构如图 5.4 所示。

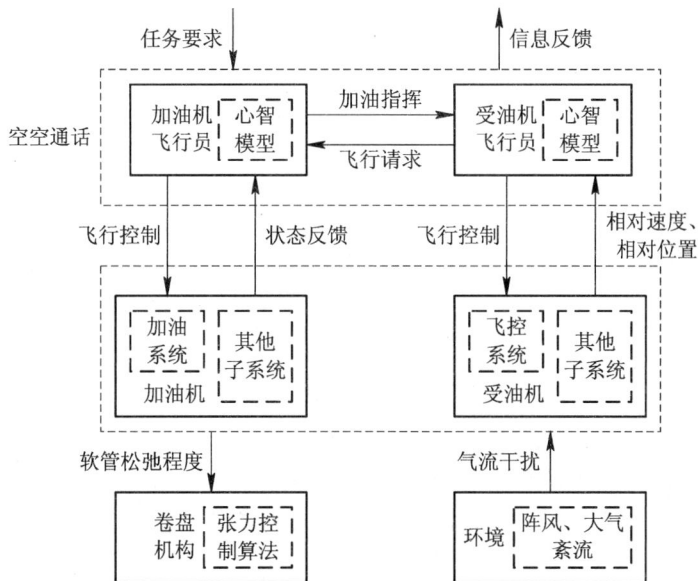

图 5.4　软管甩鞭现象功能控制结构

　　由图 5.4 可知,加、受油机与各自飞行员构成两个主要的控制反馈回路;卷盘机构作为一种被动控制结构,可根据软管张力实时调整软管长度,以避免软管过度松弛,因此,该机构只有输入没有输出。而实际对接与燃油输送过程中,加油机通常保持定直平飞,飞行控制主要由受油机完成,因此,受油机与其飞行员的控制反馈行为是分析软管甩鞭风险因素的关键。

5.3.2　STPA 安全性分析

　　软管甩鞭现象相关的控制行为主要包括速度控制(P-CA-1)、位置控制(P-CA-2)、空空通话(P-CA-3)。根据对相关控制行为的描述,分析得到软管甩鞭现象的不安全控制行为如表 5.13 所示。

表 5.13　软管甩鞭现象不安全控制行为分析

控制行为	不安全控制行为类型			
	未提供控制行为	提供了错误的控制行为	控制行为执行过早、过晚或顺序错误	控制行为结束过早或过晚
P-CA-1:速度控制	P-UCA-1:未发出速度控制 [P-H-1,P-H-3]	P-UCA-2:对接时油门过大、迎角过大或偏航角过大 [P-H-1,P-H-3,P-H-4] P-UCA-3:输送燃油过程中受油机油门、脚蹬、操作杆控制不柔和 [P-H-1,P-H-2,P-H-3,P-H-4] P-UCA-4:软管甩动时受油机减速 [P-H-2,P-H-3,P-H-4]	P-UCA-5:对接成功后未及时控制油门、操纵杆使飞机减速 [P-H-1,P-H-3] P-UCA-6:输送燃油过程中飞行员滥用控制行为 [P-H-2,P-H-3,P-H-4,P-H-5]	P-UCA-7:加油未结束便停止速度控制 [P-H-1,P-H-3,P-H-4,P-H-5]
P-CA-2:位置控制	P-UCA-8:未进行位置控制 [P-H-1,P-H-5]	P-UCA-9:发出了错误的位置控制指令 [P-H-1,P-H-2,P-H-5]	P-UCA-10:对接成功后未及时保持在安全加油区域 [P-H-1,P-H-2,P-H-3,P-H-4,P-H-5]	P-UCA-11:加油未结束便停止位置控制 [P-H-1,P-H-2,P-H-3,P-H-4,P-H-5]
P-CA-3:空空通话	P-UCA-12:两飞行员未进行空空通话 [P-H-1,P-H-2,P-H-3,P-H-4]	P-UCA-13:空空通话用语不规范 [P-H-1,P-H-2,P-H-3,P-H-4]	P-UCA-14:软管甩动幅度增大未及时通告加油机 [P-H-3,P-H-4,P-H-5]	P-UCA-15:加油未结束便停止空空通话 [P-H-1,P-H-2,P-H-3,P-H-4]

由表 5.13 可知,与软管甩鞭现象相关的控制行为中,关键阶段未提供控制行为都会导致系统进入不安全状态,如 P-UCA-1、P-UCA-8、P-UCA-12。受油机飞行员作为功能控制结构中的核心控制器,大多数不安全控制行为与之相关,如对接时飞机的接近速度和姿态(P-UCA-2)、操作的熟练程度(P-UCA-3)以及在软管甩动时的应对措施(P-UCA-4)等。战场环境下外部环境复杂,电磁干扰、恶劣天气都会影响空空通话的质量,因此两机飞行员用语不规范会在一定程度上影响通话质量,使信息交互不完全,导致危险发生(P-UCA-13)。受油机飞行员必须时刻注意飞行状态,发生软管甩动时,调整过晚(P-UCA-5)或滥用控制行为(P-UCA-6),往往会引发严重危险。受油机后部尾流比较复杂,加大了受油机操控难度,必须时刻保持两机安全距离(P-UCA-9),使之保持在安全加油区域飞行(P-UCA-10),这样能大大降低软管甩鞭现象发生的可能性。如果软管甩动幅度有增大趋势,且受油机无法稳定,应该及时通告加油机以迅速采取应对措施(P-UCA-14)。控制行为应该作用于软管甩鞭现象可能出现的所有阶段,加油时间过长可能会导致飞行员注意力减弱,在加油将要结束时弱化控制行为,导致危险发生(P-UCA-7、P-UCA-11、P-UCA-15)。因此,"控制失效"问题是 STPA 方法风险识别的重点。针对表 5.13 中的 15 种不安全控制行为,运用 5.2.4 节描述的致因场景分析方法,进一步分析得到系统致因因素如表 5.14 所示。

表 5.14　软管甩鞭现象致因因素

致因类型	致因因素	导致的不安全控制行为 (P-UCA)
飞行员	P-CF-1:违反任务的加油操作要求	ALL
	P-CF-2:对速度和位置控制经验不足	2,3,4,9
	P-CF-3:心理紧张,操作慌乱	2,3,6,7,11
	P-CF-4:任务量大,精神疲劳	ALL
	P-CF-5:安全意识薄弱	ALL
	P-CF-6:注意力分配不当	ALL
	P-CF-7:未及时保持空空通话	12,14,15
	P-CF-8:未使用规范的通话用语	13
飞控系统	P-CF-9:油门、襟翼、尾舵等机构老化	2,10
	P-CF-10:电传操纵系统延迟	2,5,10
传感器系统	P-CF-11:传感器系统安装位置不合理	2,5,7
	P-CF-12:传感器系统抗干扰能力差	14
设计因素	P-CF-13:加油软管长度、质量设计不合理	5,6
	P-CF-14:加油软管弹性系数过小	5,6
卷盘机构	P-CF-15:安装软管差错导致收放卡滞	3,10
	P-CF-16:对软管张力控制延迟过大	5,6

致因类型	致因因素	导致的不安全控制行为 (P - UCA)
受油插头	P - CF - 17：受油插头安装位置不合理	5，6
受油插头	P - CF - 18：受油插头长度设计不合理	2，6
组件交互	P - CF - 19：人机界面不合理	2，10，14，15
任务规划	P - CF - 20：机型不匹配	ALL
任务规划	P - CF - 21：机组人员任务量大	ALL
任务规划	P - CF - 22：空域规划不合理	ALL

在确定系统级危险、不安全控制行为和致因因素后，可从系统级安全约束、不安全控制行为安全约束和致因因素安全约束三个维度生成软管甩鞭危险相关的安全约束，如表5.15、表5.16、表5.17所示。

表 5.15　软管甩鞭危险系统级安全约束

编号	系统级安全约束	涉及的系统级危险
P - SC - S - 1	必须保持两机相对速度	P - H - 1，P - H - 3，P - H - 4
P - SC - S - 2	燃油输送过程中受油机必须保持稳定飞行	P - H - 2，P - H - 3，P - H - 4
P - SC - S - 3	受油机飞行员必须柔和操作	ALL
P - SC - S - 4	加油机和受加油机必须机型匹配	ALL
P - SC - S - 5	对接和输油过程中卷盘机构必须正常工作	P - H - 1，P - H - 2
P - SC - S - 6	卷盘机构控制响应必须符合实际要求	P - H - 1，P - H - 2

表 5.16　软管甩鞭危险不安全控制行为安全约束

编号	不安全控制行为安全约束	涉及的不安全控制行为
P - SC - UCA - 1	关键飞行节点必须实施速度控制	P - UCA - 1，P - UCA - 5， P - UCA - 6，P - UCA - 7
P - SC - UCA - 2	对接时速度差必须小于 3 m/s	P - UCA - 2
P - SC - UCA - 3	必须保证飞行姿态稳定	P - UCA - 2，P - UCA - 3
P - SC - UCA - 4	受油机飞行员必须柔和操作	P - UCA - 2，P - UCA - 3， P - UCA - 6
P - SC - UCA - 5	关键飞行节点必须实施位置控制	P - UCA - 8，P - UCA - 9， P - UCA - 10，P - UCA - 11
P - SC - UCA - 6	必须按照规定的接近流程对接	P - UCA - 9
P - SC - UCA - 7	必须在安全加油区域飞行	P - UCA - 9，P - UCA - 10
P - SC - UCA - 8	关键飞行节点必须进行空空通话	P - UCA - 12，P - UCA - 14， P - UCA - 15
P - SC - UCA - 9	必须使用规范的通话用语	P - UCA - 12，P - UCA - 14， P - UCA - 15

表 5.17　软管甩鞭危险致因因素安全约束

编号	致因因素安全约束	涉及的致因因素
P－SC－CF－1	任务过程必须遵守操作规程	P－CF－1，P－CF－5
P－SC－CF－2	执行任务必须有足够的模拟训练	P－CF－1，P－CF－2， P－CF－3，P－CF－6
P－SC－CF－3	必须合理分配注意力	P－CF－6
P－SC－CF－4	关键节点必须进行空空通话	P－CF－7
P－SC－CF－5	空空通话必须使用规范用语	P－CF－8
P－SC－CF－6	保证飞机操控性能处于良好状态	P－CF－9，P－CF－10
P－SC－CF－7	设计过程须保证传感器位置合理	P－CF－11
P－SC－CF－8	传感器等电子元器件必须有一定的抗干扰能力	P－CF－12
P－SC－CF－9	保证软管锥套性能参数与机型匹配	P－UCA－12，P－UCA－14， P－UCA－15
P－SC－CF－10	保证软管性能参数合理	P－CF－13，P－CF－14，P－CF－15
P－SC－CF－11	保证卷盘机构处于良好状态	P－CF－15，P－CF－16
P－SC－CF－12	保证受油插头性能参数合理	P－CF－17，P－CF－18
P－SC－CF－13	保证人机界面设计合理	P－CF－19
P－SC－CF－14	保证加、受油机机型匹配	P－CF－20
P－SC－CF－15	保证任务安排合理	P－CF－4，P－CF－22
P－SC－CF－16	保证加油空域气象条件良好	P－CF－21

5.4　空中加油甩鞭危险定量分析

STAMP 模型的优势在于能够识别传统方法所忽略的致因因素，如设计缺陷、软件错误、组件交互失效造成的系统风险。但是，作为一种基于功能控制结构的安全分析方法，STAMP 关注的重点在于系统组件的控制反馈关系，因此存在分析结果偏定性化、量化分析不足等问题。Bow-tie 模型作为航空领域广泛应用的定性定量事故分析模型，能直观高效地展示事故发生的前因后果、预防措施和控制对策。本节在基于 STAMP 模型得到的软管甩鞭致因分析结果基础上，结合 Bow-tie 模型进一步开展定量研究，提出多模式下的航空安全指数，得到基本事件对甩鞭危险的重要度和灵敏度，为提高空中加油系统安全水平提供指导。

5.4.1　Bow-tie 模型分析

自 STAMP 理论提出以来，许多学者[12-13]将其运用到各个领域，并与传统的安全分析理论进行对比，结果证明了该模型的优越性。Chatzimichailidou[12]认为，STAMP 理论与 Bow-tie 模型有较强的互补性，前者能够识别更为全面的致因场景，后者在此基础上开展定量分析，弥补了前者结果偏定性化的缺陷。结合两模型的特点对比，给出基于 STAMP 理论的 Bow-tie 模型构建机理，如图 5.5 所示。

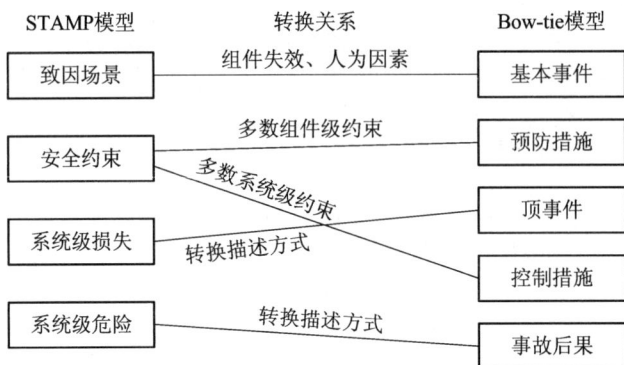

图 5.5　基于 STAMP 理论的 Bow-tie 模型构建机理

图 5.5 中，致因场景包含控制失效的发生对象、发生场景和发生条件，可归结为组件失效、软件缺陷、组件交互引起的失效、人为差错等致因因素；安全约束有针对组件的和针对系统的两类约束，前者可转化为预防危险的安全屏障，后者可转化为控制事故的缓解措施；系统级损失和系统级危险可分别转化成相应的顶事件和事故后果。

依据图 5.5 所示的模型转化机理，下一步就可以参照软管甩鞭安全性分析结果，构建 Bow-tie 模型并开展定量分析。

5.4.2　Bow-tie 模型构建与求解

1. Bow-tie 模型要素识别

由于 Bow-tie 模型属于系统使用阶段的分析方法，因此，在不影响系统分析结果的情况下，这里主要考虑软管甩鞭发生前后可能导致系统危险的组件失效情况。通过归纳总结，可以得到 Bow-tie 模型的基本要素：

（1）顶事件：软管甩鞭危险。

（2）后果事件：软管甩动恢复、软管锥套受损、机体受损、飞机失控、人员伤亡。

（3）控制事件：稳定受油机姿态、保持安全距离、断开软管锥套连接、抛软管。

导致顶事件发生事故的主要原因为：电传操纵系统故障、卷盘机构故障、人为差错。

电传操纵系统故障包括电子控制系统故障和机械机构故障。其中，电子控制系统故障包括飞控计算机故障、传感器组件失效、电源系统故障等；机械机构故障包括伺服机构故障、操纵液压系统故障、飞控动作器故障等。

卷盘机构故障包括控制失效和机械功能故障。其中，控制失效包括控制器失效和传感器组件失效，具体如软件指令故障、电路短路故障、传感器故障等；机械功能故障包括动力机构故障、变速机构故障、液压保险失效、控制板短路、传动机构卡滞、油路堵塞等。

2. Bow-tie 模型构建

根据甩鞭危险风险因素与事故后果演化分析结果，构建以软管甩鞭现象为顶事件的 Bow-tie 模型，如图 5.6 所示。

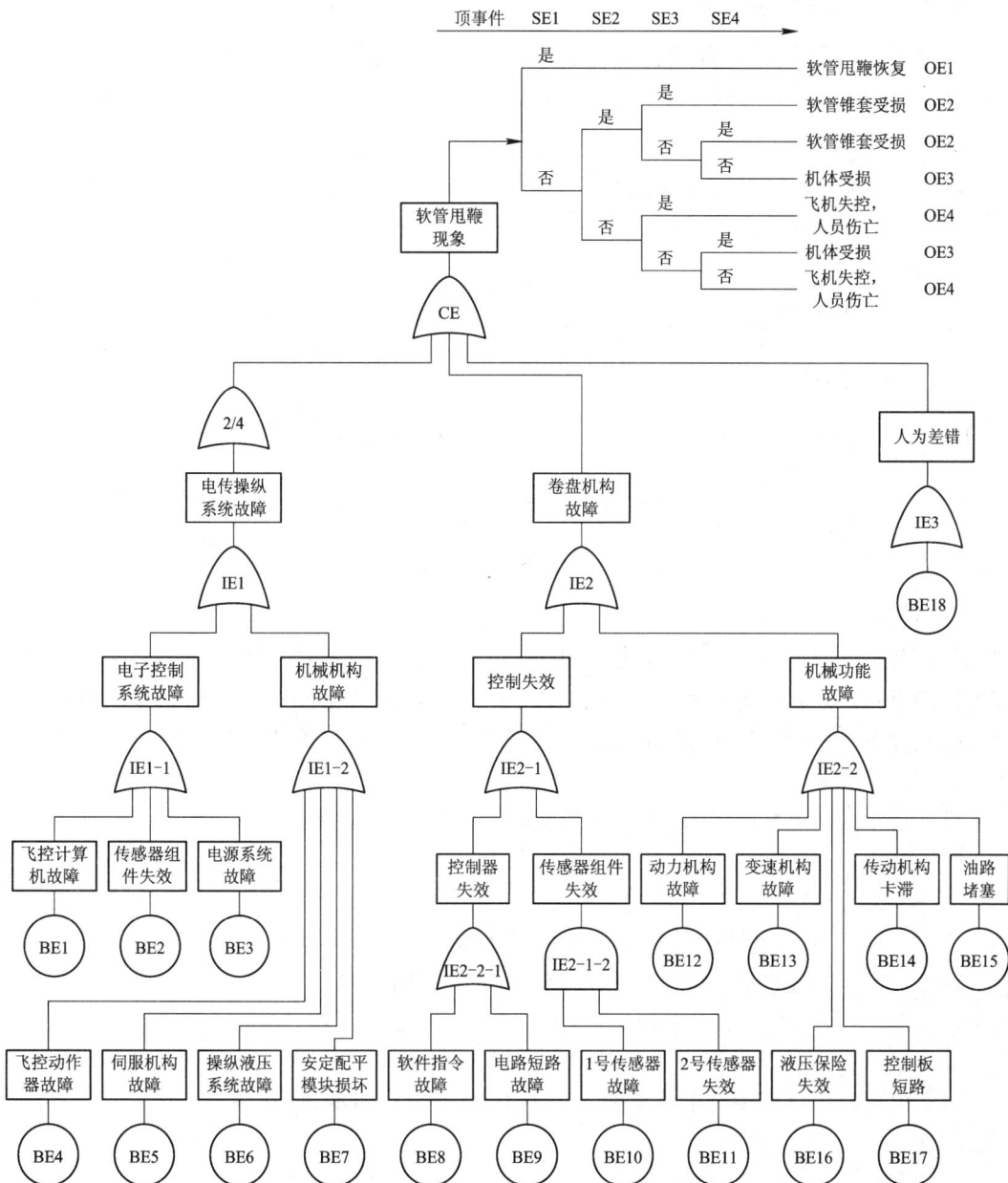

图 5.6　软管甩鞭现象 Bow-tie 模型

就 Bow-tie 模型的故障树而言，软管甩鞭现象主要是由电传操纵系统故障（IE1）、卷盘机构故障（IE2）、人为差错（IE3）三类中间事件导致的。其中，电传操纵系统为 2/4 表决"门"机构，安全水平普遍较高。在模型构建过程中，可将功能相似的部件归纳为同一类结构。例如电传操纵系统包含大量传感器部件，如杆位移传感器、舵面传感器等，由于这些传感器均执行结果反馈功能，因此可将其归结为传感器组件失效问题。对于人为差错（IE3），由于针对空中加油中人为因素的资料较少，无法准确地获取人为差错的具体类型，因此不再对其进行细分。

3. Bow-tie 模型求解

求解 Bow-tie 模型,需要梳理模型中风险传导的逻辑关系,以及确定基本事件和控制事件发生的概率,在此基础上方可进行定量计算。

1) 求解基础

以图 5.7 所示的典型 Bow-tie 模型为例,该模型中一共包含五类事件:基本事件(BE)、中间事件(IE)、顶事件(CE)、控制事件(SE)和后果事件(OE)。

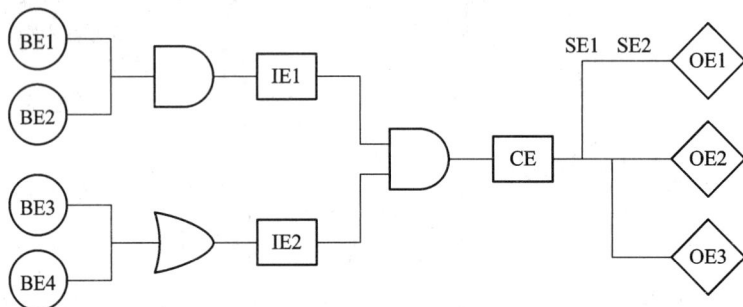

图 5.7　典型 Bow-tie 模型示意图

假设基本事件之间相互独立,已知每个基本事件发生的概率为 p^{BE},则通过逻辑关系可依次得到中间事件和顶事件发生的概率 p^{IE}、p^{CE}。逻辑运算法则由"门"的结构决定,文献[14]已经对 Bow-tie 模型的基础求解方法进行了全面梳理,相关的逻辑"门"计算原则如下所述。

对于由"与"门连接的中间事件,其发生概率 $p_{\mathrm{AND}}^{\mathrm{IE}}$ 可表示为

$$p_{\mathrm{AND}}^{\mathrm{IE}} = \prod_{i=1}^{n} p_i^{\mathrm{BE}} \tag{5.1}$$

式中:p_i^{BE} 为第 i 个基本事件发生的概率;n 表示基本事件的数量。

对于由"或"门连接的中间事件,其发生概率 $p_{\mathrm{OR}}^{\mathrm{IE}}$ 可表示为

$$p_{\mathrm{OR}}^{\mathrm{IE}} = 1 - \prod_{i=1}^{n}(1 - p_i^{\mathrm{BE}}) \tag{5.2}$$

对于由"表决"门连接的中间事件,其发生概率 $p_{k/n}^{\mathrm{IE}}$ 可表示为

$$p_{k/n}^{\mathrm{IE}} = \begin{cases} \mathrm{C}_n^k \prod_{i=1}^{k} p_i^{\mathrm{BE}}, & \sum_{i=1}^{n} x_i \geq k \\ & , \quad 0 \leq i \leq k \leq n \\ 0, & \sum_{i=1}^{n} x_i < k \end{cases} \tag{5.3}$$

若要计算后果事件发生的概率,考虑到存在 l 个分支能够导致第 i 个后果事件 OEi 发生的可能性,假设第 $m(m<l)$ 个分支上第 k 个控制事件发生的概率为 p_j^{SE},则第 m 个分支的后果事件发生的概率为

$$p_i^{\mathrm{OE}} = \sum_{m=1}^{l} p^{\mathrm{CE}} \prod_{j=1}^{m} f(p_j^{\mathrm{SE}}) \tag{5.4}$$

式中:当某一个分支上的中间事件发生时,$f(p_j^{\mathrm{SE}}) = p_j^{\mathrm{SE}}$;当中间事件不发生时,$f(p_j^{\mathrm{SE}}) =$

$1-p_j^{\mathrm{SE}}$。因此，后果事件 OEi 发生的概率可表示为 n 个基本事件与 m 个后果事件发生概率的函数，即

$$p_i^{\mathrm{OE}} = f(p_1^{\mathrm{BE}}, p_2^{\mathrm{BE}}, \cdots, p_n^{\mathrm{BE}}, p_1^{\mathrm{SE}}, p_2^{\mathrm{SE}}, \cdots, p_m^{\mathrm{SE}})$$
$$= f(\boldsymbol{p}^{\mathrm{BE}}, \boldsymbol{p}^{\mathrm{SE}}) \tag{5.5}$$

2）客观变量不确定性描述

图 5.6 所示甩鞭现象 Bow-tie 模型中，基本事件除 BE18 外，均为机械类和电子类事件客观变量。对数据库中大量失效信息统计分析后发现[15]，机械类和电子类基本事件的失效概率可采用概率方法计算。而对于数据库中没有的客观变量基本事件，可根据其组件类型和故障机理，判断失效概率的分布类型，统计其分布参数，然后再求解基本事件发生的概率。

对于机械类产品客观变量，其故障率通常服从对数正态分布，可以统计得到产品平均故障间隔时间（MTBF）及其方差（Var）后，再求解概率密度函数分布参数的均值 $\mu_{\mathrm{MTBF}} = \log(\mathrm{MTBF}^2/\sqrt{\mathrm{Var}+\mathrm{MTBF}^2})$、方差 $\sigma_{\mathrm{MTBF}} = \sqrt{\log(\mathrm{MTBF}^2+1)}$，最后计算飞行时间为 T 时机械类产品的概率密度函数为

$$f(T \mid \mu_{\mathrm{MTBF}}, \sigma_{\mathrm{MTBF}}) = \frac{1}{T\sigma_{\mathrm{MTBF}}\sqrt{2\pi}} e^{\frac{-(\ln T - \mu_{\mathrm{MTBF}})^2}{2\sigma_{\mathrm{MTBF}}^2}} \tag{5.6}$$

多数电子类产品的 MTBF 服从指数分布，假定故障率为 λ_{MTBF}，则分布参数 $\mu_{\mathrm{MTBF}} = 1/\lambda_{\mathrm{MTBF}}$，因此飞行时间为 T 时电子类产品的概率密度函数为

$$f(T \mid \mu_{\mathrm{MTBF}}) = \begin{cases} \dfrac{1}{\mu_{\mathrm{MTBF}}} e^{-\frac{T}{\mu_{\mathrm{MTBF}}}}, & T>0 \text{ 且 } \mu>0 \\ 0, & \text{其他} \end{cases} \tag{5.7}$$

由于失效信息统计过程涉及因素较多，如统计人员工作能力、统计方法、统计数量和范围等，因此会导致统计数值在一定程度上呈现一定的不确定性。通常来讲，大量统计所得的客观变量发生概率服从分布参数为 $(\mu_{\mathrm{MTBF}}, \sigma_{\mathrm{MTBF}}^2)$ 的正态分布。

3）主观变量不确定性描述

图 5.6 所示模型中的所有控制事件 SE 和基本事件 BE18 大多涉及人机交互、组织管理等影响，事件发生具有一定的主观不确定性，信息数据难以完全准确收集，利用随机概率难以准确描述，因此，下面利用模糊理论对其进行概率描述。

在运用模糊理论对不确定变量进行概率描述的过程中，确定隶属度函数是变量描述的核心，选取合适的隶属度函数是工作顺利进行的关键。目前，模糊分布函数方法和模糊统计方法是两种常用的手段。由于模糊统计方法基于概率统计原理，对数据源要求较高，运用过程较复杂，难以适应甩鞭危险事故统计困难的特点，因此，下面采用模糊分布函数确定主观变量模糊区间。模糊分布函数包含多种隶属度函数，其中，三角隶属度函数运用较为广泛，下面以此为例简要说明模糊区间的确定过程。

以 x_F 表示模型中涉及的主观变量发生概率，在定置信度 λ 下，其三角隶属度函数水平截集如图 5.8 所示。

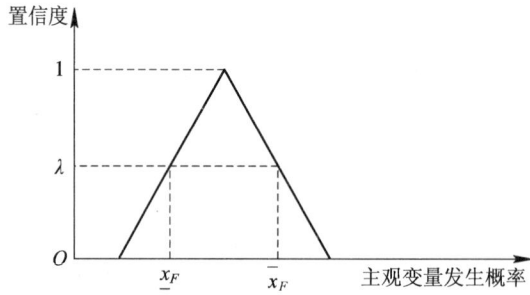

图 5.8　三角隶属度函数水平截集

图 5.8 中，$\underline{x}_F$ 和 $\overline{x}_F$ 分表示主观变量 x_F 的 λ 水平截集下限和上限。那么，在隶属度 λ 下，主观变量 x_F 三角隶属度函数的模糊区间为

$$x_F(\lambda) \in \left[\underline{x}_F(\lambda), \overline{x}_F(\lambda)\right] \tag{5.8}$$

4）不确定变量分布参数及概率描述

结合前面的概率描述方法以及数据统计结果，可得到甩鞭危险 Bow-tie 模型中包含的客观和主观不确定变量分布参数及概率描述分别如表 5.18、表 5.19 所示。

表 5.18　客观不确定变量分布参数及概率描述

编号	基本事件	故障时间		统计量		
		分布类型	分布参数	λ_{MBTF}	分类类型	变异系数
BE1	飞控计算机故障	对数正态分布	μ	6.5E-7	正态分布	0.05
BE2	传感器组件失效	对数正态分布	μ	2.32E-6	正态分布	0.05
BE3	电源系统故障	对数正态分布	μ	3.7E-7	正态分布	0.05
BE4	飞控动作器故障	对数正态分布	μ, σ	9.34E-4	正态分布	0.05
BE5	伺服机构故障	对数正态分布	μ, σ	5.58E-4	正态分布	0.05
BE6	操纵液压系统故障	对数正态分布	μ, σ	7.89E-4	正态分布	0.05
BE7	安定配平模块损坏	对数正态分布	μ, σ	4.53E-4	正态分布	0.05
BE8	软件指令故障	指数分布	μ	1.12E-6	正态分布	0.05
BE9	电路短路故障	指数分布	μ	3.38E-6	正态分布	0.05
BE10	1 号传感器故障	指数分布	μ	2.01E-6	正态分布	0.05
BE11	2 号传感器失效	指数分布	μ	2.01E-6	正态分布	0.05
BE12	动力机构故障	指数分布	μ, σ	7.08E-4	正态分布	0.05
BE13	变速机构故障	对数正态分布	μ, σ	4.26E-4	正态分布	0.05
BE14	传动机构卡滞	对数正态分布	μ, σ	5.92E-4	正态分布	0.05
BE15	油路堵塞	对数正态分布	μ, σ	2.22E-4	正态分布	0.05
BE16	液压保险失效	对数正态分布	μ	1.78E-6	正态分布	0.05
BE17	控制板短路	对数正态分布	μ	2.98E-6	正态分布	0.05

表 5.19　主观不确定变量分布参数及概率描述

编号	控制事件	取值区间	不确定性描述
BE18	人为差错	$(0.210, 0.350, 0.280)$	均匀分布
SE1	稳定受油机	$(0.135, 0.165, 0.150)$	均匀分布
SE2	保持安全距离	$(0.153, 0.187, 0.170)$	均匀分布
SE3	断开软管锥套连接	$(0.090, 0.101, 0.100)$	均匀分布
SE4	应急抛软管	$(0.045, 0.055, 0.050)$	均匀分布

5.4.3　不确定性条件下软管甩鞭安全指标量化分析

1. 多模式安全态势指标

传统的航空安全风险是一个包含风险矩阵和事故发生可能性的复合性指标，既无法直观简洁地表征安全态势，也给航空危险事件的量化分析带来困难。通常情况下，在航空领域，人们更加关注超过预期严酷度的事故，如人员伤亡、财产损失或环境污染，因此，根据文献[16]，可对航空安全性指标重新定义为：在预期环境下，航空器执行预定任务时导致危险后果的可能性低于人们预期值的概率，即

$$R_{|s} = P\{P_{|s} < [P_{|s}]\} \tag{5.9}$$

式中：$R_{|s}$ 为给定严酷度后果的航空器安全性指标；"$|S$"为给定严酷度的不安全事件后果；$P_{|s}$ 为给定严酷度的后果事件发生概率；$[P_{|s}]$ 为给定严酷度下后果事件发生概率的阈值。

航空活动中，后果事件发生概率的阈值已被提前规定，如 MIL - STD - 882、SAE ARP4754A[17-18]等标准已经规定了一系列航空事故后果事件的严酷度阈值，给定严酷度下的安全性功能函数 $g(x)$ 为

$$g(x) = P_{|s} - [P_{|s}] \tag{5.10}$$

式中：$x = \{x_R, x_F\}$ 表示甩鞭事件包含的客观不确定变量 x_R、主观不确定变量 x_F 发生的概率。

考虑到甩鞭危险发生往往会导致多种后果的可能性，航空性安全指标 $R_{|s}$ 可进一步转化为多模式下的安全性功能函数，其表示形式为

$$\begin{aligned} R_{|s} &= P\{P_{|s_1} < [P_{|s_1}]\} \& P\{P_{|s_2} < [P_{|s_2}]\} \& \cdots \& P\{P_{|s_l} < [P_{|s_l}]\} \\ &= P\{(g_1(x) < 0) \& (g_2(x) < 0) \& \cdots \& (g_l(x) < 0)\} \\ &= \prod_{i=1}^{l} P(g_i(x) < 0) \end{aligned} \tag{5.11}$$

式中：l 表示人们关注的不同严重程度的事故后果的数量。由此，软管甩鞭危险安全性指标可转换成一个多模型安全性功能函数的求解问题。

假定变量之间相互独立，由于主观变量 $x_F(\lambda)$ 服从 λ 水平截集的均匀分布，则隶属度 λ 下多模式安全性指标 $R(\lambda)$ 应表示为

$$R(\lambda) = 1 - \int_{g(x_R, x_F(\lambda)) \geqslant 0} f_{x_R}(x_R) f_{x_F(\lambda)}(x_F(\lambda)) \mathrm{d}x_R \mathrm{d}x_F(\lambda) \tag{5.12}$$

式中：$f_{x_R}(x_R)$、$f_{x_F(\lambda)}(x_F(\lambda))$ 分别表示客观变量和主观变量的联合概率密度。

考虑隶属度 λ 在区间 $[0, 1]$ 上服从均匀分布的情况,得到混合变量下航空安全性指标为

$$R_{|S} = 1 - \int_0^1 \left\{ \iint_{g(\bm{x}_R, \bm{x}_F(\lambda)) \geqslant 0} f_{\bm{x}_R}(\bm{x}_R) f_{\bm{x}_F(\lambda)}(\bm{x}_F(\lambda)) \mathrm{d}\bm{x}_R \mathrm{d}\bm{x}_F(\lambda) \right\} \mathrm{d}\lambda \qquad (5.13)$$

由于式(5.12)、式(5.13)为多维函数及隐式积分问题,显然数值计算法不能得到其解析解,因此可采用 Monte-Carlo 方法进行仿真求解,将其转化成仿真抽样的形式。定义失效域为 $F = \{(\bm{x}_R, \bm{x}_F(\lambda)) : g(\bm{x}_R, \bm{x}_F(\lambda)) \geqslant 0\}$,则用失效域表示 λ 隶属度水平下安全性指标 $R(\lambda)$ 为

$$R(\lambda) = 1 - \int_{\mathbf{R}^n} I_F[\bm{x}_R, \bm{x}_F(\lambda)] f_{\bm{x}_R}(\bm{x}_R) f_{\bm{x}_F(\lambda)}(\bm{x}_F(\lambda)) \mathrm{d}\bm{x}_R \mathrm{d}\bm{x}_F(\lambda)$$
$$= 1 - E[I_F[\bm{x}_R, \bm{x}_F(\lambda)]] \qquad (5.14)$$

$$I_F[\bm{x}_R, \bm{x}_F(\lambda)] = \begin{cases} 1, & \bm{x}_R, \bm{x}_F(\lambda) \in F \\ 0, & \bm{x}_R, \bm{x}_F(\lambda) \notin F \end{cases} \qquad (5.15)$$

式中:$\mathbf{R}^n$ 为 n 维向量空间;$E[\cdot]$ 为期望算子;$I_F[\bm{x}_R, \bm{x}_F(\lambda)]$ 为失效域指示函数。

考虑到采用 Monte-Carlo 方法计算上述指标,则安全性指标的估计值形式为

$$\hat{R}(\lambda) = 1 - \frac{1}{N} \sum_{j=1}^{N} I_F[\bm{x}_R, \bm{x}_F(\lambda)] \qquad (5.16)$$

式中:N 为仿真抽样次数。

在给定隶属度 λ 计算安全性指标的基础上,考虑隶属度 λ 在区间 $[0, 1]$ 上服从均匀分布的情况,得到混合变量下航空安全性指标 $\hat{R}_{|S}$ 为

$$\hat{R}_{|S} = 1 - \frac{1}{N} \int_0^1 \left\{ \sum_{i=1}^{N} I_F[\bm{x}_R, \bm{x}_F(\lambda)] \right\} \mathrm{d}\lambda \qquad (5.17)$$

2. 灵敏度测算指标

传统的灵敏度测度需要获得事故发生概率的解析函数,逻辑推导困难且计算量较大,给灵敏度求解过程带来困难。下面在航空安全性指标的基础上,提出了一种适合不确定性条件下的灵敏度分析方法,可用于测算航空安全性指标对基本事件发生概率及其概率分布的灵敏度。

1) 全局灵敏度

全局灵敏度是从平均的角度来衡量输入变量的不确定性对输出的贡献[18],也被称为输入变量的重要性测度。参考航空领域重要性测度的概念,结合式(5.17)航空安全性指标,得到第 i 个基本事件的全局灵敏度 S_{x_i} 为

$$S_{x_i} = R_{|S}(\bm{x}) - R_{|S}(\bm{x})\big|_{x_i=0} \qquad (5.18)$$

式中:x_i 表示第 i 个基本事件的发生概率;$\bm{x}$ 表示随机变量和模糊变量发生概率 $\bm{x}_R$ 和 $\bm{x}_F$;$R_{|S}(\bm{x})\big|_{x_i=0}$ 表示第 i 个基本事件不发生时安全性指标的具体值。

全局灵敏度的样本估计值可参考式(5.17)进行计算,对于不同基本事件的全局灵敏度计算,只需将第 i 个基本事件的发生概率代入公式即可。由于主观变量(SE1～SE4)作用在危险发生之后,这里不再推导其全局灵敏度测度。

2) 局部灵敏度

局部灵敏度可定义为基本事件分布参数的变化引起安全性指标变化的比率，可以用安全性指标的统计特征对分布参数的偏导数来描述。由于主观变量在模糊区间服从均匀分布，因此，这里只对客观变量的分布参数进行局部灵敏度求解，即对除 BE18（人为差错）外的所有基本事件进行局部灵敏度求解。

根据式(5.13)、式(5.14)，多模式下航空安全性指标的第 i 个基本事件的第 k 个分布参数 $\theta_k^{(i)}$ 的局部灵敏度 S_θ 为

$$S_\theta = \frac{\partial R_{\mid S}}{\partial \theta_k^{(i)}} = -\int_0^1 \left\{ \int_{g(\boldsymbol{x}_R, \, \boldsymbol{x}_F(\lambda)) \geqslant 0} \frac{\partial (f_{\boldsymbol{x}_R}(\boldsymbol{x}_R) f_{\boldsymbol{x}_F}(\boldsymbol{x}_F(\lambda)))}{\partial \theta_k^{(i)}} \mathrm{d}\boldsymbol{x}_R \mathrm{d}\boldsymbol{x}_F(\lambda) \right\} \mathrm{d}\lambda \quad (5.19)$$

式中：$f_{\boldsymbol{x}_R}(\boldsymbol{x}_R)$、$f_{\boldsymbol{x}_F(\lambda)}(\boldsymbol{x}_F(\lambda))$ 分别表示客观随机变量和主观模糊变量的联合概率密度。

为了便于运用 Monte-Carlo 方法开展抽样估计，将局部灵敏度表达式进一步转换为

$$
\begin{aligned}
S_\theta &= -\int_0^1 \left\{ \int_{\mathbf{R}^n} I_F[\boldsymbol{x}_R, \, \boldsymbol{x}_F(\lambda)] \frac{\partial (f_{\boldsymbol{x}_R}(\boldsymbol{x}_R) f_{\boldsymbol{x}_F}(\boldsymbol{x}_F(\lambda)))}{\partial \theta_k^{(i)}} h(\boldsymbol{x}_R, \, \boldsymbol{x}_F(\lambda)) \mathrm{d}\boldsymbol{x}_R \mathrm{d}\boldsymbol{x}_F(\lambda) \right\} \mathrm{d}\lambda \\
&= -E\left[\frac{I_F[\boldsymbol{x}_R, \, \boldsymbol{x}_F(\lambda)]}{f_{\boldsymbol{x}_R}(\boldsymbol{x}_R) f_{\boldsymbol{x}_F}(\boldsymbol{x}_F(\lambda))} \frac{\partial (f_{\boldsymbol{x}_R}(\boldsymbol{x}_R) f_{\boldsymbol{x}_F}(\boldsymbol{x}_F(\lambda)))}{\partial \theta_k^{(i)}} \right] \\
&= -E\left[\frac{I_F[\boldsymbol{x}_R, \, \boldsymbol{x}_F(\lambda)]}{f_{\boldsymbol{x}_R}(\boldsymbol{x}_R)} \frac{\partial f_{\boldsymbol{x}_R}(\boldsymbol{x}_R)}{\partial \theta_k^{(i)}} \right]
\end{aligned}
\quad (5.20)
$$

式中：$h(\boldsymbol{x}_R, \, \boldsymbol{x}_F(\lambda)) = [1/(f_{\boldsymbol{x}_R}(\boldsymbol{x}_R) f_{\boldsymbol{x}_F}(\boldsymbol{x}_F(\lambda)))] \cdot [f_{\boldsymbol{x}_R}(\boldsymbol{x}_R) f_{\boldsymbol{x}_F}(\boldsymbol{x}_F(\lambda))]$；$\mathbf{R}^n$ 为 n 维向量空间；$E[\cdot]$ 为期望算子；$I_F[\boldsymbol{x}_R, \, \boldsymbol{x}_F(\lambda)]$ 为失效域指示函数。

式(5.20)进一步转换成 Monte-Carlo 样本估计值形式为

$$\hat{S}_\theta = -\frac{1}{N} \int_0^1 \left\{ \sum_{j=1}^N \frac{I_F[\boldsymbol{x}_R, \, \boldsymbol{x}_F(\lambda)]}{f_{\boldsymbol{x}_R}(\boldsymbol{x}_R)} \frac{\partial f_{\boldsymbol{x}_R}(\boldsymbol{x}_R)}{\partial \theta_k^{(i)}} \Big|_{(\boldsymbol{x}_R, \, \boldsymbol{x}_F(\lambda))_j} \right\} \mathrm{d}\lambda \quad (5.21)$$

式中：$(\boldsymbol{x}_R, \, \boldsymbol{x}_F(\lambda))_j$ 是混合变量的第 j 次抽样值。

若 n 个基本事件(BE1～BE17)之间相互独立，则联合概率密度 $f_{\boldsymbol{x}_R}(\boldsymbol{x}_R)$ 为 n 个随机变量概率密度函数的乘积。由于分布参数 $\theta_k^{(i)}$ 只与第 i 个基本事件概率密度函数 $f_i(x_R^i)$ 有关，对式(5.21)进一步变换，得到局部灵敏度表达式为

$$\hat{S}_\theta = -\frac{1}{N} \int_0^1 \left\{ \sum_{j=1}^N I_F[(\boldsymbol{x}_R, \, \boldsymbol{x}_F(\lambda))_j] \frac{\partial f_i(x_R^i)}{f_i(x_R^i) \partial \theta_k^{(i)}} \right\} \mathrm{d}\lambda \quad (5.22)$$

大量故障统计信息显示[19]，若基本事件为机械件失效，则其失效概率服从对数正态分布；若基本事件为电子件失效，则其失效概率服从指数分布。对于服从对数正态分布的失效件，显然有：

$$\frac{\partial f_i(x_R^i)}{f_i(x_R^i) \partial \mu^{(i)}} = \frac{1}{\sigma_i} \frac{\ln x_R^i - \mu_i}{\sigma_i} \quad (5.23)$$

$$\frac{\partial f_i(x_R^i)}{f_i(x_R^i) \partial \sigma^{(i)}} = \frac{1}{\sigma_i} \left[\left(\frac{\ln x_R^i - \mu_i}{\sigma_i} \right)^2 - 1 \right] \quad (5.24)$$

分别将式(5.23)、式(5.24)代入式(5.22)，得到安全性指标对第 i 个基本事件的均值 μ_i 和标准差 σ_i 的局部灵敏度分别为

$$\hat{S}_{\mu_i} = -\frac{1}{N} \int_0^1 \left\{ \sum_{j=1}^N I_F[(\boldsymbol{x}_R, \, \boldsymbol{x}_F(\lambda))_j] \frac{1}{\sigma_i} \frac{\ln x_R^i - \mu_i}{\sigma_i} \right\} \mathrm{d}\lambda \quad (5.25)$$

$$\hat{S}_{\sigma_i} = -\frac{1}{N}\int_0^1 \left\{ \sum_{j=1}^N I_F\big[(\boldsymbol{x}_R, \ \boldsymbol{x}_F(\lambda))_j\big] \frac{1}{\sigma_i}\left[\left(\frac{\ln x_R^i - \mu_i}{\sigma_i}\right)^2 - 1\right]\right\}\mathrm{d}\lambda \qquad (5.26)$$

同样思路，可以得到基本事件失效概率服从指数分布时，安全性指标对第 i 个基本事件均值 μ_i 的局部灵敏度为

$$\hat{S}_{\mu_i} = -\frac{1}{N}\int_0^1 \left\{ \sum_{j=1}^N I_F\big[(\boldsymbol{x}_R, \ \boldsymbol{x}_F(\lambda))_j\big] \frac{1}{\sigma_i}\frac{x_R^i - \mu_i}{\sigma_i}\right\}\mathrm{d}\lambda \qquad (5.27)$$

由于主观模糊变量（BE18、SE1～SE4）采用模糊区间理论确定其发生概率，这里不再讨论其局部灵敏度指标。

5.4.4 不确定性条件下安全指标求解方法

1. 求解过程

由于模型中涉及的基本事件和控制事件的发生情况构成了不确定性变量，这将导致用数值计算法时计算量过大、不精确，因此本节采用数值仿真法求解上述指标。Monte-Carlo仿真方法是一种简单、直接、有效的数值仿真算法，具体流程见图 5.9。

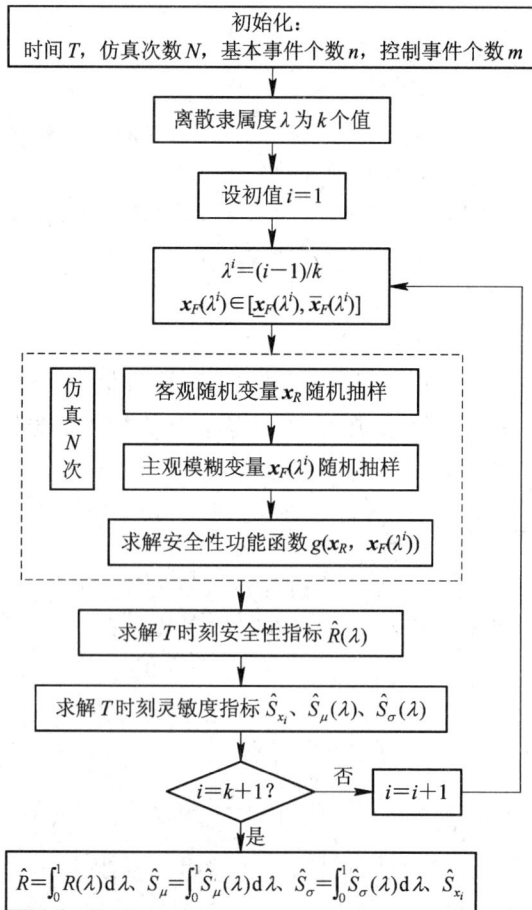

图 5.9　不确定性条件下基于 Monte-Carlo 方法的仿真抽样流程

　　由于客观随机变量的失效概率密度分布函数与飞行时间 T 相关，因此求解的航空安全性指标和灵敏度指标随着飞行时间 T 动态变化；考虑到不同基本事件失效概率的差异性，航空器安全性变化率对不同基本事件敏感程度不同，因此需要求解灵敏度指标对其进行衡量。另外，其他高效的数值仿真方法也适用于本节所提的各个指标。

2. 结果分析

　　根据航空安全领域对于风险事件的通用界定方法，在软管甩鞭危险的 Bow-tie 模型中，四种后果事件的严酷程度分别为：

　　（1）OE1（轻微的）：软管甩动恢复；

　　（2）OE2（危险的）：软管锥套受损；

　　（3）OE3（危险的）：机体受损；

　　（4）OE4（灾难的）：飞机失控，人员伤亡。

　　OE1~OE4 可接受的概率阈值分别是 10^{-3}、10^{-5}、10^{-7}、10^{-9}。结合表 5.18 和表 5.19 所示的客观不确定变量和主观不确定变量的概率描述，结合上述分析，计算得到软管甩鞭安全性指标随飞行时间的变化趋势如图 5.10 所示。

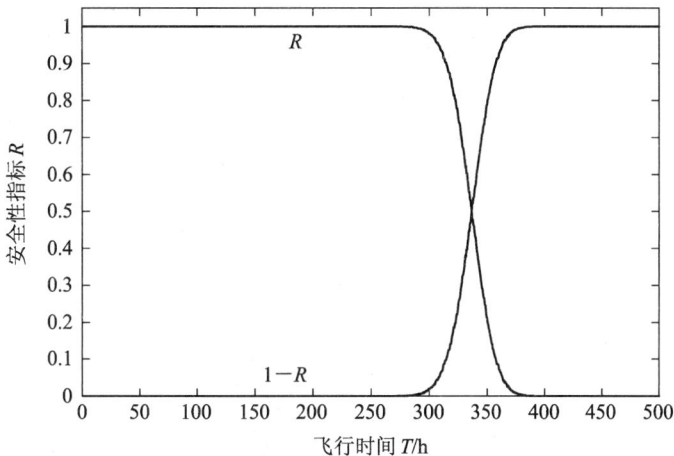

图 5.10　软管甩鞭现象安全性指标变化趋势

　　由图 5.10 可知，软管甩鞭现象安全性指标随时间不断减小，风险性指标不断升高，且在 $T=300\sim370$ h 时间区间发生突变，安全水平急剧下降，风险水平急剧上升，这主要是由于客观变量基本事件失效所致，因此需要特别关注该时间段各客观事件失效导致软管甩鞭危险发生的可能性。

　　考虑到灵敏度和安全水平的关系，这里选取 $T=200\sim500$ h 时间区间，分析航空安全性指标对所有基本事件（BE1~BE18）的全局灵敏度，如图 5.11 所示，航空安全性指标对随机变量基本事件（BE1~BE17）的局部灵敏度如图 5.12、图 5.13、图 5.14 所示。

　　图 5.11 中，软管甩鞭现象的安全性指标对不同基本事件的全局灵敏度存在显著差异，且各个基本事件灵敏度指标随着时间发生显著变化，但各基本事件灵敏度的重要性排序基本保持不变。图中所有基本事件的全局灵敏度均为负值，说明减小基本事件发生概率，能够有效提高软管甩鞭现象的安全指数；与电传系统相关的基本事件灵敏度均比较低，分析

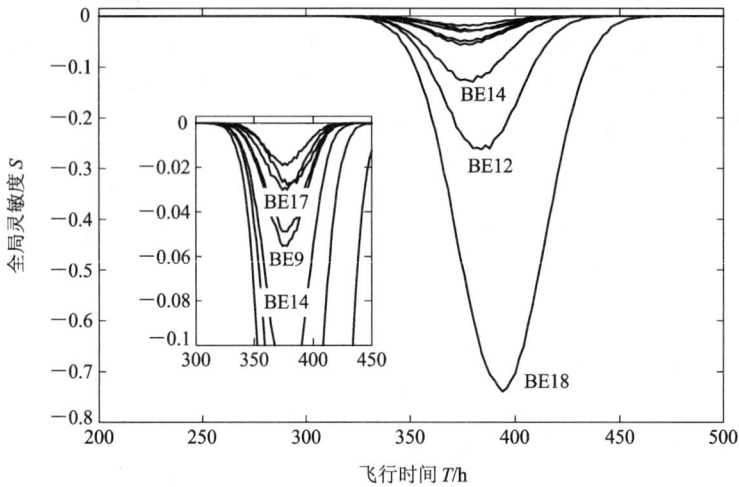

图 5.11　基本事件全局灵敏度

原因为现代飞机的电传操纵系统大多为四余度设计，大大提高了飞行过程的可靠性；BE18 灵敏度最大，在飞行时间 $T=380$ h 时甚至达到 -0.75，是导致甩鞭发生的主要因素。

对于全局灵敏度结果，较大的前五种基本事件重要性排序为：BE18＞BE12＞BE14＞BE9＞BE17，说明人为差错和卷盘机构故障是导致甩鞭发生的主要原因。结合 5.3 节甩鞭危险定性分析结果，与之关联的系统级安全约束为 P－SC－S－1、P－SC－S－2、P－SC－S－3、P－SC－S－5；不安全控制行为安全约束为 P－SC－UCA－1、P－SC－UCA－2、P－SC－UCA－3、P－SC－UCA－5；致因因素安全约束为 P－SC－CF－1、P－SC－CF－2、P－SC－CF－3、P－SC－CF－10、P－SC－CF－11。

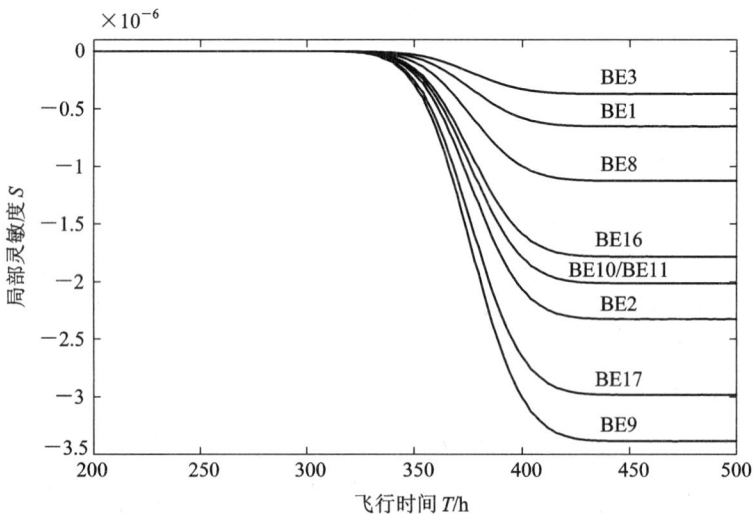

图 5.12　电子类基本事件分布参数 μ 局部灵敏度

图 5.12 和图 5.13 表明，软管甩鞭安全性指标对电子类基本事件和机械类基本事件分布参数 μ 的局部灵敏度均为随时间动态变化的负数且差异巨大：值为负数说明安全性指标与分布参数 μ 负相关，增大基本事件分布参数的均值即降低组件的故障率，能够有效提高

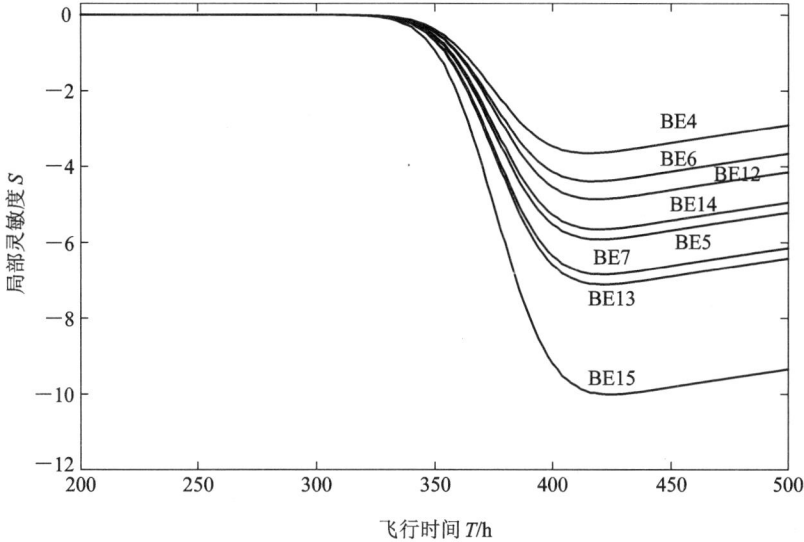

图 5.13　机械类基本事件分布参数 μ 局部灵敏度

航空安全水平；两者差异巨大是由于电子类事件和机械件类事件的 MTBF 相差太大，电子产品在 $T=200\sim500$ h 时间区间内几乎不存在失效问题，导致电子类事件的均值重要度与机械类事件相比可以忽略不计。机械类基本事件的灵敏度重要性排序为：BE15＞BE13＞BE7＞BE5＞BE14＞BE12＞BE6＞BE4；电子类基本事件的灵敏度重要性排序为：BE9＞BE17＞BE2＞BE10/BE11＞BE16＞BE8＞BE1＞BE3。另外，飞行 $T=410$ h 后，机械类事件灵敏度整体都有所下降，分析原因为此时软管"甩鞭"现象安全性指标趋于稳定，而机械类事件的概率密度函数对均值 μ 的偏导开始下降，导致灵敏度有所下降。

结合上述分析，对于重要度较大的前三类基本事件 BE15、BE13、BE7，与之相关的系统级安全约束为 P‐SC‐S‐5，致因因素安全约束为 P‐SC‐CF‐5。

图 5.14 显示，机械类基本事件分布参数 σ 对软管甩鞭安全性指标的重要性排序与分布

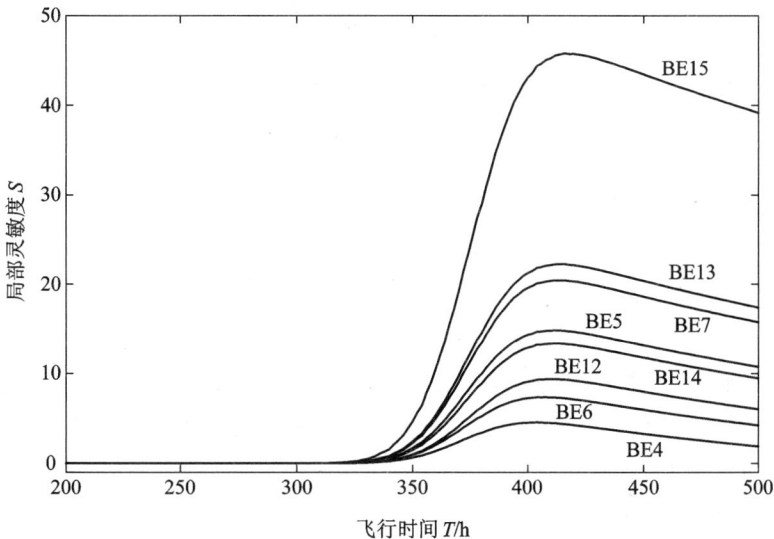

图 5.14　机械类基本事件分布参数 σ 局部灵敏度

参数 μ 相同，这也恰恰验证了两者的一致性和结果的合理性。

5.5 空中加油甩鞭危险 Simulink 验证平台

完整的安全性分析流程包括安全性分析和安全性验证两方面的内容，而基于 STAMP 模型的软管甩鞭危险定性定量分析缺少对应的验证方法。在航空领域，安全验证手段主要包括试验试飞和仿真平台两类。虽然试验试飞能够带来更准确可靠的结果，但其组织流程复杂，人力物力成本巨大，试飞环境、人员状态、组织管理等不确定因素往往会对结果带来一定程度的影响。因此，本节采取搭建仿真平台的方法开展安全性验证。首先，从软管甩鞭危险的功能控制结构出发，提出模型基本假设，简化空中加油实际场景；然后，根据导致软管甩动的致因因素，有针对性地基于 Simulink 仿真平台构建软管锥套系统的多刚体动力学模型、尾流扰动模型、大气紊流模型和卷盘机构控制模型；最后，根据所搭建的仿真平台，模拟外部气流干扰、飞行控制策略、任务关键系统运行状况等条件对软管甩动的影响程度，验证所提安全约束和控制措施的合理性、准确性。

5.5.1 软管甩鞭仿真验证环境构建

空中加油作为一个复杂过程，涉及要素很多，这也给构建仿真环境带来了一定困难。结合前文针对软管甩鞭危险所做的定性定量分析，下面选取关键因素进行仿真验证，这样做不仅可降低工作难度，而且也更加具有针对性。

1. 模型假设

科学的仿真模型是安全性验证结果合理准确的重要保证。在实战背景下，空中加油的环境较为复杂，存在诸多影响因素，如复杂的电磁环境可能会影响航空器中某些电子部件的工作状态，从而影响飞行品质、通信质量，间接诱发危险，因此在仿真模型中包含所有的因素是不现实的。在保证模型科学合理的情况下，参考文献[20-21]相关研究，针对空中加油甩鞭危险，Simulink 仿真验证平台做出如下假设：

（1）忽略地球曲率的影响，认为整个加油空域处在同一水平高度。

（2）忽略地球自转的影响，以地平坐标系为惯性坐标系。

（3）在整个加油空域重力加速度为一个定值。

（4）忽略飞机的弹性形变，认为机身为一个理想的刚体结构。

（5）忽略复杂电磁环境对飞行品质的影响。

根据模型基本假设，下一步可构建相关仿真模型，开展安全性验证工作。

2. 仿真模型构建

有针对性地构建 Simulink 仿真平台，能够合理有效地降低仿真验证工作的复杂度和难度。由图 5.4 软管甩鞭现象功能控制结构易知，仿真验证的关键对象为：软管锥套动力学模型、卷盘机构控制模型、加油机尾涡流场模型、大气紊流模型，且上述模型已有较为成熟的构建方法，下面对此进行简要介绍。

1）软管锥套动力学模型

研究软管甩鞭现象的核心在于探索软管的动态特性，因此，构建贴近实际的软管锥套模型是仿真验证成功的关键。在众多学者的研究成果中，可采用基于集中参数原理的多刚体动力学模型[19-22]，该模型推导过程简单，计算量小，可模拟长度不为零的任意软管锥套状态，以下是该模型的构建过程。

（1）模型假设及坐标系定义。

集中参数原理是一种抽象方法，需进行如下假设：

① 软管可视为多段长度可变的刚性杆，锥套可视为质点，固定连接存在于远离加油方向的刚性杆末端。

② 用光滑的球形铰链连接各段刚性杆。

③ 重力和所受合外力均集中于球形铰链。

④ 不考虑软管扭转力和恢复力、软管材质差异以及燃油脉动对软管动态特性的影响。

在软管锥套模型中，以地平坐标系 $S_n - O_n X_n Y_n Z_n$ 为惯性坐标系，以拖曳点坐标系 $S_w - O_w X_w Y_w Z_w$ 为软管锥套建模参考坐标系，该系与加油机航迹坐标系平行，可用右手定则确定坐标轴指向。软管锥套与坐标系的位置关系如图 5.15 所示。

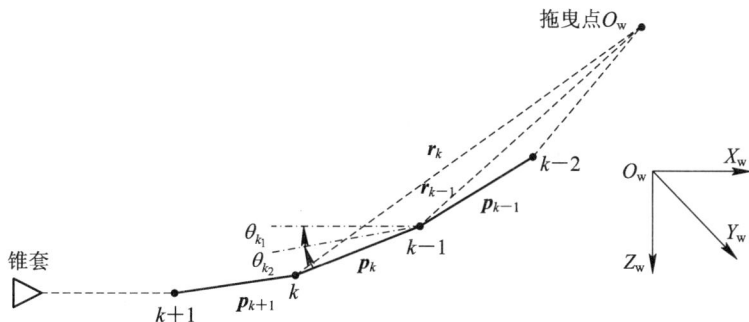

图 5.15　软管锥套与坐标系的位置关系

如图 5.15 所示，软管锥套模型推导过程在 S_w 系中进行：假定 $\boldsymbol{p}_k$ 为第 $k-1$ 级铰链指向第 k 级铰链的长度矢量，$\boldsymbol{r}_k$ 为第 k 级铰链的位置矢量，θ_{k_1} 表示第 k 级刚性杆相对于航迹系 S_w 中 $O_w X_w Y_w$ 平面的偏转角，θ_{k_2} 表示第 k 级刚性杆相对于航迹系 S_w 中 $O_w X_w Z_w$ 平面的偏转角。

（2）动力学分析。

由图 5.15 中各变量的位置关系，可得 $\boldsymbol{r}_k$、$\boldsymbol{p}_k$ 在 S_w 系中分别为

$$\boldsymbol{r}_k = \boldsymbol{r}_{k-1} + \boldsymbol{p}_k \tag{5.28}$$

$$\boldsymbol{p}_k = -l_k \left[\cos\theta_{k_1}\cos\theta_{k_2} \quad \sin\theta_{k_2} \quad -\sin\theta_{k_1}\cos\theta_{k_2}\right]^\mathrm{T} \tag{5.29}$$

式中：l_k 为第 k 级刚性杆的长度，l_k 大于零且为时间的函数。

对式（5.28）求一阶和二阶微分，得到第 k 级铰链相对 S_w 系的速度 $\boldsymbol{v}_k$、加速度 $\boldsymbol{a}_k$ 为

$$\begin{cases} \boldsymbol{v}_k = \boldsymbol{v}_{k-1} + \dot{\boldsymbol{p}}_k \\ \boldsymbol{a}_k = \boldsymbol{a}_{k-1} + \ddot{\boldsymbol{p}}_k \end{cases} \tag{5.30}$$

式中，$\dot{\boldsymbol{p}}_k$、$\ddot{\boldsymbol{p}}_k$ 分别为

$$\dot{\boldsymbol{p}}_k = \sum_{i=1}^{2} \boldsymbol{p}_{k,\theta_{k_i}} \dot{\theta}_{k_i} + \boldsymbol{p}_{k,l_k} \dot{l}_k + \boldsymbol{\omega}_w \times \boldsymbol{p}_k \tag{5.31}$$

$$\ddot{\boldsymbol{p}}_k = \sum_{i=1}^{2}(\boldsymbol{p}_{k,\theta_{k_i}}\ddot{\theta}_{k_i} + \dot{\boldsymbol{p}}_{k,\theta_{k_i}}\dot{\theta}_{k_i}) + \boldsymbol{p}_{k,l_k}\ddot{l}_k + \dot{\boldsymbol{p}}_{k,l_k}\dot{l}_k + \boldsymbol{\alpha}_w \times \boldsymbol{p}_k + \boldsymbol{\omega}_w \times \dot{\boldsymbol{p}}_k \tag{5.32}$$

式中：$\boldsymbol{p}_{k,\theta_{k_i}} = \partial \boldsymbol{p}_k / \partial \theta_{k_i}$，$\boldsymbol{p}_{k,l_k} = \partial \boldsymbol{p}_k / \partial l_k$；$\boldsymbol{\omega}_w$ 为 S_w 系相对于 S_n 系的牵连角速度；$\boldsymbol{\alpha}_w$ 为 S_w 系相对于 S_n 系的牵连角加速度；$\boldsymbol{\omega}_w \times \boldsymbol{p}_k$、$\boldsymbol{\alpha}_w \times \boldsymbol{p}_k$、$\boldsymbol{\omega}_w \times \dot{\boldsymbol{p}}_k$ 分别为 S_w 系相对于 S_n 系的牵连线速度、牵连线加速度、哥氏加速度；$\dot{l}_k$ 为软管收放速度；$\ddot{l}_k$ 为软管收放加速度。

由定义易知：

$$\begin{cases} \boldsymbol{p}_{k,\theta_{k_1}} \cdot \boldsymbol{p}_{k,\theta_{k_2}} = 0 \\ \boldsymbol{p}_{k,\theta_{k_1}} \cdot \boldsymbol{p}_{k,\theta_{k_1}} = l_k^2 \cos^2\theta_{k_2} \\ \boldsymbol{p}_{k,\theta_{k_2}} \cdot \boldsymbol{p}_{k,\theta_{k_2}} = l_k^2 \end{cases} \tag{5.33}$$

因此，将式(5.33)两端乘 $\boldsymbol{p}_{k,\theta_{k_i}}$，代入式(5.32)中可得

$$\ddot{\theta}_{k_i} = \frac{\boldsymbol{p}_{k,\theta_{k_i}} \cdot \left(\boldsymbol{a}_k - \boldsymbol{a}_{k-1} - \sum_{j=1}^{2}\dot{\boldsymbol{p}}_{k,\theta_{k_j}}\dot{\theta}_{k_j} - \boldsymbol{p}_{k,l_k}\ddot{l}_k - \dot{\boldsymbol{p}}_{k,l_k} - \boldsymbol{\alpha}_w \times \boldsymbol{p}_k - \boldsymbol{\omega}_w \times \dot{\boldsymbol{p}}_k\right)}{\boldsymbol{p}_{k,\theta_{k_i}} \cdot \boldsymbol{p}_{k,\theta_{k_i}}}$$

$$\tag{5.34}$$

式(5.34)为第 k 级刚性杆的运动方程，通过循环迭代即可描述所有刚性杆的运动规律。

根据牛顿第二定律，铰链 k 的加速度 $\boldsymbol{a}_k$ 为

$$\boldsymbol{a}_k = \frac{\boldsymbol{Q}_k + \boldsymbol{t}_k - \boldsymbol{t}_{k+1}}{m_k} \tag{5.35}$$

式中：$\boldsymbol{Q}_k$ 为第 k 级铰链所受的合外力，包括气动阻力和软管自身重力；$\boldsymbol{t}_k$ 为第 k 级刚性杆内部张力；$m_k = l_k\mu$ 为第 k 级刚性杆质量，μ 为软管单位长度质量。

由于 $\boldsymbol{t}_k$ 为第 k 级刚性杆的内力，无法通过直接测量获得，需引入额外约束条件实时解算。由式(5.35)可知，$\boldsymbol{p}_k$ 满足如下的几何约束：

$$\boldsymbol{p}_k \cdot \boldsymbol{p}_k = l_k^2 \tag{5.36}$$

对式(5.36)求二阶微分，可以得到

$$\dot{\boldsymbol{p}}_k\dot{\boldsymbol{p}}_k + \boldsymbol{p}_k\ddot{\boldsymbol{p}}_k = \dot{l}_k^2 + l_k\ddot{l}_k \tag{5.37}$$

令 $\boldsymbol{p}_k$ 及其一阶微分表示为

$$\begin{cases} \boldsymbol{p}_k = -l_k\boldsymbol{n}_k \\ \dot{\boldsymbol{p}}_k = -\dot{l}_k\boldsymbol{n}_k - l_k\dot{\boldsymbol{n}}_k \end{cases} \tag{5.38}$$

式中：

$$\boldsymbol{n}_k = \begin{bmatrix} \cos\theta_{k_1}\cos\theta_{k_2}\sin\theta_{k_2} & -\sin\theta_{k_1}\cos\theta_{k_2} \end{bmatrix}^T \tag{5.39}$$

将式(5.36)和式(5.37)代入式(5.38)，可得到相邻铰链的加速度关系：

$$(\boldsymbol{a}_k - \boldsymbol{a}_{k-1}) \cdot \boldsymbol{n}_k = l_k \cdot \dot{\boldsymbol{n}}_k \cdot \dot{\boldsymbol{n}}_k - \ddot{l}_k \tag{5.40}$$

将式(5.38)代入式(5.30)，可得到关于相邻连杆张力的代数线性方程组：

$$\boldsymbol{n}_k \cdot \boldsymbol{n}_{k-1} m_{k-1}^{-1} t_{k-1} - (m_{k-1}^{-1} + m_k^{-1}) t_k + \boldsymbol{n}_k \cdot \boldsymbol{n}_{k+1} m_k^{-1} t_{k+1}$$

$$= \ddot{l}_k - l_k\dot{\boldsymbol{n}}_k \cdot \dot{\boldsymbol{n}}_k - (\boldsymbol{Q}_{k-1} m_{k-1}^{-1} - \boldsymbol{Q}_k m_k^{-1}) \cdot \boldsymbol{n}_k \tag{5.41}$$

式中：$t_k = \| \boldsymbol{t}_k \|$。

若软管由 N 段等长连杆组成，即 $l_k = l$ 和 $m_k = m$ $(k=1, 2, \cdots, N)$，则式(5.41)可简化为

$$\boldsymbol{n}_k \cdot \boldsymbol{n}_{k-1} t_{k-1} - 2t_k + \boldsymbol{n}_k \cdot \boldsymbol{n}_{k+1} t_{k+1} = m(\ddot{l}_k - l_k \dot{\boldsymbol{n}}_k \cdot \dot{\boldsymbol{n}}_k) - (\boldsymbol{Q}_{k-1} - \boldsymbol{Q}_k) \cdot \boldsymbol{n}_k \quad (5.42)$$

通过循环迭代，将式(5.42)表示为形如 $\boldsymbol{A} \cdot \boldsymbol{t} = \boldsymbol{q}$ 的矩阵形式：

$$\begin{bmatrix} -2 & \boldsymbol{n}_1 \cdot \boldsymbol{n}_2 & 0 & \cdots & 0 & 0 \\ \boldsymbol{n}_2 \cdot \boldsymbol{n}_1 & -2 & \boldsymbol{n}_2 \cdot \boldsymbol{n}_3 & \cdots & 0 & 0 \\ 0 & \boldsymbol{n}_3 \cdot \boldsymbol{n}_2 & -2 & & 0 & 0 \\ \vdots & \vdots & \vdots & & \vdots & \vdots \\ 0 & 0 & 0 & \cdots & -2 & \boldsymbol{n}_{N-1} \cdot \boldsymbol{n}_N \\ 0 & 0 & 0 & \cdots & \boldsymbol{n}_N \cdot \boldsymbol{n}_{N-1} & -2 \end{bmatrix} \begin{bmatrix} t_1 \\ t_2 \\ \vdots \\ t_N \end{bmatrix}$$

$$= \begin{bmatrix} m(\ddot{l} - l\dot{\boldsymbol{n}}_1 \cdot \dot{\boldsymbol{n}}_1) - (\boldsymbol{a}_0 m - \boldsymbol{Q}_1) \cdot \boldsymbol{n}_1 \\ m(\ddot{l} - l\dot{\boldsymbol{n}}_2 \cdot \dot{\boldsymbol{n}}_2) - (\boldsymbol{Q}_1 - \boldsymbol{Q}_2) \cdot \boldsymbol{n}_2 \\ \vdots \\ m(\ddot{l} - l\dot{\boldsymbol{n}}_N \cdot \dot{\boldsymbol{n}}_N) - (\boldsymbol{Q}_{N-1} - \boldsymbol{Q}_N) \cdot \boldsymbol{n}_N \end{bmatrix} \quad (5.43)$$

式中：$\boldsymbol{a}_0$ 为拖曳点相对于 S_n 系的线加速度。

（3）外力分析。

铰链 k 的合外力 $\boldsymbol{Q}_k$ 包括连杆 k 的重力和气动阻力 $\boldsymbol{D}_k$ 两部分，即

$$\boldsymbol{Q}_k = m\boldsymbol{g} + \frac{\boldsymbol{D}_{k-1} + \boldsymbol{D}_k}{2} \quad (5.44)$$

气动阻力 $\boldsymbol{D}_k$ 包括表面摩擦力（切向气动力）$\boldsymbol{D}_{t,k}$ 和压差阻力（法向气动力）$\boldsymbol{D}_{n,k}$ 两部分，可表示为

$$\boldsymbol{D}_k = \boldsymbol{D}_{t,k} + \boldsymbol{D}_{n,k}$$

$$\boldsymbol{D}_{t,k} = \left[-\frac{1}{2}\rho (\boldsymbol{V}_{k/\text{air}} \boldsymbol{n}_k)^2 \pi d_0 l c_{t,k} \right] \boldsymbol{n}_k \quad (5.45)$$

$$\boldsymbol{D}_{n,k} = -\left[\frac{1}{2}\rho \| \boldsymbol{V}_{k/\text{air}} - (\boldsymbol{V}_{k/\text{air}} \boldsymbol{n}_k) \boldsymbol{n}_k \| d_0 l c_{n,k} \right] \times \left[\boldsymbol{V}_{k/\text{air}} - (\boldsymbol{V}_{k/\text{air}} \boldsymbol{n}_k) \boldsymbol{n}_k \right]$$

式中：ρ 为空气密度；d_0 为软管外直径；$c_{t,k}$ 为表面摩擦力系数；$c_{n,k}$ 为压差阻力系数；$\boldsymbol{V}_{k/\text{air}}$ 为铰链 k 四周各种气流扰动的矢量和。

锥套受到的载荷 $\boldsymbol{Q}_N$ 可表示为

$$\boldsymbol{Q}_N = (m + m_{\text{drogue}})\boldsymbol{g} + \frac{\boldsymbol{D}_N}{2} + \boldsymbol{D}_{\text{drogue}} \quad (5.46)$$

式中：m_{drogue} 为锥套质量；$\boldsymbol{D}_{\text{drogue}}$ 为锥套气动摩擦力；$\boldsymbol{D}_N$ 为锥套受到的气动阻力。

对接过程中，锥套还会受到受油插头的约束力 $\boldsymbol{S}_{\text{drogue}}$，可表示为

$$\boldsymbol{S}_{\text{drogue}} = -\kappa \begin{bmatrix} x_{\text{drogue}} - x_{\text{probe}} \\ y_{\text{drogue}} - y_{\text{probe}} \\ z_{\text{drogue}} - z_{\text{probe}} \end{bmatrix} \quad (5.47)$$

式中：κ 为插头约束力系数；x_{drogue}、y_{drogue}、z_{drogue} 为插头空间位置坐标；x_{probe}、y_{probe}、z_{probe} 为锥套空间位置坐标。

因此，锥套气动摩擦力 $\boldsymbol{D}_{\text{drogue}}$ 可表示为

$$\boldsymbol{D}_{\text{drogue}} = -\frac{1}{2}\rho \parallel \boldsymbol{V}_{\text{N/air}} \parallel \left(\frac{\pi d_{\text{drogue}}^2}{4}\right) c_{\text{drogue}} \boldsymbol{V}_{\text{N/air}} \tag{5.48}$$

式中：d_{drogue} 为锥套直径；c_{drogue} 为锥套阻力系数。

结合以上动力学及受力分析，先设置软管初状态，可推导出该时刻下所有刚性杆的位置及受力情况，循环迭代可得到软管的形态变化和张力变化情况。

2）卷盘机构控制模型

恒力弹簧是卷盘机构常用的驱动装置，下面以此为例说明卷盘机构控制逻辑。恒力弹簧产生的拉力 $\boldsymbol{T}_{\text{reel}}$ 可表示为

$$\boldsymbol{T}_{\text{reel}} = \boldsymbol{T}_{\text{static}}\left[1 - \frac{L_0 - L}{L_1}\right] \tag{5.49}$$

式中：$\boldsymbol{T}_{\text{static}}$ 为软管稳定拖曳状态下吊舱出口位置的张力；L 为软管瞬时长度；L_0 为软管拖曳状态初始长度；L_1 为恒力弹簧可控软管长度。

因此，软管收放过程中的加速度可表示为

$$a = \frac{\boldsymbol{T}_{\text{reel}} - \boldsymbol{T}_{\text{hose}}}{M + \Delta m} \tag{5.50}$$

式中：$\boldsymbol{T}_{\text{hose}}$ 为吊舱出口位置软管张力；M 为卷盘质量；Δm 为回卷到卷盘的软管质量。

3）加油机尾涡流场模型

加油机通常为大型飞机，产生的尾流会对后方的软管锥套产生一定影响。尾流主要包括翼尖尾部涡流（简称尾涡）、发动机尾部喷流、机体表面紊流，其中，翼尖尾涡对后部空气流场影响最大。国内外学者对加油机尾涡的产生、发展、消散过程的强度及方向变化进行了大量研究，认为尾涡是一对强度相等、旋转方向相反的空气流场，提出了 Lamb-Oseen 模型、Rankine 模型、Hallock-Burnham 模型、自适应模型以及分段模型[23]，其中，Hallock-Burnham 模型因简单实用，工程应用较为广泛，也是本节采用的加油机尾涡流场模型，具体表达式为

$$V_\theta = \frac{\Gamma_0}{2\pi r_w}\frac{r_w^2}{r_w^2 + r_c^2} \tag{5.51}$$

式中：V_θ 表示尾涡在某一位置的诱导速度大小；r_w 表示尾涡中心至流场中某一位置的距离；$r_c = 0.5\sqrt{t}$ 表示尾涡的核半径，其中，t 表示尾涡已存在的时长；Γ_0 为尾涡初始强度，具体表达式为

$$\Gamma_0 = \frac{4G}{\pi\rho Vb} \tag{5.52}$$

式中：G 表示加油机重力；ρ 表示空气密度；V 表示加油机速度；b 表示两个尾涡中心的距离，两尾涡中心的初始距离 $b_0 = \pi L/4$，其中 L 表示加油机翼展长度。

在单个尾涡周向流场计算的基础上，若要表示加油机后方任意位置的流场速度，可根据矢量合成法则，计算两尾涡在该位置的合成速度，图 5.16 描述了从加油机正后方角度，

尾涡在位置 A 处的速度合成过程示意图。

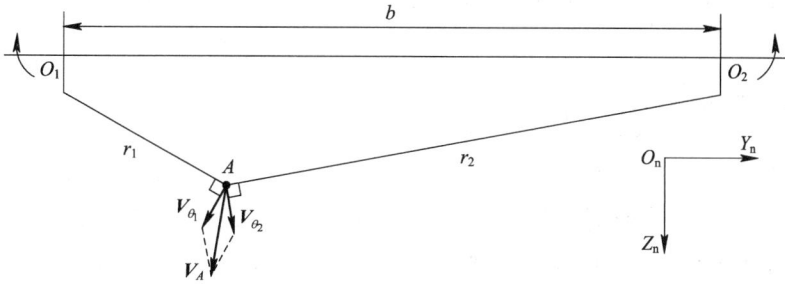

图 5.16　加油机尾涡流周向速度合成示意图

由图 5.16 可知，O_1、O_2 分别为左、右两尾涡的中心，强度相等，方向相反；V_{θ_1}、V_{θ_2} 分别表示左、右两尾涡在位置 A 处的周向速度，分别垂直于位置 A 与各自尾涡中心的连线；V_A 表示两尾涡在位置 A 处的合成速度，可根据矢量合成法则，分别计算 V_{θ_1}、V_{θ_2} 在位置 A 处的侧洗速度和下洗速度，先合并同一轴向速度，再推算合成速度 V_A；V_{θ_1}、V_{θ_2} 和 V_A 处于同一平面内，且与 $O_nY_nZ_n$ 平面平行。

4）大气紊流模型

大气紊流干扰是空中加油任务无法避免的影响因素，其模型也较为丰富。空中加油领域通常采用 Dryden 模型[25]模拟大气紊流的动力特性。该模型由 NASA 提出，通过先建立大气紊流表达式，再建立频谱函数的形式描述紊流传导机理，工程应用较为普遍，该模型的纵向函数和横向函数分别为

$$f(\xi) = e^{-t/L} \tag{5.53}$$

$$g(\xi) = e^{-t/L}\left(1 - \frac{\xi}{2L}\right) \tag{5.54}$$

对式(5.54)进行傅里叶变换，可得出 Dryden 模型的速度频谱函数为

$$\phi_u(\Omega) = \sigma_u^2 \frac{2L_u}{\pi} \frac{1}{1+(L_u\Omega)^2} \tag{5.55}$$

$$\phi_v(\Omega) = \sigma_v^2 \frac{L_v}{\pi} \frac{1+3(L_v\Omega)^2}{[1+(L_v\Omega)^2]^2} \tag{5.56}$$

$$\phi_w(\Omega) = \sigma_w^2 \frac{L_w}{\pi} \frac{1+3(L_w\Omega)^2}{[1+(L_w\Omega)^2]^2} \tag{5.57}$$

式中：Ω 为空间频率；σ_u、σ_v、σ_w 分别表示沿机体坐标系三个轴向的紊流强度，且 $\sigma_u^2=\sigma_v^2=\sigma_w^2$；$L_u$、$L_v$、$L_w$ 分别为三个轴向的紊流特征尺度，且 $L_u=L_v=L_w$。

根据大气紊流频谱函数，可利用数值的方法模拟空中加油过程中的大气紊流干扰，具体过程如图 5.17 所示。

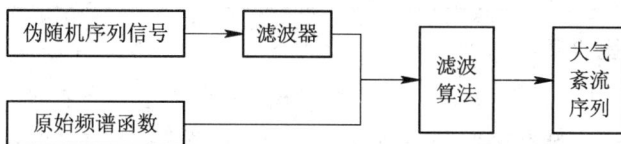

图 5.17　基于 Dryden 模型的大气紊流生成过程

由图 5.17 可知，首先随机生成单位强度伪随机信号序列模拟白噪声，经过滤波器将其转化为有色噪声；滤波器算法会根据紊流速度频谱函数和有色噪声特性，输出最终的大气紊流序列。

5.5.2 软管甩鞭仿真模型符合性验证

构建好仿真模型之后，需要对模型的真实程度进行符合性验证，以保证实验结果的科学性。针对软管甩鞭仿真模型，本节首先验证软管锥套设备在大气紊流下的静态拖曳特性，再验证在大气紊流干扰下的动态收放特性，最后检验加入尾涡干扰时的动态变化及收放特性，这样可以从不同角度验证所构建模型的准确性。

1. 仿真参数设置

准确仿真软管锥套设备的动态特性，需要获取其主要的技术参数。结合国内外学者前期针对软管收放过程开展的大量研究，设置主要仿真参数如表 5.20 和表 5.21 所示。

表 5.20　软管锥套设备主要技术参数

参 数 符 号	参 数 描 述	数值/单位
N	软管分段数	24
μ	单位长度软管质量	4.11 kg/m
E	软管弹性模量	2000 psi
L_{hose}	软管长度	22 m
d_o	软管外径	0.067 m
d_i	软管内径	0.0508 m
$c_{t,k}$	第 k 级刚性杆表面摩擦系数	0.0052
$c_{n,k}$	第 k 级刚性杆压差阻力系数	0.2182
m_{drogue}	锥套质量	29.5 kg
d_{drogue}	锥套直径	0.61 m
c_{drogue}	锥套空气阻力系数	0.831

表 5.21　加油机平台主要技术参数

参 数 符 号	参 数 描 述	数值/单位
V_{tanker}	加油机平飞速度	140 m/s
H_{tanker}	加油机飞行高度	7000 m
L_{tanker}	加油机翼展	39 m

2. 软管锥套模型验证

在标准大气环境下，采用 Dryden 紊流模型模拟软管锥套设备拖曳状态的受力特性，图 5.18 为稳定状态下锥套阻力与 NASA 试飞数据的对比结果，图 5.19 为平稳状态下每段软管最大拉力与 Kamman 研究数据的对比结果。

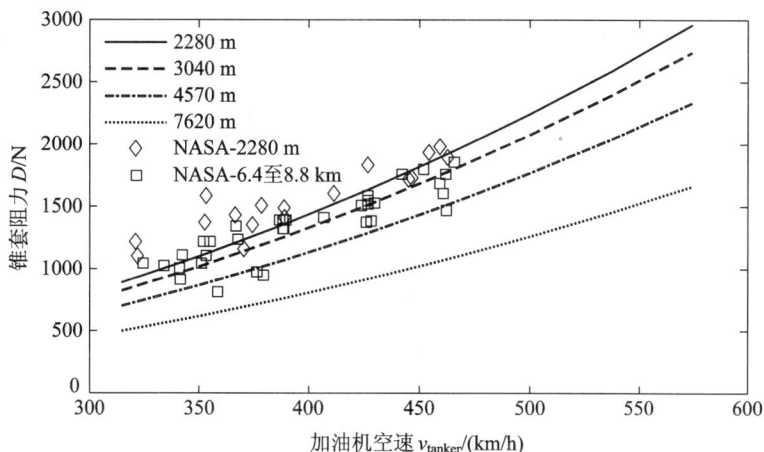

图 5.18　标准大气环境下锥套稳态阻力特性

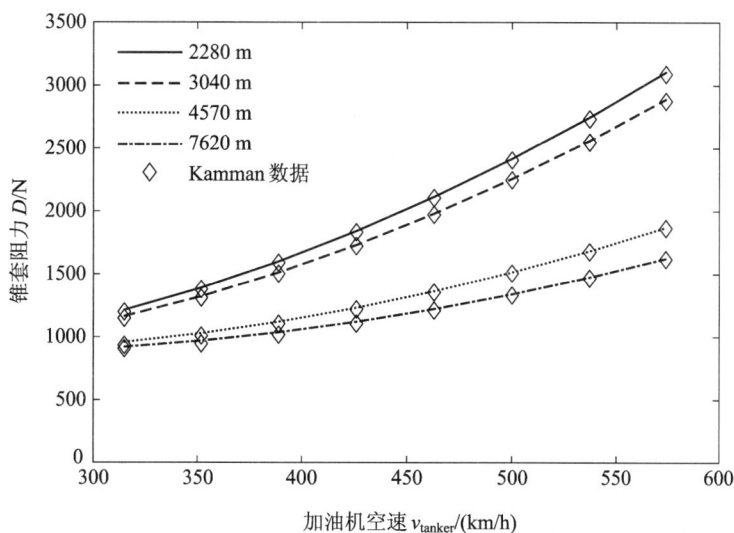

图 5.19　标准大气环境下软管最大拉力特性

由图 5.18 可知，平稳大气条件下，所建模型中锥套阻力与 NASA 试飞数据基本吻合。由于试飞空域的大气环境与仿真模拟的大气紊流会存在一定差异，因此数据误差在一定范围内，可证明仿真模型的准确性。由图 5.19 可知，所建模型的软管最大拉力特性与 Kamman 研究结果完全吻合，进一步证明了软管锥套多刚体动力学模型的准确性。

3. 软管外放特性验证

验证完软管锥套模型的稳态特性之后，需要进一步验证软管锥套的动态特性。假定在 $T=5$ s 时刻，软管开始放出 10 m，该过程中软管加速度的变化如图 5.20(a)所示，软管形态的变化如图 5.20(b)所示；第 1 段、第 12 段、第 24 段软管拉力变化如图 5.21 所示。

由图 5.20 可以看出，随着软管长度的增加，锥套存在一定的下移量，与实际情况相符。由图 5.21 可知，在软管外放开始阶段（$T=5\sim7$ s），各段软管的拉力响应比较敏感，短

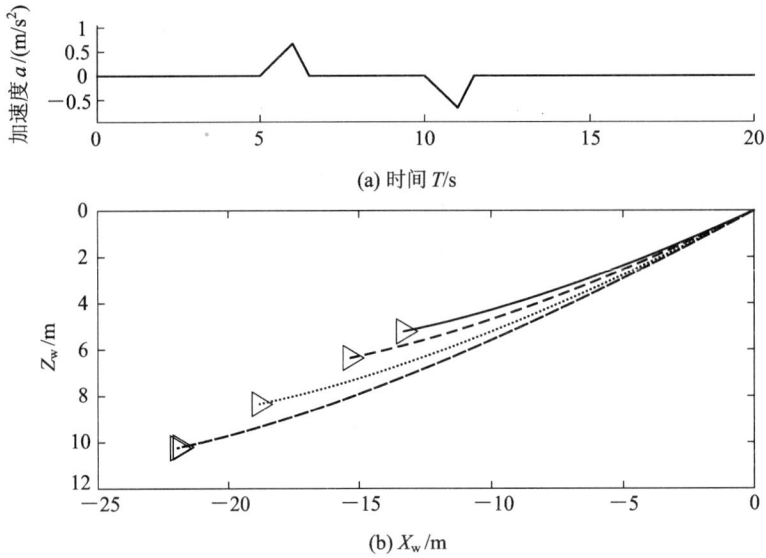

(a) 时间 T/s

(b) X_w/m

图 5.20 软管收放过程中加速度和形态的变化

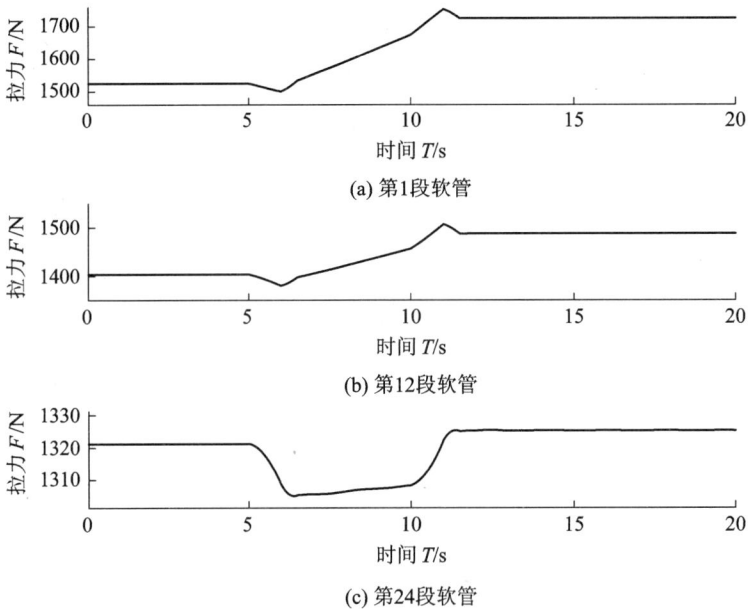

(a) 第1段软管

(b) 第12段软管

(c) 第24段软管

图 5.21 软管收放过程中软管段拉力变化特性

暂下降之后开始增加；软管外放过程中（$T = 7 \sim 10$ s），随着软管不断放出，各段软管拉力逐渐增加；外放结束后（$T = 10$ s $\sim \infty$），各段软管拉力逐渐趋于平稳，相较外放开始前，拉力水平有所增大，且沿管身向下逐渐减小，分析原因为软管长度增加导致质量增大。综合上述分析可知，本节构建的软管锥套模型能够较为准确地描述软管收放过程的动态特性和力学特性。

4. 尾涡干扰模型验证

加油机尾涡流场会对软管锥套的运动轨迹带来较大影响，结合表 5.20 和表 5.21 参数设置，构建图 5.22 所示的 Hallock-Burnham 尾涡模型。

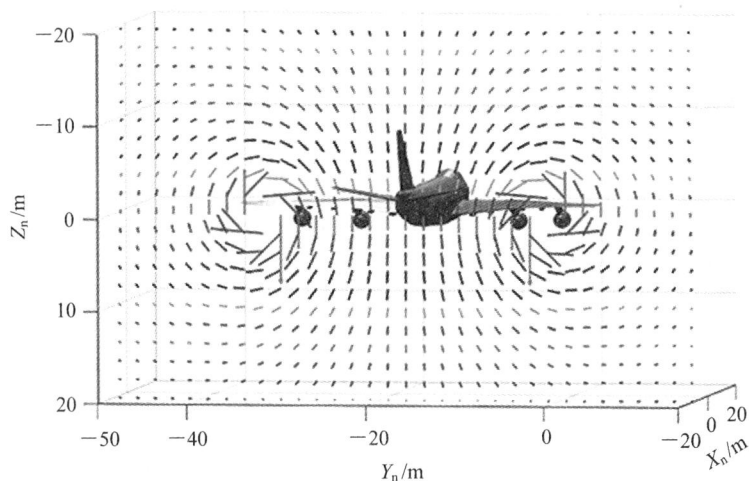

图 5.22　加油机尾涡流场模型

仍以图 5.20(a)中的加速度控制方式，假定在 $T=15$ s 时刻，软管开始放出 10 m。加油机在尾涡干扰下，软管锥套的运动轨迹如图 5.23 所示，第 1 段、第 12 段、第 24 段软管拉力变化如图 5.24 所示。

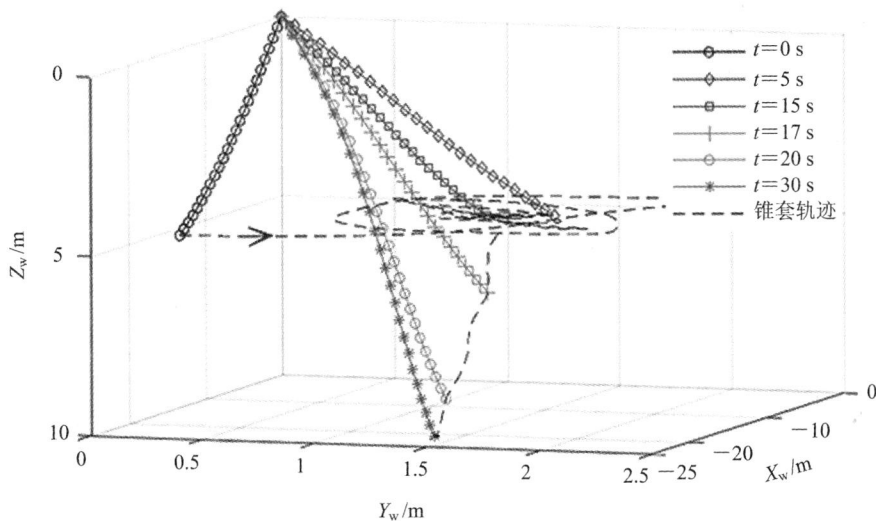

图 5.23　尾涡影响下软管放出动态特性

由图 5.24 可知，外放结束后（$T=30$ s～∞）之后，软管锥套在尾涡影响下最终稳定在新的平衡位置；尾涡开始作用阶段（$T=0$～15 s），各段软管拉力呈现一定的振荡特征，分析原因为尾涡流场导致软管锥套的偏转角 θ_{k_1} 或 θ_{k_2} 发生变化。对比图 5.20、图 5.21 可知，外放过程中（$T=15$～30 s），软管有逐渐向机身外侧偏移的现象，但各段软管拉力变化规律基本吻合。实际情况下，软管锥套受到尾涡干扰，会在一定范围内持续飘摆，而试验情况下

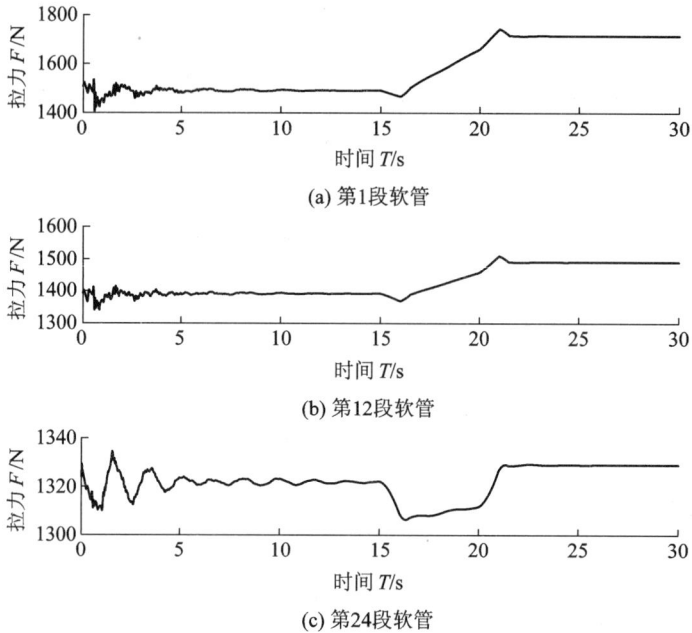

(a) 第1段软管

(b) 第12段软管

(c) 第24段软管

图 5.24　尾涡影响下软管放出时各段软管拉力响应

锥套最终趋于稳定，分析原因为：Hallock-Burnham 尾涡模型对实际流场进行了简化描述，而实质上流场是一个有漩涡的稳定风场，因此锥套最终会稳定在一个平衡位置。综合上述分析，所建立的尾涡模型能够模拟尾涡特性。

5.5.3　软管甩鞭安全性验证

结合针对软管甩鞭危险的定性定量分析结果可知，系统级安全约束 P-SC-S-1、P-SC-S-5、P-SC-S-6，不安全控制行为安全约束 P-SC-UCA-1、P-SC-UCA-2 和致因因素安全约束 P-SC-CF-10、P-SC-CF-11 是软管甩鞭应该重点关注的安全约束。将安全约束转化为模型输入变量，即可开展安全性验证工作，如表 5.22 所示。

表 5.22　关键安全约束与模型输入的转化关系

编号	安全约束	控制变量	模型输入
P-SC-S-1	必须保持两机相对速度	对接速度大小	对接时锥套受到应力大小
P-SC-UCA-1	关键飞行节点必须实施速度控制		
P-SC-UCA-2	对接时速度差必须小于 3 m/s		
P-SC-S-5	对接和输油过程中卷盘机构必须正常工作	卷盘工作状态	软管外挂点施加恒定拉力
P-SC-CF-11	保证卷盘机构处于良好状态		
P-SC-S-6	卷盘机构控制响应必须符合实际要求	卷盘控制方式	改变外挂点拉力控制方式
P-SC-CF-10	保证软管性能参数合理	软管设计长度	每段软管可变长度大小

1. 对接速度

在卷盘机构不工作的情况下，假定受油机在 $T=35$ s 时刻，分别以图 5.25 所示的两种速度控制方式进行对接，两种对接速度下软管形态变化如图 5.26 所示。

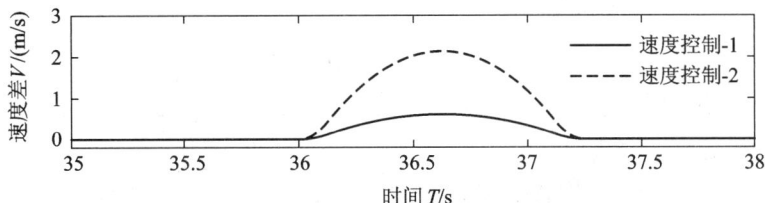

图 5.25　加油机对接速度（速度差）控制

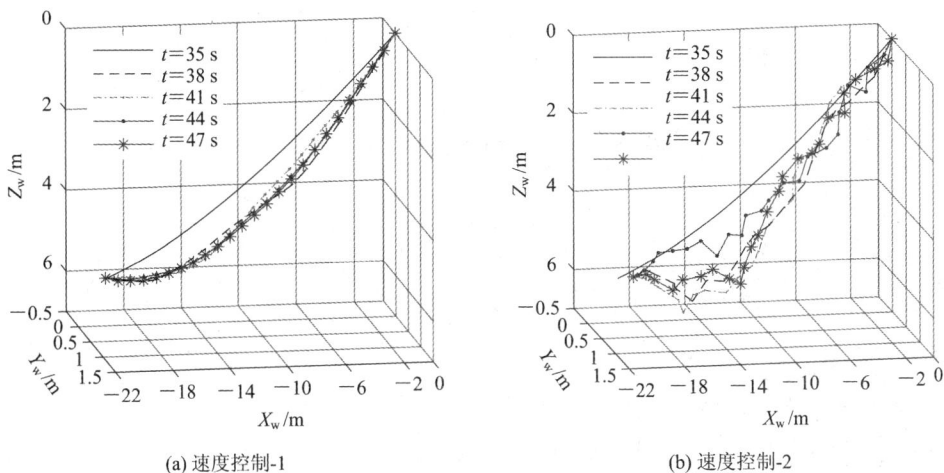

(a) 速度控制-1　　　　　　　　　　　　　(b) 速度控制-2

图 5.26　不同对接速度下软管形态变化

对图 5.26 进行分析可以发现，在速度控制-1 下，受油机前进距离和锥套前移量较短，软管松弛程度低，由此诱发的软管甩鞭程度不明显，从而证明了对接过程速度控制的重要性。进一步分析该过程中的软管张力变化，如图 5.27 所示。

由图 5.27 可知，两种速度控制方式下，对接瞬间软管张力均发生急剧下降；对接完成之后，软管张力沿管身向上逐渐增大。相较而言，速度控制-2 导致的软管张力变化幅度更为显著：张力长时间不能恢复，说明软管一直处于松弛状态；张力呈现振荡状态，说明软管持续轻微甩动。此时若遭遇迎面强气流，松弛的软管将被吹向锥套方向，导致剧烈的甩鞭危险发生，引发系统级风险（L-1、L-2、L-3）。

由此可见，对接过程中进行速度控制是非常有必要的。因此，对接过程中必须遵守表 5.22 中安全约束 P-SC-S-1、P-SC-UCA-1、P-SC-UCA-2，控制对接速度大小，防止软管过度松弛。

2. 卷盘控制

卷盘机构以位于加油机吊舱软管出口处的张力大小为反馈控制量，通过控制软管收放，保持软管在一定的拉力水平，这是抑制软管甩动的重要手段。图 5.26 仿真模拟了卷盘控制机构不工作情况下，不同对接速度对软管甩动的影响。下面模拟卷盘机构工作情况下，

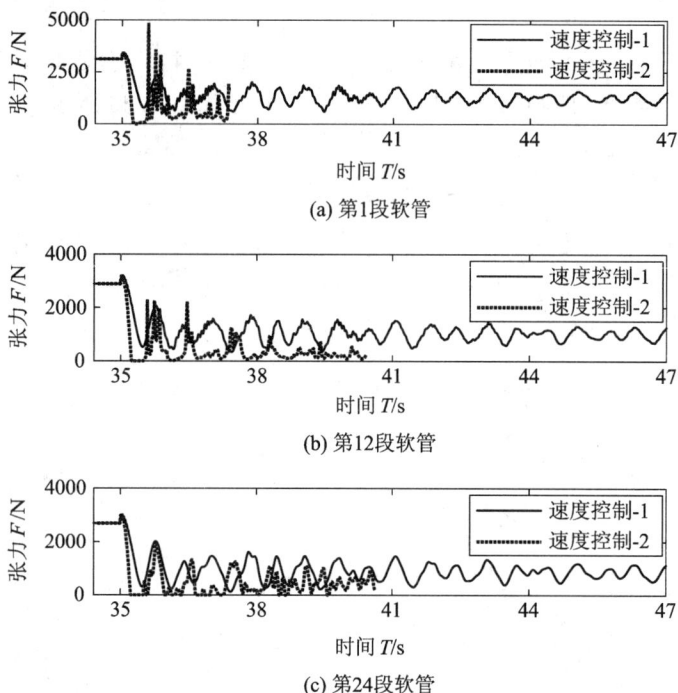

图 5.27　不同速度控制下软管张力变化

加油机对接时软管的状态变化，以验证卷盘机构工作状态对软管甩鞭的影响程度。

1）恒力弹簧控制机构

恒力弹簧系统结构简单，是加油机吊舱采用较多的控制系统，设置恒力弹簧控制机构的主要技术参数见表 5.23。

表 5.23　恒力弹簧控制机构主要技术参数

参数符号	参数描述	数值/单位
M	卷盘和已卷入卷盘的软管质量总和	68.08 kg
L_0	软管初始长度	14 m
L_1	弹簧可控长度	3 m
κ	约束力系数	10 000 N/m

由图 5.26 可知，受油机以速度控制-2 对接时，软管甩鞭现象较为明显，下面在速度控制-2 对接过程中施加恒力弹簧控制，对比说明卷盘机构工作状况对软管的动态影响。图 5.28 给出了对接时软管的形态变化。

由图 5.28 可知，卷盘机构正常工作情况下，能够快速回卷软管富余长度，软管飘摆幅度显著减小。但是，软管在较长时间内保持一定程度小幅甩动，无法稳定在新的平衡位置。进一步分析软管张力变化，如图 5.29 所示。

由图 5.29 不难看出，软管张力围绕最终稳定位置上下振荡，较长时间内难以消除。分析原因为弹簧本身类似简谐运动的固有特性与软管恢复力发生耦合，诱发软管持续甩动，导致软管拉力振荡变化，软管锥套难以稳定在新的平衡位置。这种类似简谐运动的软管甩

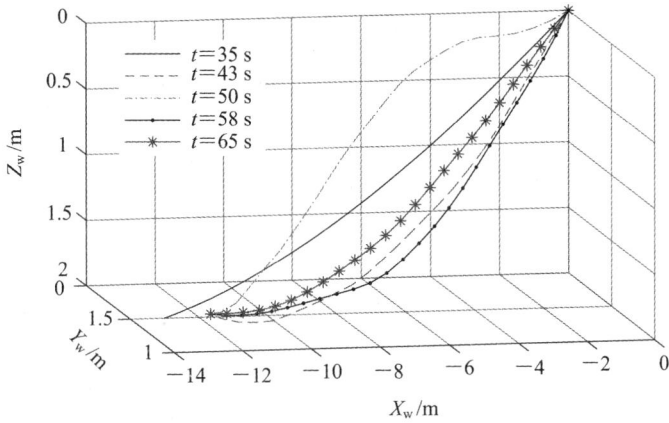

图 5.28　卷盘正常工作时软管形态变化

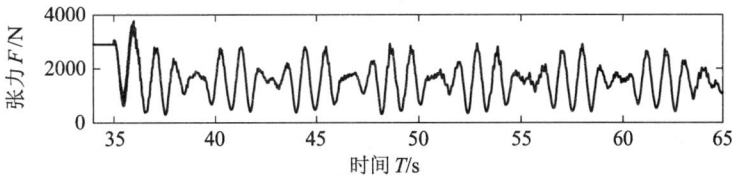

(a) 第1段软管

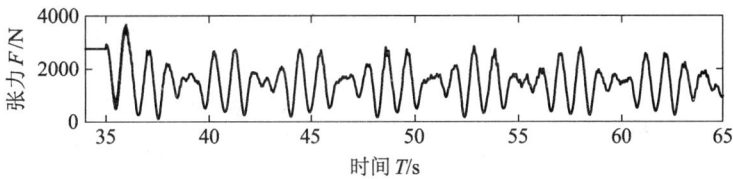

(b) 第12段软管

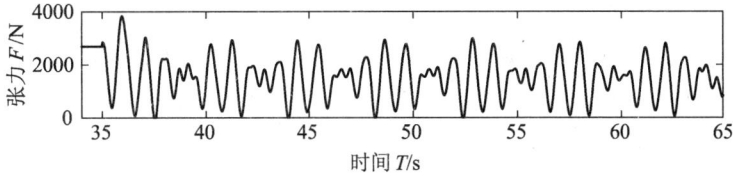

(c) 第24段软管

图 5.29　卷盘正常工作时软管张力变化

动，实质上同属软管甩鞭现象，在外部环境干扰下，同样会导致空中加油失败（L-3）或危险事故（L-1、L-2）。

由上述分析可知，采用恒力弹簧控制的卷盘机构正常工作时，能够显著抑制软管的大幅甩动；任务前机务工作应遵守安全约束 P-SC-CF-11，保证卷盘机构处于良好的工作状态。然而，软管在对接完成后的较长时间内，呈现类似简谐运动的小幅振荡，因此，恒力弹簧控制存在一定缺陷，可以考虑改进控制方式（P-SC-S-6）。同时，ATP-56（B）飞行数据表明，以恒力弹簧作为卷盘收放控制吊舱，其响应能力受到软管长度限制，KC-10 吊舱仅在软管 14 m 至全拖曳的长度范围内，能够保持较好的软管张力稳定能力。因此，在影响空中加油安全的情况下，有必要优化卷盘机构驱动方式，这与安全约束 P-SC-S-6 的要求一致。

2）电机控制机构

有学者设计了采用永磁同步电机（PMSM）作为驱动力的卷盘控制机构[26]，PMSM 的主要技术参数如表 5.24 所示。

表 5.24　电机驱动机构主要技术参数

参数符号	参数描述	数值/单位
R	定子电阻	1.65 Ω
L_s	定子电感	0.0092 H
P	极对数	4
ψ_f	永磁体磁链	0.175 Wb
J	转动惯量	0.001 kg·m³
B	黏性摩擦系数	4.831×10^{-5} N·m·s
i	减速器减速比	0.06
r	卷盘半径	0.06

其核心思想为：根据加、受油机的相对位置，实时主动地控制软管的长度，保持软管张力在合理的范围内，以抑制软管甩鞭现象的发生。核心运动学方程如下：

$$L = \frac{\vartheta r}{i} \tag{5.58}$$

式中：L 为软管长度；r 为卷盘半径；i 为减速器减速比；ϑ 为机械转角。

在该卷盘控制机构中，电机机械转角 ϑ 是软管长度控制的核心，因此，王海涛等人设计了基于指令滤波反推——滑模转角控制律[26]，使电机转速变化能够完全匹配对接过程中受油插头的移动轨迹。但该算法需要实时准确监控两机相对位置信息，对传感器的精度和实时性要求较高。

仍假设受油机以速度控制-2 对接，在 PMSM 控制系统作用下，软管形态变化和软管张力变化分别如图 5.30、图 5.31 所示。

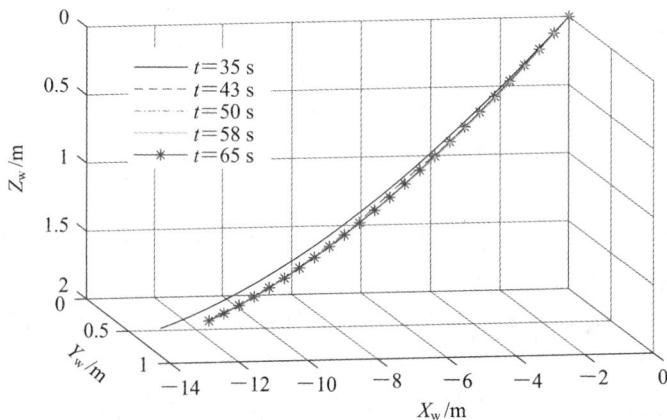

图 5.30　PMSM 控制下软管形态变化

(a) 第1段软管

(b) 第12段软管

(c) 第24段软管

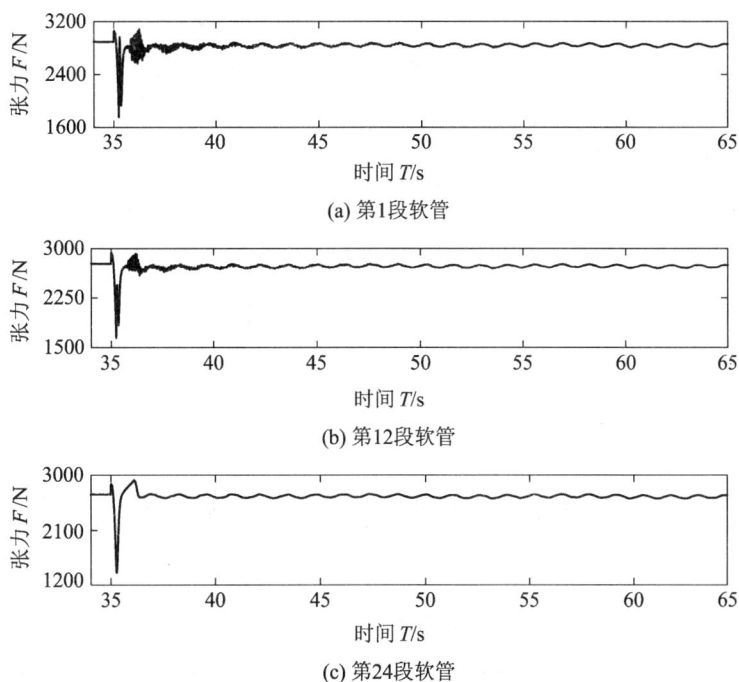

图 5.31 PMSM 控制下软管张力变化

由图 5.30 可知，对接过程中随着锥套不断前移，PMSM 能够及时回卷富余软管长度，保持软管张力稳定，软管甩鞭得到了较好控制。软管仍然存在轻微摆动，是由于大气紊流和加油机尾涡引起的。由图 5.31 可知，对接瞬间软管张力发生较大变化，但迅速恢复正常，并在较短时间内趋于稳定，围绕某一平衡位置微小波动。因此，改善卷盘机构驱动装置张力响应能力，是抑制软管甩鞭现象发生的有效途径，这与安全约束 P‑SC‑S‑6 的要求具有一致性。

3. 软管长度

在对接过程中，软管处于全拖曳状态，因此软管设计长度也是影响其动态表现的重要因素。在卷盘机构不工作的情况下，假定软管长度为 14 m，受油机以速度控制‑2 方式对接，仿真得到软管形态变化情况如图 5.32 所示，软管张力变化如图 5.33 所示。

对比图 5.32 和图 5.33 可知，当软管长度缩短为 14 m 时，对接时甩动现象更为显著。分析原因为软管长度短，拖曳时质量更轻，且距离加油机尾涡更近，受到尾流场影响更大，导致软管甩动幅度更为明显。由图 5.33 可知，软管长度由 22 m 缩短为 14 m 后，第 24 段（末段）软管拉力在对接完成 4 s 之后发生失控，进入一种剧烈的软管甩动状态，极易引发系统级损失（L‑1、L‑2、L‑3）。

由上述分析可知，软管长度也是影响软管甩动程度的主要原因，因此，应遵守安全约束 P‑SC‑CF‑10，在保证飞行安全的前提下，适当增加软管长度，这对提升空中加油的安全性具有重要作用。

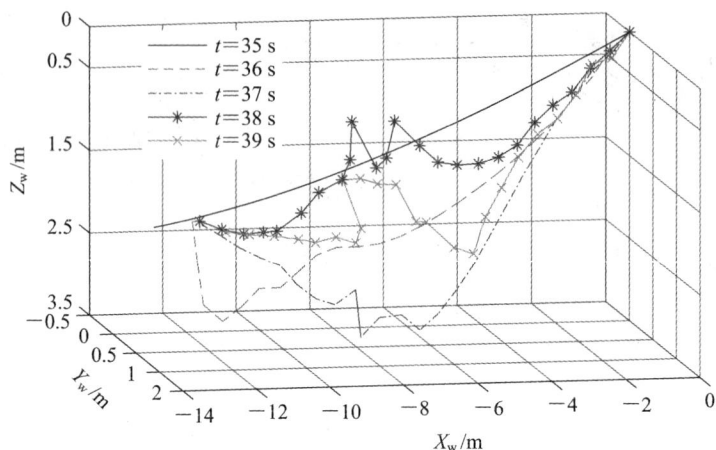

图 5.32　在速度控制-2 下软管(14 m)形态变化

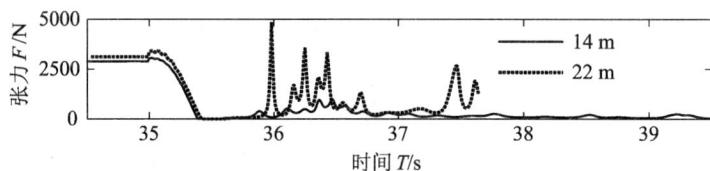

(a) 第1段软管

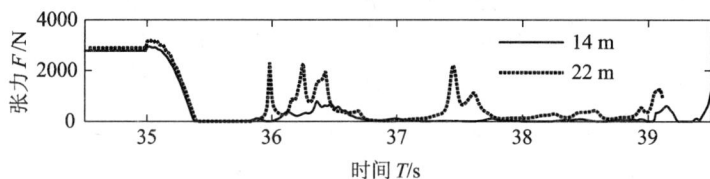

(b) 第12段软管

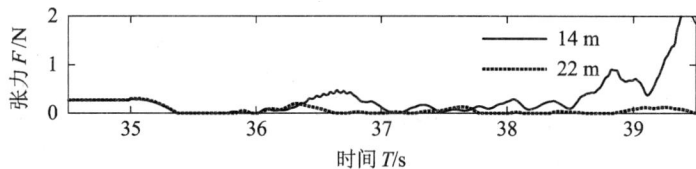

(c) 第24段软管

图 5.33　在速度控制-2 下软管张力变化

本 章 小 结

　　为解决空中加油中各要素、各环节在交互和衔接过程中存在的安全性问题，本章从安全性建模、不安全行为分析、定量求解计算、平台验证仿真等维度，开展了空中加油系统的安全性分析和验证，探索了复杂交互系统安全性分析验证的思路途径，为涉及人、机、环、管且覆盖多个过程的复杂系统安全性分析提供了借鉴方法。

参 考 文 献

[1]　SMITH R K. Seventy-five years of in-flight refueling highlights (1923 – 1998)[R]. USA. Air Force & Museums Program，1998.

[2]　HOLDER B，WALLACE M. Range unlimited：A history of aerial refueling[M]. USA. Massachusetts：Schiffer Publishing Ltd，2004.

[3]　JUNKINS J L，HUGHES D C，WAZNI K P，et al. Vision-based navigation for rendezvous，docking and proximity operations[R]. Texas College Station：Aerospace Engineering Department，Texas A&M University，1999.

[4]　WARD E F. Hose and drogue boom refueling system for aircraft[P]. US，US5573206 A. 1996.

[5]　North Atlantic Treaty Organization. ATP – 56(B). Air to Air Refueling[S]. Brussels：NATO，2010.

[6]　全权，魏子博，高俊，等. 软管式自主空中加油对接阶段中的建模与控制综述[J]. 航空学报，2014，35(9)：2390 – 2410.

[7]　VASSBER J C，YEH D T，ANDREW J B，et al. Evert dynamic characteristics of a KC – 10 Wing-Pod refueling hose by numerical simulation[C]. St. Louis，Missouri，20th AIAA Applied Aerodynamics Conference，2002，24 – 26.

[8]　张国民，章拥宁. 空中加油[M]. 北京：军事科学出版社，2000.

[9]　HOLLNAGEL E. FRAM：The functional resonance analysis method：Modeling complex socio-technical systems[M]. USA，Burlington：Ashgate Publishing Limited，2012.

[10]　LEVESON N G. An STPA primer[M]. Cambridge：MIT Press，2013.

[11]　SPENCER M，LEVESON N G，WILKINSON C. Safety assurance in NextGen[R]. Hampton：National Aeronautics and Space Administration，Langley Research Center，2012.

[12]　CHATZIMICHAILIDOU M M，WARD J，HORBERRY T，et al. A comparison of the Bow-tie and STAMP approaches to reduce the risk of surgical instrument retention[J]. Risk analysis，2018，38(5)：978 – 990.

[13]　NATALIYA M，JULIAN P，TIBOR B. Systemic approaches to incident analysis in aviation：Comparison of STAMP，agent-based modelling and institutions[J]. Safety Science，2018，108，59 – 71.

[14]　孙超. 基于 Bow-tie 模型的军机前轮转弯系统安全性指标分配[D]. 西安：空军工程大学，2016.

[15]　U. S. Department of Defense. MIL-HDBK-217E. Reliability prediction of electronic equipment[S]，Washington：U. S. Department of Defense，1991.

[16]　CUI L J，ZHANG J K，REN B，et al. Research on a new aviation safety index and its solution under uncertainty conditions[J]. Safety Science，2018，107(2018)：55 – 61.

[17]　U. S. Department of Defense. MIL-HDBK-882D. ，Standard practice for system safety[S]. Washington：U. S. Department of Defense，2000.

[18]　SAE International. ARP4754A Guidelines for development of civil aircraft systems[S]. US：SAE International，2010. 160 – 162.

[19]　王海涛，董新民，郭军，等. 空中加油软管锥套组合体甩鞭现象动力学建模与分析[J]. 航空学报，2015，36(9)：3116 – 3127.

[20] 张贾奎. 基于 STAMP/STPA 的无人机刹车系统安全性分析与验证方法研究[D]. 西安:空军工程大学, 2018.

[21] RO K, KAMMAN J W. Modeling and simulation of hose-paradrogue aerial refueling systems. [J] Journal of Guidance, Control and Dynamics, 2010, 33(1): 53 – 63.

[22] RO K, KUK T, KAMMAN J W. Dynamics and control of hose-drogue refueling systems during coupling [J]. Journal of Guidance, Control and Dynamics, 2011, 34(6): 1694 – 1708.

[23] 陈博, 董新民, 徐跃鉴, 等. 加油机尾流场建模及受油机飞行安全性分析 [J]. 系统仿真学报, 2008, 20(8): 1994 – 1997.

[24] BURNS R S, CLARK C S, EWART R. The automated aerial refueling simulation at the AVTAS Laboratory, AIAA 2005 – 6008 [R]. Reston: AIAA, 2005.

[25] 王海涛, 董新民. 空中加油动力学与控制[M]. 北京: 国防工业出版社, 2016.

第六章

航空修理单位安全性分析与试飞 STAMP 模型

根据 STAMP 理论及 STPA 方法的应用过程,本章结合修理厂和试飞工作实际,分别对修理厂和试飞单位的日常主要工作进行建模与分析,提出安全性指标。其中,在日常工作安全性分析中,将把日常工作流程以及组织管理作为分析的重点;而在换装发动机工作的分析中,将把其中的具体工作、技术等作为分析的重点;针对试飞单位,重点在于构建军机试飞工作的安全性指标体系,以此来凸显 STPA 方法在不同管理单位和工作场景下的适用性。

6.1 航空修理厂日常定检维修工作安全性分析

在空军现行的维修体制中,修理厂发挥着重要的作用。由于修理厂承担着大量的备件更换与定期检修工作,因此,修理厂的维修工作质量直接影响着飞行安全与部队战斗力生成。

通过对历年空军飞行安全进行动态分析可以发现,由于修理原因造成的事故及事故征候在所有事故中占有较高的比例,且大部分发生在发动机、飞机操纵系统等重要的系统部件,经常会造成十分严重的后果,这不仅浪费了大量的维修资源,而且严重威胁着空军部队的飞行活动,降低了作战飞机的可用状态,大大增加了使用维护成本。近年来,虽然空军航空兵整体安全水平有大幅度提升,由机械原因造成的事故呈下降趋势,但由于修理原因造成的严重事故仍时有发生,且大部分与航空修理厂有关,因此,对修理厂的工作开展风险评估,有效地识别和评价其中的风险,是预防因修理原因而造成事故的重要步骤。

由于不同机型在构造与功能上的差别,各机型所使用的修理厂也不尽相同,因此本节均基于某型特定飞机修理厂进行分析。在列装该机型的部队中,旅修理厂内设有质控室及冷气、电子、附件、校验等工作间,在专业上可划分为附件、修理、机械、军械、特设及电子等专业,并配备相应的车辆和工具。

6.1.1 安全性模型构建

修理厂承担的任务繁多,这里选取实际工作中最基本的定检工作以及零部件检修工作为例,对其开展分析。按照定检工作与零部件检修工作中涉及的人员、设备与流程,可以将其划分为两个大的部分:一部分是飞机零部件检修更换工作系统中涉及的人员、装备设备、指令等相关信息;另一部分为飞机定检工作中涉及的各类信息以及各类关系。

零部件检修更换系统由修理厂内的修理与附件专业人员、对应工作间、航材备件、维修工具以及检测设备等构成,其中环境因素的外部扰动也将作用于该流程。

在飞机定检工作中,以机械、军械、特设、电子等专业组成的修理厂定检中队为核心,伴以修理厂质控室、检测设备、定检飞机等构成修理厂飞机定检工作系统。这些工作均可能受到外界环境干扰，并接受安全监察与监督。

　　根据以上分析，结合修理厂日常工作实际，构建修理厂日常工作 STAMP 模型，结果如图 6.1 所示。

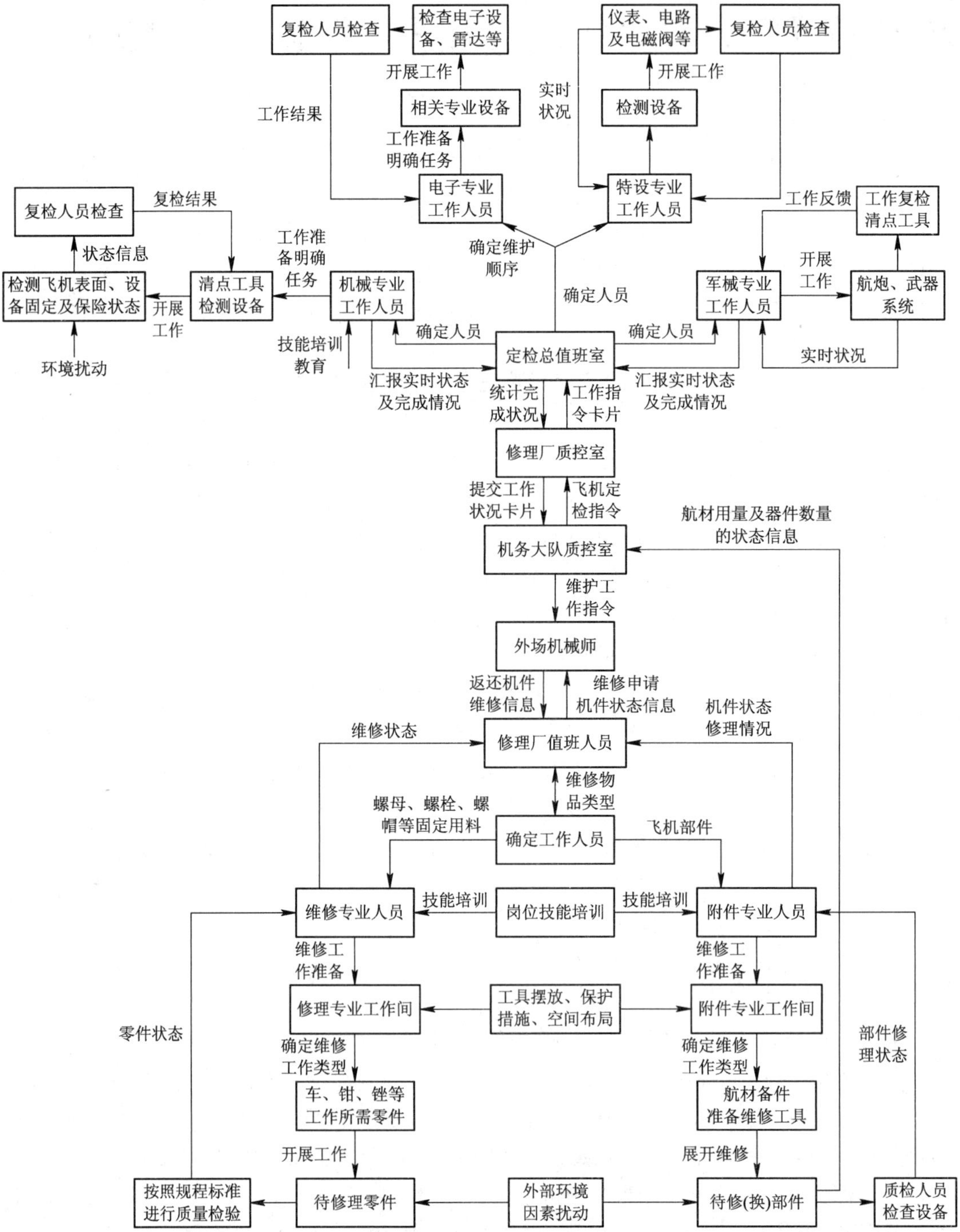

图 6.1　修理厂日常工作 STAMP 模型

从图 6.1 可以发现，在修理厂定检系统中，由负责定检工作的工作人员构成控制器，定检中队各专业人员构成执行器，定检工作中的飞机为被控对象，且各层级之间都存在着信息反馈的通道，以便于人员与飞机的状态、工作进度、工作质量、操作指令等信息都能够在上下级之间进行传递。

如果按照层级划分，一线的工作人员与被控对象也可以构成若干个小的控制回路。在这个回路中，工作人员通过修理、更换、检查等动作直接作用于被控对象，并且通过自己的触觉、视觉等身体感官直接获取反馈信息。除了内部可能出现的扰动，外部环境也存在可能对工作产生影响的干扰因素，比如天气、温度、噪声等。

同样的，在零部件检修工作中，根据维修物品种类的不同，修理专业人员与附件专业人员和零部件之间分别形成了两个控制回路，而工作中所用的各类工具、设施与专业设备、航材备件以及环境因素等组成了这个回路中的外部因素。由于在两个控制回路中，关键的控制器都有相应的控制模型，并且是由工作人员组成控制器，因此如何构建工作人员的心智模型就显得格外重要，比如工作经验的积累与相应的工作培训等。

在修理厂日常工作系统内部，上下级之间存在着信息交流的通道，可以保证指挥控制人员能够时刻对下级工作进行调整与指挥，而信息的反馈也能保证指挥人员能够获得正确的信息，及时做出调整。同时，飞机与发动机状态、航材备件数量与使用状况等也需要被质控室所掌握与记录。这些信息构成了系统中的信息流动，从而保证了系统的正常运行。

6.1.2　安全性分析

1. 确定系统级事故

使用 STPA 进行安全性分析时，首先应该确定系统中可能会发生的事故以及无法接受的损失事件，例如：修理厂工作区内存放的易燃易爆气体、油液等危险物质可能发生爆炸导致危险情况的发生；修理厂内的各种设备以及厂内的飞机都可能因为约束失效而导致能量释放；维修人员的失误或者组织管理上出现的失误也都有可能造成人员伤亡、任务中止等不可接受的后果。因此，系统级事故如表 6.1 所示。

表 6.1　修理厂系统级事故

事故编号	事 故 描 述
A - 1	人员受伤或死亡
A - 2	飞行器及相关设备受损
A - 3	地面设备受损
A - 4	环境污染
A - 5	任务中止

表 6.1 中，A - 1"人员受伤或死亡"中的人员主要指的是修理厂的工作人员以及进入修理厂的外来人员，所受的伤害可能来自爆炸、火灾、重力等；A - 2"飞行器及相关设备受损"中主要包括修理厂的维修设施、保障车辆以及进行工作的发动机或飞机因出现损坏而造成的直接经济损失与装备损失；A - 3"地面设备受损"是指修理厂内的地面保障设备或设

施遭到破坏；A-4"环境污染"主要指修理厂中的化学制品等有毒、有害物质释放到空气或工作场地中；A-5"任务中止"是指由于差错导致所从事的工作无法继续，延后了整体工作进度的情况。

2. 识别系统级危险

危险是可能导致事故的系统状态或者环境条件的子集。一般来说，危险的出现都可能会造成一个或多个事故。系统级危险是系统级事故的子集。由于修理厂内工作繁多，在这里只选取主要的日常工作进行分析。其中，可能发生的系统级危险有：充气瓶炸裂，易燃物（如油料等）燃烧引起火灾，保障设备或车辆出现故障，飞机内部能量意外释放，人员技能缺失，违规操作，工作流程不当。

修理厂内存放着充气瓶，以供应飞机所需的各种气体。当充气瓶意外炸裂时，释放的巨大能量可能会伤害到工作人员及周围的设备、装备等。而当储存氧气的气瓶发生炸裂或者泄露时，会使瓶内部低温高压的氧气迅速释放，高浓度的氧气不仅可能导致人员氧中毒，而且在遇到电火花以及其他易燃物时很容易导致火灾或者爆炸。对于人员、设备相对密集的修理厂区，防范火险是十分重要的工作。由于厂区会存放易燃易爆的物品，一旦发生火灾将会造成很严重的损失，因此，修理厂有着严格的防火规定与齐全的灭火设备。

当进行特定的工作时，修理厂内会停放相应的保障车辆。进行工作时，这些车辆将通过管道与飞机直接相连。当工作车辆出现问题时，如果没有及时发现并处理，除了可能导致自身设备受到损坏无法继续工作，也可能因为设备失效而导致连接的飞机发生事故。

除了易燃易爆物品容易造成能量意外释放外，飞机本身也存在发生这种危险的可能性。例如：飞机试车时发动机存在爆炸的危险；座椅弹射机构意外工作会导致座椅弹出，造成亡人的严重地面事故。

除了各种装备或设备本身存在的缺陷，人的因素在很多时候也促成了危险的形成，人员的技能缺失可能拖延工作进度造成设备损坏等后果，而不严格按照相应的规程进行工作，也可能导致十分严重的后果，如不按规定路线行走、不按规定进行维修工作，都可能造成隐患。如果组织工作不当，可能会造成任务冲突、任务延后。当不同专业的工作人员都上飞机工作时，如果出现组织失误，工作人员很可能在不知情的情况下进行危险工作而伤害到其他人员。

总结修理厂的系统级危险，如表 6.2 所示。

表 6.2　与系统级事故相关的系统级危险

危险编号	危险描述	与事故的关联关系
H-1	高压设备的压力释放	A-1，A-2，A-4
H-2	飞行器内部能量释放	A-1，A-2，A-4
H-3	人员未正常进行工作	A-4，A-2
H-4	工具、设备出现异常情况	A-1，A-2，A-3，A-5
H-5	工作资源浪费	A-5
H-6	工作质量受影响	A-2，A-5
H-7	飞机零部件出现异常	A-1，A-2，A-5

在完成对系统级事故与危险的确定与识别后，可使用 STPA 分析方法，寻找系统发生事故与危险的原因。根据分析，可以将事故原因分为系统组件失效、组件交互引起的失效、外部干扰以及单个组件的危险行为等四类。而系统组件失效又可以划分为控制结构中的四个组成部分的失效，即控制器失效、执行器失效、被控对象失效以及传感器失效；组件交互引起的失效也可以归咎于存在联系的四类组件之间的相互作用以及信息传递的失效；外部干扰可以归因于环境因素影响以及多个控制器之间的交叉控制导致的冲突。

3. 识别不安全控制行为

STPA 分析的下一个步骤是识别潜在的不安全控制行为。下面将根据绘制的 STAMP 模型并结合实际工作过程，识别系统中可能存在的不安全控制行为。不安全控制行为一般可以分为四类[1]，即控制行为缺失、提供了错误的控制行为、控制的作用时机错误以及控制的作用持续时间错误。在飞机定检工作中，执行层由四个不同的专业组成，分别对飞机的不同部分进行检查，但其工作中的控制逻辑是相同的，因此，这里以机械专业定检人员为例来分析定检工作执行层中的不安全控制行为。

1）修理厂定检工作不安全控制行为识别

依据不安全控制行为的分类，将修理厂定检工作中的不安全控制行为以表格的形式加以记录，如表 6.3 所示。

表 6.3　修理厂定检工作不安全控制行为

主要的控制行为	控制行为缺失	提供了错误的控制行为	控制的作用时机错误	控制的作用持续时间错误
质控室下达定检工作指令	UCA - 1：未下达定检工作指令 [H-3]	UCA - 2：下达了错误的定检工作指令 [H-3]	UCA - 4：指令下达与其他任务有冲突 [H-3]	UCA - 6：指令规定的工作时间过短 [H-6]
		UCA - 3：指令卡有误 [H-3, H-6]	UCA - 5：指令下达时间过晚 [H-5]	
修理厂质控室传达定检工作指令	UCA - 7：未传达质控室定检工作指令 [H-3]	UCA - 8：传达了错误的工作指令 [H-3, H-7]	UCA - 9：传达指令的时机过早或过晚 [H-5]	UCA - 10：指令规定的工作时间过短 [H-6]
定检总值班员配置工作空间设施	UCA - 11：未开展空间设施布置工作 [H-1]	UCA - 12：空间布置不合理 [H-1]	UCA - 13：与前期任务冲突 [H-3]	UCA - 14：布置空间的工作时间过长 [H-5]

续表一

主要的控制行为	控制行为缺失	提供了错误的控制行为	控制的作用时机错误	控制的作用持续时间错误
定检总值班员检查安全防护措施	UCA-15：未进行检查 [H-1，H-4]	UCA-16：进行了错误的检查工作 [H-1，H-4]	UCA-17：检查时机过早 [H-3] UCA-18：未及时开展检查工作 [H-6]	UCA-19：检查工作的时间过短 [H-6] UCA-20：工作持续时间过长 [H-5]
定检总值班员分配、下达任务	UCA-21：未分配、下达任务 [H-3]	UCA-22：下达了错误的任务 [H-7，H-6]	UCA-23：下达任务的时机过晚 [H-6]	无
定检人员清点工具，检查设备	UCA-24：未清点工具，未检测设备 [H-4]	UCA-25：违规使用工具和设备 [H-4，H-7]	UCA-26：使用工具和设备的时机错误 [H-7，H-6]	无
机械专业人员按手册检查飞机	UCA-27：未进行工作 [H-6] UCA-28：工作项目遗漏 [H-6]	UCA-29：进行了错误的检查工作 [H-7，H-6]	UCA-30：工作次序错误 [H-3]	UCA-31：定检工作时间过长 [H-5]
电子专业人员检查电子设备、雷达状态	UCA-32：未进行工作 [H-6] UCA-33：工作项目遗漏 [H-6]	UCA-34：进行了错误的检查工作 [H-7]	UCA-35：工作次序错误 [H-3，H-4]	UCA-36：定检工作时间过长 [H-5]
特设专业对各类仪表、电路、电磁阀进行检查	UCA-37：未进行工作 [H-6] UCA-38：工作项目遗漏 [H-6]	UCA-39：进行了错误的检查工作 [H-7]	UCA-40：工作次序错误 [H-3]	UCA-41：定检工作时间过长 [H-5]

主要的控制行为	控制行为缺失	提供了错误的控制行为	控制的作用时机错误	控制的作用持续时间错误
军械人员对武器系统进行检查	UCA-42：未进行工作 [H-6] UCA-43：工作项目遗漏 [H-6]	UCA-44：进行了错误的检查工作 [H-2]	UCA-45：工作次序错误 [H-3，H-2]	UCA-46：定检工作时间过长 [H-5]
定检人员对飞机问题开展排故工作	UCA-47：未进行排故 [H-7] UCA-48：排故工作漏项 [H-7]	UCA-49：进行了不正确的排故操作 [H-2，H-7]	UCA-50：排故工作开展过晚 [H-6]	UCA-51：排故工作时间持续过长 [H-5]
复检人员进行工作复检	UCA-52：未进行复检 [H-7] UCA-53：复检工作漏项 [H-7]	UCA-54：进行了错误的复检工作 [H-2，H-4，H-7]	UCA-55：复检开展的时机过早或过晚 [H-5]	UCA-56：复检工作持续时间过长 [H-6，H-5]
定检人员定检完成后对飞机各项状态参数进行检查判读	UCA-57：参数判读时漏项 [H-7]	UCA-58：判读工作出现错误 [H-4]	UCA-59：参数判读次序设置不当 [H-6]	无

2）修理厂维修工作不安全控制行为识别

根据 STAMP 模型中修理厂零部件工作的控制回路以及实际工作流程，识别其中的不安全控制行为，如表 6.4 所示。

表 6.4　修理厂维修工作不安全控制行为

主要的控制行为	控制行为缺失	提供了错误的控制行为	控制的作用时机错误	控制的作用持续时间错误
根据任务类型确定维修人员	UCA-60：未确定工作人员 [H-3]	UCA-61：确定工作人员错误 [H-3]	无	无
工作人员检查工作间	UCA-62：未检查工作间 [H-1]	UCA-63：未正确检查工作间 [H-1]	UCA-64：检查时机过晚 [H-6]	无

续表

主要的 控制行为	控制行为缺失	提供了错误的 控制行为	控制的作用 时机错误	控制的作用持续 时间错误
工作人员清点工具	UCA-65：未清 点工具 [H-4]	UCA-66：工作 出现错误 [H-4, H-7]	UCA-67：清点 工具时机不当 [H-6]	无
工作人员开展零件 修理工作	UCA-68：未进 行工作 [H-7]	UCA-69：进行 了错误的修理工作 [H-7]	UCA-70：该项 与其他工作冲突 [H-3]	UCA-71：工作 时间过长 [H-5]
工作人员对待修 机件进行测试	UCA-72：未进 行机件测试工作 [H-7]	UCA-73：进行 了不正确的机件测 试工作 [H-7]	UCA-74：修理 时机有误，工作次 序错误 [H-3]	UCA-75：机件 测试持续时间不合 规定 [H-6]
工作人员对待修 机件进行分解	无	UCA-76：开展 了不正确的机件分 解工作 [H-7]	无	无
工作人员对部件 进行测试维修	UCA-77：未进 行部件测试维修 工作 [H-7]	UCA-78：开展 了错误的部件测试 维修工作 [H-7]	无	UCA-79：工作 持续时间过长 [H-5]
工作人员将维修后 的零部件进行组装	无	UCA-80：开展 了不正确的零部件 组装工作 [H-7]	无	UCA-81：工作 持续时间过长 [H-5]
工作人员对修理后 的机件进行测试	UCA-82：未进 行测试工作 [H-7]	UCA-83：进行 了错误的测试工作 [H-7]	无	UCA-84：测试 持续时间与规定 不符 [H-6]

4. 识别不安全场景

在对修理厂日常工作中潜在的不安全控制行为进行识别后，应进行 STPA 分析方法的最后一步，即分析不安全控制行为出现的原因，并且识别上述行为出现的场景，即识别不安全控制行为发生的原因或正确的控制行为未被执行或被错误执行的原因。

根据 STPA 分析方法中的控制与反馈模型，可以将上述所涉及的各类危险从两方面进行分类[2]，即由于错误的或不当的控制行为而产生的危险和不合理、不恰当、错误的反馈信息导致的错误。通过划分好的两类危险致因，可以将修理厂工作系统中的控制回路拆分为控制部分与反馈部分，从而识别出两类控制缺陷并进行分析，最后通过这些已经确定的危险得到相应的安全需求与约束。

由于篇幅有限，在定检工作控制回路中，下面以机械专业人员为例进行不安全控制行为的分析，并结合控制回路，确定不安全控制行为与回路中各项组件的关系。

1）定检总值班员

定检总值班员负责指挥和协调整个定检工作，需要对各项工作开展的时机有清楚的了解，并且应实时关注现场动态。如果定检总值班员下达了错误的指令或安排不当，都有可能使系统出现危险。对于定检总值班员可能出现的指挥混乱以及现场秩序维护不当等情况，可能存在的原因有：

（1）定检总值班员工作经验不足，对定检工作整体把握不够。

（2）定检总值班员虽拥有较高的能力与经验，但当天工作时身体或心理状态欠佳，导致工作分神。

（3）定检总值班员长时间未进行定检工作，导致工作生疏。

（4）定检总值班员未按质控室下发的指令卡片安排工作。

（5）定检总值班员在不清楚厂区设施、设备与飞机的情况下便安排工作。

（6）定检总值班员未和定检工作人员进行交流，未确定好工作顺序，导致工作冲突。

（7）定检总值班员未及时发现工作中可能存在的安全隐患。

2）工作人员与相关设备和工具

定检中队专业人员是定检工作的主要承担者，其工作质量影响着任务的完成情况，其可能产生的不安全控制行为主要体现在与工作相关的方面。由于定检工作所需的相关设备和工具与专业人员关系紧密，因此在这里一同进行分析。对于定检工作人员可能出现的漏忘工作项目、不按规程操作、工作中出现危险动作，其可能的原因有：

（1）专业人员上岗前未经过培训或对工作技能不熟悉，导致危险。

（2）专业人员发挥主观经验或因懒惰使用规定以外的方法进行工作。

（3）专业人员身体或心理状态欠佳。

（4）专业人员人数少于工作所需，工作压力大导致思维混乱，操作失误。

（5）专业人员对于所做的具体工作不清楚。

（6）专业人员在未接到上级指令时擅自开始工作。

（7）专业人员对各专业的工作次序不清楚，只求尽快完成本专业工作，导致工作冲突。

（8）专业人员未按规定清点工具与检查设备。

（9）专业人员使用工具与设备的熟练度不够。

（10）工具与设备自身存在损耗与故障。

3）定检飞机

定检飞机作为控制回路中的被控对象，是整个工作的核心。由于其本身存在一定的危险，因此在一定条件下其危险的触发也可能导致严重的后果。其可能产生危险的原因有：

（1）飞机设计本身存在缺陷。

（2）飞机在制造过程中某些材料部件存在质量不过关的现象，但使用部队对此不知情。

（3）危险部位未做安全警告标识或者标识脱落、模糊。

4）环境干扰

外界环境的扰动也可能导致系统内部出现波动，因此需要对外界扰动进行分析，其导致危险发生的原因有：

（1）天气过于寒冷或炎热。

（2）工作过程受到其他人员的临时干扰。

（3）厂房外规定距离内出现违规用火现象。

5. 日常定检维护工作信息反馈分析

在对不安全控制行为可能导致的危险进行分析后，下面对由反馈信息缺陷而导致的危险进行分析。

在定检工作中，反馈信息主要在工作人员工作过程中、工作结束后以及质检工作中产生，在各个组件间传递，并且在某些组件内部也存在信息的流动，因此可按照信息的生成与传输这两个部分来重点对上述控制回路中的组件与信息流进行分析。

1）信息的生成

在定检工作系统中，维修工作人员一方面可通过感官获取飞机的实时状态，另一方面可通过飞机内部设置的各种仪表、指示器以及传感器等检测工具获取相应的信息，如果信息源头本身是错误的，可能导致人员无法正确地依据信息调整工作，进一步导致工作错误。造成这种危险的可能原因有：

（1）飞机内部仪表设计不合理，人员无法及时、准确地判读数据。

（2）飞机内部软件设计不合理，无法直观地显示工作状态与指标。

（3）飞机内的传感器出现故障或异常，无法传递正确的状态信息。

（4）飞机仪表虽然设计合理，但仪表与指示器出现故障。

（5）检测工具或设备出现异常，比如由于磨损而导致检测结果不够准确。

（6）人员使用检测工具或设备出现失误，造成误判。

（7）人员通过直接感官判断飞机状态，但出现失误。

2）信息的传输

如果各项信息在信息源处都是正确无误的，但依然发生了危险，那么可能是因为信息在传递的过程中出现了变化或者人员未识别出不正确信息而导致了危险反馈的产生，其中可能的原因有：

（1）获取信息后，信息的登记填写错误，导致传递了错误信息。

（2）工作人员对飞机的各种指标范围不清楚。

（3）人员未及时将实时状态向上反馈。

（4）仪表指示器在工作过程中存在延迟。

（5）人员对飞机各项检查单有遗漏、丢失现象。

3）外界扰动

最后考虑的是外界干扰对信息生成与传递的影响，可能造成影响的外部扰动有：

（1）光线过于强烈或者昏暗，导致工作人员出现误判。

（2）外部噪音干扰，影响人员之间的信息传递。

6. 零部件维修工作分析

在对修理厂定检工作的不安全控制行为进行分析后，按照上文分析的逻辑与思路，下面对零部件维修工作进行相应的分析。首先将控制回路划分为控制与反馈两部分，以下先对控制部分的组件进行逐一分析。

1）修理厂值班人员

（1）值班人员工作状态较差。

（2）值班人员未在岗。

（3）值班人员同时进行多项任务，导致遗漏任务。

2）相关专业人员

（1）专业人员技能不足或未进行培训就进行工作。

（2）专业人员违反规定工作或凭经验工作。

（3）专业人员身心状态较差，从而影响工作质量。

（4）专业人员在进行维修时未严格按照规定进行维修。

（5）专业人员在未充分了解待修零部件状态时便开始工作。

（6）专业人员不按规定使用工具或设备，出现违反安全规定的操作。

（7）专业人员维修工作准备不充分，在缺少相应的工作条件下便开始工作。

（8）专业人员在使用工具前后未进行清点检查。

3）相关设备、工具及工作间

（1）工具或设备缺失、损坏，无法支持正常工作。

（2）工具未进行标号，未设置防遗失措施。

（3）工具间内存在危险物质，且存在不按规定摆放的现象。

（4）工具间缺少安全警示标识或标识掉落。

（5）工具间内缺少安全防护措施。

4）外部扰动

（1）外部人员进入工作间，且影响相关人员工作。

（2）临时接受新的任务，并且影响当前任务。

（3）航材备件的数量不足，使工作停滞或延后。

7. 零部件维修工作信息反馈分析

在对零部件维修工作控制回路中的控制部分进行分析后，下面对反馈部分进行分析，同样按照上文思路，从信息源与信息流两方面入手进行分析。

1）反馈信息源头的分析

（1）检测设备存在缺陷，无法达到工作所需的精度。

（2）检验人员在工作时出现主观判断错误。

（3）检验人员对零部件的相关标准不清楚。

（4）相关工作人员在进行工作时对被控对象状态把握不准确。

（5）工作人员对工作标准不熟悉。

（6）航材备件使用数量未统计准确。

2）反馈信息传输的分析

（1）航材备件的数量、状态未及时反馈给质控室。

（2）工作人员未及时汇报工作信息。

（3）工作人员遗漏部分信息。

8. 修理厂日常工作安全性分析的要点

对修理厂日常工作进行分析时，侧重点应为日常工作的组织管理与工作流程，因此在建模过程中，应首先明确其中的组织体系、管理关系及其人员相互间的关系。根据上述关系结合所开展的工作，可以确定信息的流动方向并构建控制闭环，最终生成完整的STAMP 模型，并基于此开展安全性分析。

在使用 STPA 方法进行分析时，由于在建模过程中对具体重点技术涉及较少，因此分析重点依然是不安全的组织管理行为，涉及人为因素较多。分析所得结果，侧重于识别组织管理流程的薄弱环节。

6.2 修理厂换装发动机工作安全性分析

在对修理厂日常主要工作进行分析后，下面选择更加具体的重点工作任务构建STAMP 模型并进行 STPA 分析。在修理厂中，对发动机进行拆卸与安装是十分重要的任务，换装发动机工作所涉及的人员、设备繁多，工序复杂，且其中部分工作（如换装完毕后）需进行发动机试车，风险较大，属于可能造成严重后果的重点工作，这些都使安全压力增加。因此，本节将结合换装发动机的实际工作流程，构建 STAMP 模型，进行 STPA 分析。

换装发动机工作主要分为启封发动机、对飞机进行准备工作、装配工作、装配后检查维护、装配后发动机试车以及试车完毕后滑油分析六个主要部分，其中在装配过程中还涉及照相管理人员的工作，在检查维护阶段涉及不同专业人员，主要是机械专业与特设专业工作人员。在整个过程中，存在大量的指令卡片、操作规程、安全措施，且工作会受到外部环境的干扰。

6.2.1 换装发动机 STAMP 模型构建

按照换装发动机工作中所涉及的人员、设施、设备等各种要素以及换装发动机的工作流程，可以将换装发动机工作大致分为三个模块，即换装前准备工作模块、装配工作实施模块以及装配后检查模块，三个模块的顺序有先后之分，并且都受指挥系统的控制。

在换装前准备工作模块中，主要包括对发动机启封与对飞机进行检查的两类人员，其中被控对象分别为发动机与飞机机身及发动机舱，人员的具体工作按照指令卡片进行，这个过程中伴有各种相关设备和工具。当发动机启封工作与飞机安装工作完成，且工作人员向指挥人员反馈工作完成后，指挥人员才能下达装配指令，进入第二个工作模块。

在装配工作实施模块中，除了各种设备、工具与操作指令外，装配人员之间也存在实时的交流，以保证发动机及其各项附件与飞机机身和发动机舱连接正常，固定可靠。同时，照相管理人员对各个固定点进行拍照，用于检查。

发动机装配完毕后，就可以进入装配后检查模块。在专业人员进行维护检查后，可以进行发动机试车工作，在完成试车后，由相关人员进行滑油分析。

可以看出，发动机换装工作系统中存在多个控制器，且被控对象随时间与工作的推进也发生变化，根据上述流程，绘制换装发动机工作 STAMP 模型，如图 6.2 所示。

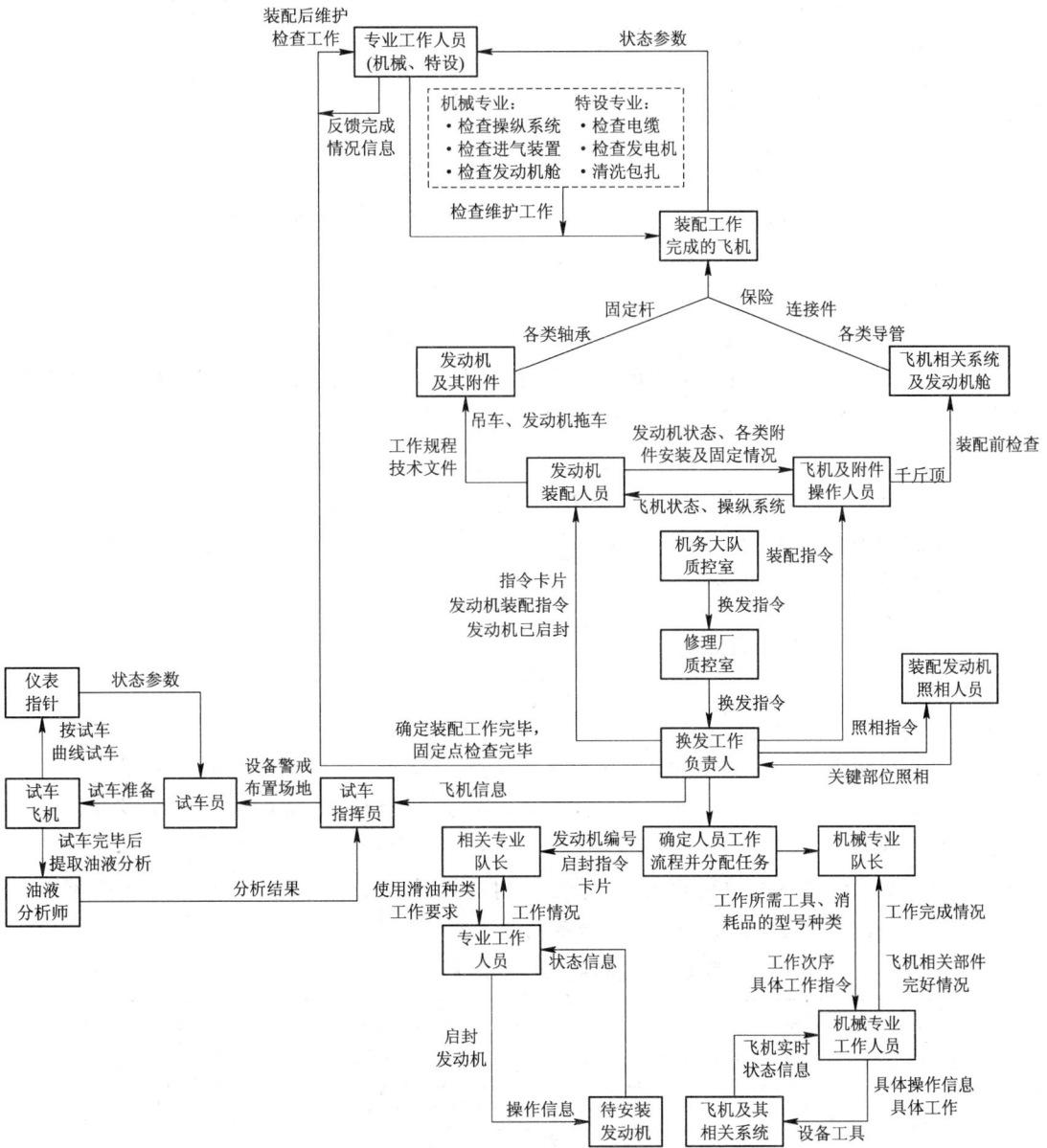

图 6.2　换装发动机工作 STAMP 模型

通过对图 6.2 进行分析可以看出，换装发动机工作由三个大的控制回路组成，即换装前准备控制回路、装配工作控制回路以及装配后检查控制回路。在这三个主要的控制回路中，均由指挥系统构成了控制器。指挥系统是由相关换装发动机工作总负责人构成的，他们之间存在着信息传递，命令从更高层级向下传达，而与工作相关的反馈信息（例如作业单、检查单等）将通过低层级向上传达。其中，换装发动机工作总负责人在现场进行指挥调度工作、下达命令并处理意外出现的情况，是控制器构成中与工作直接相关的人员。而在三个大的控制回路中，其构成组件又构成了若干小的控制回路。

换装前准备控制回路可以继续细化为发动机启封控制回路与飞机检查准备控制回路，分别由其相关工作专业主任组成控制器，工作人员构成执行器，发动机与飞机组成被控对象，人员可以通过感官或相关检验测量设备获得反馈信息，其工作可能受到外部扰动的影响。

在装配工作控制回路中，由不同人员分别对飞机机身与发动机及其附件进行工作，形成不同的执行器，并且执行器之间还存在着信息的交流活动。而执行器分别对应的被控对象之间也通过各类导管、固定点、轴承以及连接杆等相互作用。

在完成装配后，照相管理人员进行拍照，并将结果交由负责人检查，形成了反馈。

装配后检查控制回路主要包括三项工作：一是相关专业对维护后的飞机进行维护检查、联合判读等工作，在确定飞机状态无误后将信息反馈于换装发动机工作指挥员；二是指挥员确认无误后下达试车命令给试车指挥员，在场地准备完毕后，由机械专业工作人员进行试车，并记录飞机及发动机各项参数是否正常，并及时反馈；三是在试车完毕后，由专业人员提取滑油并进行滑油的检验，得出结果并上报。

在完成对换装发动机工作 STAMP 模型的构建后，下面结合模型与 STPA 分析方法，开展换装发动机工作的安全性分析。

6.2.2 换装发动机工作安全性分析

1. 确定系统级事故

与前文对修理厂日常工作安全性进行分析的流程相同，进行换装发动机工作安全性分析的第一步是进行系统级事故的确定。在换装发动机工作中，可能出现人员操作失误导致装配工作出现异常，相关设备（如吊车、拖车）出现异常情况导致飞机发动机受损，试车工作组织不严密或出现突发情况导致人员伤亡、打坏发动机等情况。按照换装发动机的各个流程进行分析，可能发生的系统级事故如表 6.5 所示。

表 6.5 换装发动机工作系统级事故

编号	系 统 级 事 故
A-1	人员伤亡
A-2	飞机、发动机损坏
A-3	地面设备损坏
A-4	装配后发动机无法被接收或任务延期

其中，人员伤亡事故主要可能出现在发动机装配、试车过程中，这里的人员主要指修

理厂中的工作人员。飞机、发动机损坏事故可能是由各个工作环节中的人员失误或者设备异常造成的。地面设备损坏事故可能主要是人员的操作不当引起的。而如果装配检查人员或装配人员都出现了工作失误，且这种失误未被发现的话，可能导致飞机及发动机无法正常工作，从而重新进行发动机的拆装检查，导致各类资源的浪费，更严重的可能导致飞机发动机发生爆炸，造成不可承受的后果。

2. 识别系统级危险

在完成对系统级事故的确定后，按照 STPA 分析的流程，即可确定系统级危险。在换装发动机工作中，可能出现的系统级危险如表 6.6 所示。

表 6.6　与系统级事故相关的系统级危险

危险编号	危险描述	与事故的关联关系
H-1	人员工作状态异常	A-1，A-2，A-3，A-4
H-2	地面设备工具异常	A-1，A-2，A-3
H-3	飞机、发动机部件受损	A-3，A-4
H-4	警戒防护措施缺失或失效	A-1，A-3
H-5	试车过程中飞机冲出	A-1，A-2
H-6	工作资源浪费	A-2，A-4
H-7	装配后飞机未正常工作	A-2，A-4
H-8	工作质量未被接受	A-4
H-9	试车过程中飞机发动机异常	A-1，A-2，A-3

3. 识别不安全控制行为

按照控制行为缺失、提供了错误的控制行为、控制的作用时机错误以及控制的作用持续时间错误四类不安全控制行为，结合换装发动机工作 STAMP 模型以及换装工作实际，对换装工作中各个层级的不安全控制行为进行分析，结果如表 6.7 所示。

表 6.7　换装发动机工作不安全控制行为识别

主要控制行为	控制行为缺失	提供了错误的控制行为	控制的作用时机错误	控制的作用持续时间错误
质控室下发换装发动机指令及信息	UCA-1：未下达指令及信息 [H-1]	UCA-2：下达了错误的指令及信息 [H-1，H-7]	UCA-3：指令下达时机过早或过晚 [H-6]	无
修理厂质控室传递换装发动机指令及信息	UCA-4：未传递工作指令 [H-1]	UCA-5：传递了错误的指令 [H-1，H-8]	UCA-6：传递指令时机过晚 [H-6]	无

续表一

主要控制行为	控制行为缺失	提供了错误的控制行为	控制的作用时机错误	控制的作用持续时间错误
换装工作负责人分配任务	UCA-7：未分配任务 [H-1]	UCA-8：分配任务错误 [H-3]	UCA-9：分配任务时机过早或过晚 [H-6]	无
机械专业分队长确定换装前准备工作信息和发动机信息	UCA-10：未传递准备工作信息 [H-2，H-3]	UCA-11：提供了错误的信息 [H-3]	UCA-12：提供信息时机过晚 [H-6]	无
使用特定滑油启封发动机	UCA-13：未使用滑油启封发动机 [H-7]	UCA-14：使用错误的滑油启封发动机 [H-7]	UCA-15：启封发动机时机过早或者过晚 [H-8]	UCA-16：工作时间过长 [H-6]
机械人员在装配前做准备工作	UCA-17：未进行工作 [H-8]	UCA-18：工作时出现错误操作 [H-3，H-8]	UCA-19：工作开展时机不正确 [H-8]	UCA-20：此项工作时间过长 [H-6]
下发装配工作指令卡片	UCA-21：未下达装配工作指令卡片 [H-1]	UCA-22：下达了错误的装配指令卡片 [H-7]	UCA-23：装配指令卡片下达时机错误 [H-8]	无
装配人员检查工具及设备	UCA-24：未对工具及设备进行清点检查 [H-3]	UCA-25：检查过程中出现错误操作 [H-2]	UCA-26：检查时机过晚 [H-2]	UCA-27：检查持续时间过长 [H-6]
装配人员按顺序进行固定装配	UCA-28：遗漏装配工作项目 [H-9]	UCA-29：装配过程出现失误或错误 [H-9]	无	UCA-30：装配工作时间过短 [H-8]
照相管理人员对固定点拍照反馈	UCA-31：未对固定点进行拍照 [H-7]	UCA-32：拍照过程出现失误 [H-7]	UCA-33：未在规定时间拍照 [H-6]	无

续表二

主要控制行为	控制行为缺失	提供了错误的控制行为	控制的作用时机错误	控制的作用持续时间错误
特设专业人员在装配后进行维护工作：检查电缆、发电机等，清洗包扎插头	UCA-34：遗漏工作项目 [H-9]	UCA-35：工作中出现差错或不安全行为 [H-3,H-9]	无	UCA-36：工作持续过长或过短 [H-8,H-6]
机械专业人员在装配后进行维护工作：检查操纵系统、进气装置、发动机舱	UCA-37：遗漏工作项目 [H-9]	UCA-38：工作中出现差错或不安全行为 [H-3]	无	UCA-39：工作持续时间过长 [H-6,H-8]
试车指挥员设置警戒人员	UCA-40：未设置警戒人员 [H-4]	UCA-41：下达警戒工作错误 [H-1,H-4]	UCA-42：设置警戒人员时间过晚 [H-5]	无
试车工作人员开展试车前检查准备工作	UCA-43：未进行检查准备工作 [H-3,H-5,H-9]	UCA-44：进行了不合理、不正确的检查准备工作 [H-5,H-9]	无	UCA-45：工作持续时间过短 [H-9]
试车人员按试车曲线收放油门，进行试车	无	UCA-46：收放油门过程出现不当操作 [H-3,H-5,H-9]	UCA-47：未按试车曲线规定时间点收放油门 [H-9]	UCA-48：试车工作持续时间过长或过短 [H-3,H-9]
提取滑油，进行滑油分析	UCA-49：未进行工作 [H-7]	UCA-50：工作中出现错误 [H-7]	UCA-51：提取滑油时机错误 [H-6]	无

在对换装发动机工作中的不安全控制行为进行识别，并确定了不安全控制行为及其可能导致的危险后，下面进行不安全场景的识别工作。

4. 识别不安全场景

按照前文所述，将 STAMP 模型划分为控制与反馈两个部分进行分析，按照层级分析上述不安全控制行为可能产生的原因。

1）各层级指挥人员

（1）生理、心理状况不佳。

（2）相关工作经验不足。

（3）对所负责的工作不熟悉。

（4）工作前未充分进行计划与准备，对所属人员情况不清楚。

（5）未制定应急预案，处理突发情况的能力不足。

（6）安全意识与风险意识不足，对重点工作把控不到位。

2）检查工作人员

（1）检查工作人员心理、生理状态不佳，不适合进行工作。

（2）检查工作人员工作态度不端正，缺少责任意识。

（3）检查工作人员安全风险意识差。

（4）检查工作人员对工作的具体流程不清楚。

（5）检查工作人员未严格按照规程工作，存在凭经验工作的现象。

（6）检查工作人员未严格落实工具清点制度，对相关工具的使用规范不明确。

（7）检查工作人员上岗前未经过培训，无证上岗。

（8）检查工作人员工作经验、技能不足。

3）工作所需耗材、设备工具和操作指令

（1）所用消耗品（如滑油）本身质量存在问题。

（2）工作资源配置存在问题。

（3）检验工具（如测量工具）等出现损耗，导致参数标定或刻度值测量等不准确。

（4）工作程序中存在错误的工作指令。

（5）操作指令漏项或者存在错误指令。

（6）相关工作规程缺失。

4）装配工作人员

（1）装配工作人员生理、心理状态不佳，影响工作质量。

（2）装配工作人员未按指令卡片进行装配工作。

（3）装配工作人员依照主观经验工作，结果导致错误。

（4）装配工作人员未经岗前培训便参与工作。

（5）装配工作人员技能缺失，工作经验少，对安装顺序以及安装点不熟悉。

（6）装配工作人员安全意识不强，责任心较差，对大项工作的重视程度不够。

（7）装配工作人员未按要求正确使用千斤顶、吊车以及拖车等设备。

（8）装配工作人员在换装工作前准备不足，未对场地、工具进行检查或布置。

5）装配工作相关工具和设备

（1）千斤顶存在故障（如液压失常），无法正常工作或在工作中失效。

（2）发动机拖车、发动机吊车未得到保养及维护，存在使用缺陷，在承受发动机重力时发生损坏。

（3）相关设备在设计上存在缺陷。

6）装配后维护工作人员

（1）装配后维护工作人员生理、心理状态不适合进行工作。

（2）装配后维护工作人员未按规定进行检查与维护工作。

（3）装配后维护工作人员对本专业工作不熟悉，技能缺失，经验不足。

（4）装配后维护工作人员将工具遗漏，未落实工具清点制度。

（5）装配后维护工作人员工作粗暴，可能导致飞机受损。

7）试车指挥员

（1）试车指挥员未掌握飞机情况以及试车注意事项。

（2）试车指挥员生理、心理状态不佳，无法及时判断工作状况以及做出决定。

（3）试车指挥员工作经验不足，单人无法完成工作。

（4）试车指挥员安全意识较差，无法识别潜在风险，对警戒与安全防护措施设置不到位。

（5）试车指挥员工作前准备不足，计划制定不够详细。

（6）试车指挥员对试车操作人员的情况不够掌握，无法合理安排工作。

（7）试车指挥员未制订应急预案，难以处理突发情况。

8）试车工作人员

（1）试车工作人员心理紧张，无法正常试车。

（2）试车工作人员未严格落实读卡操作工作制度。

（3）试车工作人员未掌握试车曲线，或关键点记忆错误。

（4）试车工作人员处置突发情况的能力不足。

5. 换装发动机工作信息反馈分析

在对引起不安全控制行为的原因进行分析后，下面对导致错误的信息反馈的关键原因进行分析。与前文的分析流程相同，从反馈信息的产生与传递两个方面来进行分析。

1）反馈信息的产生

（1）工作人员主观判断失误或通过感官获取了错误的信息。

（2）测量工具存在缺陷，导致人员获得的信息错误。

（3）测量工具良好，人员读数失误并记录错误数据。

（4）工作人员完成工作后未填写相关工作卡片。

（5）工作人员未正确掌握各类参数的标准值，出现误判。

（6）飞机内的指示仪表设计不合理，无法直接获取实时、准确的数据。

（7）飞机机载软件存在缺陷，无法及时反映飞机的状态信息以及参数。

（8）检查仪等设备内部软件存在缺陷，无法直接获得检测结果。

（9）样本（如油液）被污染，导致实验结果出现偏差。

（10）样本抽取时机不正确，导致实验结果不准确。

（11）照相时机、位置不准确，得到无用的照片。

2）反馈信息的传递

（1）工作人员未将工作信息、飞机状态实时反馈给相关指挥人员。

（2）工作人员向上反映了有关工作的错误信息，如参数、状态等。

（3）工作人员未将工作卡片交回上级。

（4）指挥人员向下传达了错误的工作相关信息。

6. 换装发动机工作安全性分析的要点

与修理厂日常工作安全性分析不同的是，换装发动机工作安全性分析的重点不再侧重于组织管理行为，而是侧重于工作中的技术问题，如设备及装备等更加具体的因素。在建立模型时，除了明确信息流动，构建闭环，还应对具体工作环节进行细化分解，以便能够开展详细的不安全行为的分析。分析的结果更加侧重于识别在技术方面、操作方面以及装备（或设备）中存在的安全隐患。

6.3　试飞过程 STAMP 模型与安全性分析

试飞是航空器研制的一个必经阶段，主要包括科研试飞、生产交付试飞、适航审定试飞以及与之相关的试验工作。由于试飞特别是首飞或科研试飞主要用于验证飞行边界，因此具有高风险性，被人们称为"刀尖上的舞蹈"和"勇敢者的游戏"。一个科学、系统、完备的试飞安全指标体系，能够有效地提升试飞工作的事前安全预测、事中安全判断的效率和准确性，也能为试飞事故的事后调查提供依据和指导。

虽然目前国内外鲜有针对试飞安全的专门指标体系，但很多学者对航空安全开展了大量研究和探索，提出了一系列不同的指标体系，也能够为构建试飞安全指标体系提供有益的参考。如端木京顺等人经多年研究，提出了基于 Reason 理论的航空飞行事故成因指标体系；刘军等提出了针对飞行安全人为因素的指标体系；文献[3-6]建立了航空系统组织管理、机场与环境、机务和空管的安全指标体系，并探讨了安全指标体系的构建方法；文献[7-9]基于传统人、机、环、管系统理论，从航空系统中人员、飞机、环境、管理等四个方面构建安全指标体系，用于航空系统的综合评估。这些研究成果，虽然能够在不同方面有效地监控航空安全风险因素，但都具有一定的局限性：一方面在试飞安全预测评估方法应用的适用性上有限；另一方面由于多是基于传统事故致因理论（如多米诺模型[9]、Reason模型[10]），将导致事故发生的人、机、环等因素分开考虑，因此对系统交互因素考虑十分有限。近年来随着技术的进步，新型航空器部件的可靠性水平大幅度提升，以软件为代表的复杂逻辑系统应用广泛，由于系统交联、人机交互、空地协同等引发的试飞事故或事故征候剧增，因此基于系统思维构建新的适用于试飞安全的指标体系势在必行。

6.3.1　模型构建

按照试飞工作中涉及的各类人员要素和工作主要流程，可将试飞系统分为试飞保障系统和试飞执行系统,两系统均围绕试飞飞机开展工作。试飞保障系统要素包括:以指挥员为主的保障指挥系统,以保障机组为主的保障人员及相关装备(设备),以安全监察、质量控制为主的数据收集与信息反馈系统。试飞执行系统包括试飞指挥员、飞行机组和伴飞飞机、监控雷达、导航通信设备等。

根据上述逻辑关系和系统控制理论,构建试飞安全控制模型,如图 6.3 所示。

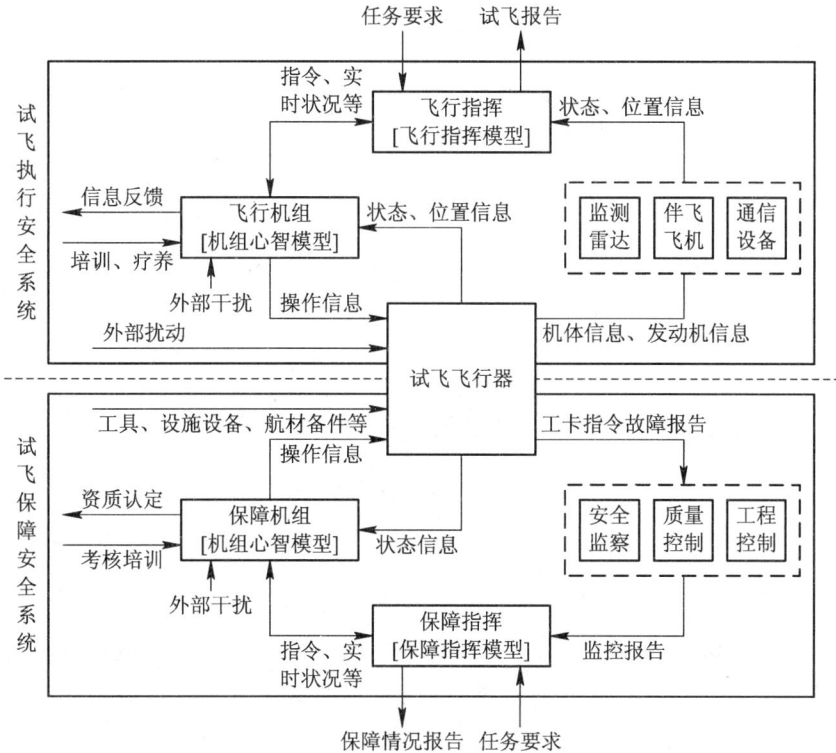

图 6.3 试飞安全控制模型

可以看出,试飞系统有两个顶层控制回路,即试飞执行安全系统和试飞保障安全系统。在试飞保障安全系统中,以指挥员为主的保障指挥系统构成控制器,保障机组构成执行器,试飞飞行器为执行对象,而安全监察、质量控制、工程控制等信息收集系统构成反馈系统。需要注意的是,按照层次划分,保障机组与飞行器之间也可以构成一个小的控制回路,而保障工具、设施设备、航材备件等保障要素可构成保障的外部因素。在试飞执行安全系统中,试飞指挥员作为控制器,飞行机组作为执行器,试飞飞行器作为被控对象,同时伴飞飞机、监测雷达和机上的通信设备提供反馈条件,作为反馈系统存在。同样的,在试飞执行安全系统中也存在外部扰动因素。两个控制回路中的控制器都有相应的控制模型,为改善人员的心智模型,飞行机组和保障机组也要经过相应的培训,这些培训措施也可以单独构成控制回路。

6.3.2 安全性分析

按照 STAMP 理论,造成系统事故发生或损失出现的原因可以分为四类,即组件失效、

系统外部干扰、组件间交互引起的失效和单个系统组件的危险行为。具体原因示意图如图
6.4 所示。

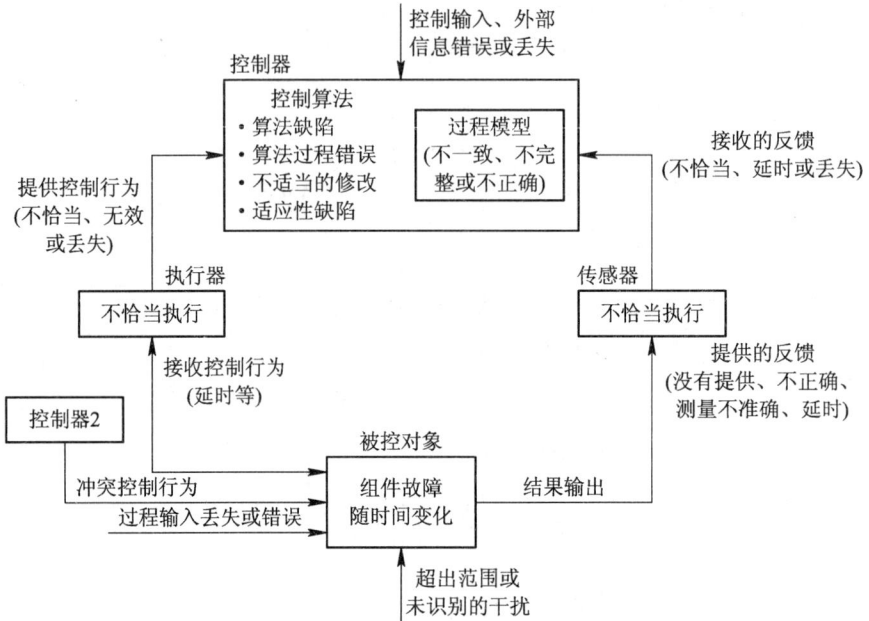

图 6.4   导致危险控制的单个风险缺陷种类

从图 6.4 中可以将上述四类原因作进一步细化分解，其中组件失效可以分为控制器失
效、执行器失效、被控对象失效和反馈系统失效，而系统外部干扰可以细化为系统外部扰
动和多控制器交叉控制产生的冲突控制行为，组件间交互引起的失效可以从四类组件之间
的相互关系进行分析，最后要注意导致危险状态的单个系统组件的行为。下面结合图 6.4
逐一进行分析。

1. 组件失效

1）控制器失效

控制器主要包括三部分：控制输入及其他相关外部信息源、控制算法和控制模型缺陷。
控制器所发生的控制行为的失当、无效以及缺失，都是由这三个部分中存在的缺陷所致。

对于图 6.3 所示的试飞安全控制模型而言，典型的控制器有两个，即试飞执行系统的
飞行指挥控制器和试飞保障系统的保障指挥控制器。当前，两类控制器都还是以人（飞行指
挥员或保障指挥员）为主，辅之以一定的计算机辅助决策系统。因此，需重点考虑的外部输
入有任务类别、天气状况、空管因素、机场航线等内容；在控制算法方面主要体现在各指挥
员的经验水平、反应决策能力、安全意识态度等，并要考虑所用计算机辅助系统的先进程
度；在控制模型方面体现的因素有各类计划、方案和应用预案等，需要注意的是，指挥员的
心智模型不能包含在内，因为它主要是通过指挥员的经验水平、培训经历、考核成绩等要
素来体现的。

2）执行器失效

上面讨论了控制器失效的问题，如果控制器能正确地发出控制指令而未被执行，其中一个很可能的原因是执行器发生了失效。

本模型中的执行器为飞行机组和保障机组，两者均由单人或多人构成，人工控制器发生问题与否是由人的心智模型决定的。心智模型又可经培训、疗养、考核、实践等培塑。同时，需要特别注意的是，由人组成的执行器特别容易受外部干扰引起情绪波动而引发失误。

3）被控对象失效

由于被控对象在本模型中为试飞飞行器，整个模型都围绕被控对象的受控状态进行调整，因此这里的被控对象不会发生超过控制范围的事件或现象，均可被系统控制或防范。

4）反馈系统失效

由于 STAMP 理论构建的模型是一个正反馈控制模型，反馈系统一旦失效将难以向控制器提供准确且完整的输入，进而导致整个控制过程失去作用，因此本模型中试飞执行系统应重点关注监测雷达、伴飞飞机、通信设备的工作情况，而试飞保障系统应重点关注安全监察、质量控制和工程控制系统的工作情况。

2. 系统外部干扰

扰动是影响控制系统稳定性的重要因素，STAMP 模型是基于控制理论构建的，就必然要关注外部干扰因素的影响。本模型中外部干扰因素在试飞执行系统中集中在对飞行机组的外部干扰和对试飞飞行器飞行阶段的干扰（如鸟撞、结冰层、雷暴天气等），而对试飞保障系统则集中在外场保障中保障工具是否充分、保障装备（设备）是否完整、航材备件是否满足要求等。

3. 组件间交互引起的失效

STAMP 模型与其他致因模型的一个重要区别在于其不是把事故归咎于组件失效，而是要寻找引起失效及导致事故的原因（包括系统性因素）。

本模型中组件交互因素可以从图 6.4 中发现，如试飞执行系统中的指令传递、操作信息完整性、反馈信息准确性等，试飞保障系统中保障工卡指令的下达、操作指令的实施及工卡单、指令单、故障单的及时上报等。其次，不同控制器间的边界区或冲突交叉、重叠和遗漏也容易造成安全事故，如试飞或保障过程中指令的唯一性问题。

4. 单个系统组件的危险行为

模型中还存在一类致因，即在各组件均保持不失效的情况下，单一组件行为不当会导致危险状态，如试飞人员违规操作、飞行器意外工作等。由于此类因素与组件行为密切相关，也可视作组件失效行为。

6.3.3　试飞安全性指标体系构建

根据图 6.3 构建的试飞安全控制模型和上述安全性分析，可构建试飞安全性指标体系，如表 6.8 所示。

表 6 - 8　试飞安全性指标体系

类　别	系　统	指　标
组件失效	试飞指挥系统	任务风险评估情况
		试飞大纲准备情况
		试飞指挥员能力水平
		试飞指挥员经验水平
		试飞指挥员心理状况
		试飞指挥员身体情况
		试飞方案
		应急预案
		应急管理培训与预案实施情况
		工艺文件的合理性和细致性
		试飞计划的合理性和执行的准确性
	试飞机组	试飞员心理状况
		试飞员身体健康状况
		试飞员违规操作情况
		试飞员资源管理能力
		试飞员航前准备情况
		试飞员知识技能水平
		试飞员协调决断和特情处置能力
		试飞员的安全意识与态度
	飞行器	飞机系统运行状况
		飞机告警系统状况
		空中停车次数
		机务维修保养程序
		机务人员的素质
		机务设备准备情况
		飞机维护情况
	试飞监测系统	试飞监测航前准备情况
		试飞监测员素质水平
		试飞监测系统维修保养情况
		试飞监测系统安全运行状况
	保障指挥系统	保障指挥员心理状态
		保障指挥员生理状态
		保障资源配置状况
		保障指挥员安全意识和态度
	保障监测系统	SMS 体系运行情况
		安全检查和整改情况
		安全教育与技术培训管理情况

续表

类　别	系　统	指　标
外部干扰	试飞机组	空域航线结构状况 空管指挥情况 机场运行状况 飞行期间天气恶劣程度 气象预报情况
	保障机组	保障机组航前准备情况 保障机组知识经验和技能 保障机组生理状态 保障机组违规操作率 保障机组资源管理状况 保障机组安全意识和态度
	飞行器（试飞）	鸟撞 恶劣天气 其他因素
	飞行器（保障资源）	保障设备 保障设施 航材备件
组件交互	试飞指挥系统与试飞机组	空中通话用语规范程度 飞行指令及时合理 飞行请求误读率 通信设备工作状况 通信设备抗干扰程度
	试飞机组与飞行器	人机界面友好程度 操纵性人机工效设计 飞机操纵部件老化程度
	飞行器与试飞监测系统	空空通话不良率 伴飞飞机飞行品质 雷达辨识程度
	试飞监测系统与试飞控制系统	监测数据传输准确度 监测数据及时性 监测数据传输过程失效率
	保障指挥系统与保障机组	地面通话规范程度 指令下达及时合理 维护状况上报及时准确
	保障机组与飞行器	维修性人机工效设计
	飞行器与保障监控系统	技术标准失察率 隐患发现及时程度
	保障监控系统与保障控制器	监测情况上报及时性 监测情况上报完整性

本 章 小 结

涉及人员和组织管理的复杂系统始终是各类安全性分析方法的难点,本章结合典型航空修理单位和试飞过程,提出利用 STAMP 方法开展安全性分析的基本思路,在建模、分析的基础上提出了修理单位安全性工作特点和对策,有针对性地开展了军机试飞安全性指标体系构建,为相关单位的安全管理提供了思路和借鉴。

参 考 文 献

[1] LEVESON N G. Engineering a safer world:Systems-thinking applied to safety[M]. Cambridge:MIT Press,2012.

[2] LEVESON N G. An STPA primer[M]. Cambridge:MIT Press,2013.

[3] 霍志勤,罗帆. 空中交通安全预警管理研究[J]. 中国安全科学学报,2006,16(3):60-64.

[4] 高曙,王群,罗帆. 民航机务维修差错及其预警专家系统构建[J]. 武汉理工大学学报(交通科学与工程版),2007,31(1):92-95.

[5] 马国忠,米文勇,刘晓东. 民航系统安全的多层次模糊评估方法[J]. 西南交通大学学报,2007,42(1):104-109.

[6] 李敬,陈艳秋,何珮. 中国民航业安全风险监控与仿真研究[J]. 中国安全科学学报,2009,19(7):20-25.

[7] 王新,李祥. 飞行安全模糊综合评价模型研究[J]. 安全与环境学报,2008,8(3):150-152.

[8] AHMAD M,PONTIGGIA M. Modified swiss cheese model to analyse the accidents[J]. Chemical Engineering Transactions,2015,43:1237-1242.

[9] JEHRING J. Industrial accident prevention:A scientific approach by H. W. Heinrich[J]. Industrial & Labor Relations Review,1954,4(4):609-609.

[10] AHMAD M,PONTIGGIA M. Modified swiss cheese model to analyse the accidents[J]. Chemical Engineering Transactions,2015,43:1237-1242.

附　录

空中加油过程不安全控制行为
致因场景分析列表

附表 1　UCA‐1 致因场景分析

UCA‐1：关键飞行阶段未发出位置控制指令
[H‐1,H‐2,H‐3]

致　因　场　景	致　因　因　素
受外界环境影响，飞行员位置控制不充分	(1) 飞行员过度紧张导致疲劳、精力不集中，未进行位置控制； (2) 传感器故障，飞行员未接收到姿态变化信息
安全策略 1：机务人员应在起飞前检查相关位置信息和传感器的状态； 安全策略 2：加强飞行员训练，合理规划任务强度，防止飞行员产生疲劳状态	
致　因　场　景	致　因　因　素
在飞行不稳定的情况下，飞行员进行控制操作，但产生作用效果	(1) 操纵机构发生故障，控制操作未被执行； (2) 机载软件系统受到攻击，无法执行控制指令
安全策略 1：机务人员在起飞前检查相关操纵机构； 安全策略 2：提高机载软件的防入侵能力	

附表 2　UCA‐2 致因场景分析

UCA‐2：关键飞行阶段发出错误的位置控制指令
[H‐1,H‐2,H‐3]

致　因　场　景	致　因　因　素
对接过程中，飞行员发出错误的位置控制指令	(1) 飞行员对飞机性能把握不到位； (2) 空空通话沟通不畅通； (3) 传感器逻辑混乱，飞行员收到错误的位置信息
安全策略 1：提高飞行员飞行控制知识水平，熟练掌握飞行控制原理； 安全策略 2：规范通话用语，提高通信设备的抗干扰能力； 安全策略 3：提高信息系统的处理能力	

附表 3 UCA‑3 致因场景分析

| UCA‑3：关键飞行阶段位置控制开始过晚 ||
| [H‑1，H‑2，H‑3] ||
致 因 场 景	致 因 因 素
对接过程中注意力分配不当，飞行员未能及时保持两机安全距离	(1) 飞行员技术经验不足； (2) 飞机剩余燃油不多，飞行员过于关注对接状态
安全策略 1：提高飞行训练水平，定期考核； 安全策略 2：任务规划要有弹性，燃油剩余少时先进行加油对接； 安全策略 3：设置告警系统，提前发出警告	

附表 4 UCA‑4 致因场景分析

| UCA‑4：关键飞行阶段位置控制提前终止 ||
| [H‑1，H‑2，H‑3] ||
致 因 场 景	致 因 因 素
会合过程失去目视联系，未达到两机垂直安全高度，飞行员自行停止位置控制	(1) 空空通信存在干扰，飞行员未收到错误的位置信息反馈，导致不能实施位置控制； (2) 地形高度不允许
安全策略 1：提高通信设备的抗干扰能力； 安全策略 2：任务下达过程应保证所有成员熟悉任务内容及安全要求	

附表 5 UCA‑5 致因场景分析

| UCA‑5：关键飞行阶段未发出速度控制指令 ||
| [H‑1，H‑2，H‑3] ||
致 因 场 景	致 因 因 素
会合过程中未进行速度控制	(1) 塔台未能准确告知加油空域； (2) 导航设备故障，飞机进入错误空域
安全策略 1：完善加油指挥方案，提高指挥员指挥能力； 安全策略 2：任务前机组人员应按规程检查飞机状态	
致 因 场 景	致 因 因 素
机载显示系统故障，飞行员收到错误的速度信息	(1) 恶意软件攻击，机载系统错乱； (2) 空速传感器异常
安全策略 1：提高机载系统稳定性； 安全策略 2：提高空速传感器抗干扰能力	

附表 6　UCA - 6 致因场景分析

UCA - 6：关键飞行阶段发出错误的速度控制指令

[H - 1, H - 2, H - 3]

致 因 场 景	致 因 因 素
对接过程中，飞行员发出错误的速度控制指令	(1) 飞行员对飞机性能把握不到位； (2) 空空通话沟通不畅通； (3) 传感器逻辑混乱，飞行员收到错误的速度信息

安全策略 1：提高飞行员飞行控制知识水平，熟练掌握飞行控制原理；

安全策略 2：规范通话用语，提高通信设备的抗干扰能力；

安全策略 3：提高信息系统的处理能力

致 因 场 景	致 因 因 素
恶劣天气条件下，飞机作动机构故障	(1) 襟翼、副翼等作动机构结冰，导致无法调整； (2) 任务规划不全面，未考虑航线天气情况

安全策略 1：提高飞行员对特情的处理能力；

安全策略 2：任务关键系统故障时，及时终止任务；

安全策略 3：提高任务规划能力

附表 7　UCA - 7 致因场景分析

UCA - 7：关键飞行阶段位置控制开始过晚

[H - 1, H - 2, H - 3]

致 因 场 景	致 因 因 素
对接过程中过于关注锥套位置，飞行员未能及时控制飞行速度	(1) 飞行员紧张，注意力分配不当； (2) 飞行疲劳，忽略了两机的相对速度

安全策略 1：提高飞行训练水平，定期考核；

安全策略 2：任务规划要考虑飞行员的任务强度，禁止疲劳操作

致 因 场 景	致 因 因 素
飞行员及时发出速度控制，但控制器延迟，产生作用时间过晚	(1) 复杂环境下，飞控系统故障，执行指令缓慢； (2) 油门、操纵杆等机构位置传感器老化，信号转化慢

安全策略 1：提高电传系统在复杂条件下的稳定性；

安全策略 2：及时更换老旧部件

附表 8　UCA-8 致因场景分析

UCA-8：关键飞行阶段速度控制结束过早
[H-1，H-2，H-3]

致 因 场 景	致 因 因 素
对接时受油插头未锁定便提前减速	(1) 飞行员过于保守，技术掌握不牢固； (2) 任务压力过大，过于担心事故责任

安全策略 1：提高训练水平，提倡胆大心细的飞行操作；
安全策略 2：减轻飞行事故对飞行员的心理负担

致 因 场 景	致 因 因 素
未脱离加油空域，飞行员自行停止速度控制	(1) 安全意识薄弱； (2) 加油时间过长，飞行员疲劳

安全策略 1：定期进行安全教育；
安全策略 2：提高燃油压力，缩短空中加油时间

附表 9　UCA-9 致因场景分析

UCA-9：关键飞行阶段未发出通话指令
[H-1，H-3]

致 因 场 景	致 因 因 素
复杂条件下，通信设备故障	电磁、恶劣天气导致通信设备异常

安全策略 1：提高通信设备抗干扰能力；
安全策略 2：合理规划任务空域

致 因 场 景	致 因 因 素
塔台指挥层次不明确，未重点监测关键环节	(1) 塔台人员配置不合理； (2) 指挥人员技术经验不足

安全策略 1：合理配置塔台指挥机构；
安全策略 2：根据任务强度、复杂度配置指挥员

附表 10　UCA-10 致因场景分析

UCA-10：关键飞行阶段通话内容错误或不规范
[H-1，H-3]

致 因 场 景	致 因 因 素
编队转弯过程中，飞行员通话内容错误	飞行员通话规范掌握不到位

安全策略：提高飞行员通话规范掌握程度

致 因 场 景	致 因 因 素
复杂环境下，通信质量较差，出现理解偏差	电磁、恶劣天气影响空中通信

安全策略 1：提高通信设备抗干扰能力；
安全策略 2：根据通话后的反馈信息及时监控飞机行为并做出调整

附表 11　UCA - 11 致因场景分析

UCA - 11：关键飞行阶段通话过晚

[H - 1，H - 3]

致 因 场 景	致 因 因 素
飞行员忙于操作飞机，进行通信过晚	(1) 未能及时关注任务过程； (2) 飞机人机功效水平差，操作繁琐

安全策略 1：塔台及时进行提醒；
安全策略 2：改善飞机人机功效学设计

附表 12　UCA - 12 致因场景分析

UCA - 12：关键飞行阶段通话结束过早

[H - 1，H - 3]

致 因 场 景	致 因 因 素
复杂条件下，通信信号提前中断	(1) 电子战干扰，影响通信信号； (2) 通信设备抗干扰能力差

安全策略 1：提高电子战环境下的通信能力；
安全策略 2：提高通信设备抗干扰能力；
安全策略 3：通信异常时终止当前任务

致 因 场 景	致 因 因 素
通信时间过长，飞行员疲劳，提前中断通话	(1) 通信用语不规范； (2) 信息交互效率低

安全策略 1：通信时使用规范用语；
安全策略 2：提高任务系统的信息处理能力，减少不必要的空空通话

附表 13　UCA - 13 致因场景分析

UCA - 13：未进行对接准备

[H - 1，H - 4]

致 因 场 景	致 因 因 素
剩余燃油较少，飞行员急于进行空中加油	(1) 飞行员安全意识薄弱； (2) 任务规范不合理

安全策略 1：任务过程中，燃油接近最低剩油量，应该返场；
安全策略 2：提高加油效率；
安全策略 3：任务规划时具有弹性，油量少的先进行加油

附表 14　UCA - 14 致因场景分析

UCA - 14：对接准备时操作或指令顺序错误

[H - 1，H - 4]

致 因 场 景	致 因 因 素
受油机无法稳定在尾随位置，飞行员有紧张情绪	(1) 任务规划时机型不匹配； (2) 飞行员心理素质较差； (3) 飞机操作异常，无法保持稳定飞行

安全策略 1：任务规划过程中，应考虑机型的匹配问题；

安全策略 2：提高飞行员训练水平；

安全策略 3：任务关键系统故障时，应立即退出空中加油

附表 15　UCA - 15 致因场景分析

UCA - 15：在错误位置尝试对接

[H - 1]

致 因 场 景	致 因 因 素
受油机未稳定在尾随位置	(1) 飞行员缺乏经验，主观认为所处状态可以对接； (2) 加油时规定的空速过低或尾流干扰过强，受油机难以达到预期的稳定状态

安全策略 1：任务规划系统应该考虑加、受油机性能，合理设置空速；

安全策略 2：飞行不稳定时禁止对接

致 因 场 景	致 因 因 素
受油机对接过程中飞行不稳定	(1) 飞行控制系统老化，受油机操控不精确； (2) 飞行员操作技术不高，动作不够柔和

安全策略 1：提高飞机的维护水平，及时更换老旧器件；

安全策略 2：减小飞行员任务压力，柔和操作飞机；

安全策略 3：飞行不稳定时禁止对接

附表 16　UCA - 16 致因场景分析

UCA - 16：对接时指令或控制行为顺序错误

[H - 1]

致 因 场 景	致 因 因 素
接近锥套过程中，飞行不稳定仍然进行对接，导致飞行操作混乱	(1) 飞行员缺乏安全意识，主观认为所处状态可以对接； (2) 加油时规定的空速过低或尾流干扰过强，受油机难以达到预期的稳定状态

安全策略 1：对接过程中若飞行不稳定，应该退出到尾随位置；

安全策略 2：飞行不稳定时禁止对接；

安全策略 3：开发先进的模拟训练系统，训练过程中适应比较真实的大气环境

附表 17 UCA-17 致因场景分析

UCA-17：对接过程持续太久

[H-1]

致 因 场 景	致 因 因 素
受油机未收到对接指令	（1）复杂环境下，通信设备受到干扰，信号在传递过程中丢失； （2）通信设备在关键任务阶段损坏

安全策略1：训练时增加无线电静默的内容；
安全策略2：提高通信设备等任务关键系统的可靠性水平；
安全策略3：提高电子设备的抗干扰能力

附表 18 UCA-18 致因场景分析

UCA-18：不安全姿态或位置情况下未执行紧急脱离

[H-1]

致 因 场 景	致 因 因 素
受油机飞行员注意力分配不当，过于关注两机位置，收到应急脱离指令时未立即实施	软管飞行员注意力分配不当

安全策略：飞行员应该合理分配注意力

致 因 场 景	致 因 因 素
通信设备失效或受到干扰，受油机飞行员未能及时作出反馈	（1）复杂环境下，通信设备受到干扰，信号在传递过程中丢失； （2）通信设备在关键任务阶段损坏

安全策略1：训练时增加无线电静默的内容；
安全策略2：提高通信设备等任务关键系统的可靠性水平；
安全策略3：提高电子设备的抗干扰能力

附表 19 UCA-19 致因场景分析

UCA-19：不安全姿态或位置情况下执行紧急脱离过晚

[H-1]

致 因 场 景	致 因 因 素
燃油传输过程中受油机故障，飞行员发出紧急脱离指令	（1）飞行员发出了紧急脱离指令，但通信设备故障导致执行过晚； （2）空中通话设备抗干扰能力较差

安全策略：机务人员应维护任务关键系统的安全性

致 因 场 景	致 因 因 素
受油机飞行不稳定，飞行员仍然尝试控制	（1）飞行员担心任务失败带来的不良影响； （2）飞行员主观认为该状态可对接

安全策略：验证不稳定状态参数判断标准，超过标准及时发出告警

附表 20 UCA-20 致因场景分析

UCA-20：任务前未制订计划

[H-1，H-2，H-3，H-4]

致 因 场 景	致 因 因 素
未提前制订空中加油计划	任务规划部门对任务准备不足

安全策略1：任务规划部门提前作出空中加油预案并进行演练；
安全策略2：任务规划部门针对任务制订空中加油计划

附表 21　UCA-21 致因场景分析

UCA-21：制订不符合实际情况的加油计划 [H-1,H-2,H-3,H-4]	
致因场景	致因因素
对战场态势、装备信息认识不全面，未结合作战任务制订加油计划	(1) 信息系统对情报资料处理不充分； (2) 任务规划部门对战场态势理解不当
安全策略 1：优化信息系统处理信息的能力； 安全策略 2：提高任务规划部门的指挥水平	

附表 22　UCA-22 致因场景分析

UCA-22：未提前制订任务计划 [H-1,H-2,H-3,H-4]	
致因场景	致因因素
空中加油计划制订提前量不足	任务规划部门对任务准备不足
安全策略：任务规划部门制订空中加油计划应留出充分提前量	

附表 23　UCA-23 致因场景分析

UCA-23：任务前未下达任务计划 [H-1,H-2,H-3,H-4]	
致因场景	致因因素
任务前机组未收到空中加油计划	(1) 任务规划部门未按时间下发计划； (2) 机组未接收空中加油计划
安全策略 1：任务规划部门按照要求准时下发空中加油计划； 安全策略 2：机组接收空中加油计划后进行确认	

附表 24　UCA-24 致因场景分析

UCA-24：下达了不正确的任务计划 [H-1,H-2,H-3,H-4]	
致因场景	致因因素
战场环境下，任务计划在传输过程中丢失，导致加油编队收到错误的计划信息	(1) 敌方电子战干扰、软件攻击等； (2) 通信设备抗干扰能力较差
安全策略 1：任务计划加密传输； 安全策略 2：增强设备抗干扰能力	

附表 25　UCA-25 致因场景分析

UCA-25：下达任务计划过晚 [H-1,H-2,H-3,H-4]	
致因场景	致因因素
机组收到空中加油计划与加油规程不符	(1) 任务规划部门未准时下发计划； (2) 机组未及时请求接收空中加油计划
安全策略 1：任务规划部门按照要求准时下发空中加油计划； 安全策略 2：机组未收到安全计划时应及时与任务规划部门对接	